Adobe Illustrator 图形设计

主　编　蒙槐春　宋　欢

天津出版传媒集团
天津科学技术出版社

图书在版编目(CIP)数据

Adobe Illustrator 图形设计/蒙槐春，宋欢主编.
—天津：天津科学技术出版社，2022.6

ISBN 978-7-5742-0133-0

Ⅰ. ①A… Ⅱ. ①蒙… ②宋… Ⅲ. ①图形软件 Ⅳ.
①TP391.41

中国版本图书馆 CIP 数据核字(2022)第 106146 号

Adobe Illustrator图形设计
Adobe Illustrator TUXING SHEJI

责任编辑：陈震维
责任印制：赵宇伦

出 版：天津出版传媒集团
天津科学技术出版社

地 址：天津市和平区西康路 35 号
邮 编：300051
电 话：(022)23332369(编辑室)
网 址：www.tjkjcbs.com.cn
发 行：新华书店经销
印 刷：北京时尚印佳彩色印刷有限公司

开本 710×1000 1/16 印张 14.25 字数 335 000
2022 年 6 月第 1 版第 1 次印刷
定价：65.00 元

前　言

Illustrator 是目前使用非常广泛的矢量绘图软件，自问世以来，受到了众多平面设计人员的青睐。Illustrator 几乎能够与所有的平面、网页、排版、三维动画软件完美结合，是平面、动画、三维等领域的设计师们不可多得的重要工具和得力助手。

本书主要针对目前非常热门的 Illustrator 技术，讲解 Illustrator CS6 中文版的设计方法，笔者集多年使用 Illustrator 的设计经验，以实例为载体，展示了 Illustrator CS6 软件各项功能的使用方法和技巧，也展示了如何应用 Illustrator 进行多种设计的方法和技巧。

全书共分为九个项目，项目一以理论和实际相结合的方法介绍 Illustrator CS6 中的基础知识。项目二至项目八详细介绍 Illustrator CS6 中的各项功能，将各知识点以实例的方式表现，可以让读者在实际操作中进行学习，从而能够更快地理解各知识点，较之文字理论类书籍更加灵活。项目九加入了打印与 PDF 文件输出的相关知识，为设计完成后的输出工作提供了一些参考。

本书由南宁市第三职业技术学校蒙槐春、宋欢老师主编。由于编写时间仓促，加之编者水平有限，书中难免存在错误和疏漏之处，望广大读者批评指正。

编　者

目　　录

项目一　设计与制作花与蝶
——Illustrator CS6 快速入门

知识目标

1. 掌握新建与打开文件的方法。
2. 掌握页面辅助工具的使用方法。
3. 掌握首选项的设置。
4. 了解 Illustrator 工作组界面的组件。
5. 了解菜单栏、工具栏和调板。
6. 掌握管理和控制视图的方法。

能力目标

掌握在 Illustrator 中置入和导出文件的方法。

制作任务

任务背景

Illustrator 与 Photoshop 同属于 Adobe 公司的系列产品，它们的风格一致，工作界面也很相似。但 Photoshop 需要对逐个像素进行记录，因此文件体积较大，文件放大后会有明显的像素点。矢量图记录的不是像素而是组成图片元素的几何图形，记录的项目比位图少很多，因此大大减小了文件的体积。本任务是通过一个简单案例讲解 Illustrator 的一些基本操作。

任务要求

通过本案例的学习掌握在 Illustrator 中置入和导出文件的方法。

任务分析

该案例是打开一组花的 AI 文件，置入一只蝴蝶，导出为 PSD 文件。要实现该效果需要执行打开文件、置入、存储文件、导出文件等基本操作。

任务参考效果图

操作步骤

（1）按 Ctrl+O 组合键，在弹出的“打开”对话框中打开素材文件“花. ai”，如图 1-1 所示。

图 1-1

（2）在“花 .ai”文件中，选择菜单“文件→置入”（Shift+Ctrl+P）命令，打开素材文件“蝴蝶 .png”，取消勾选“链接”复选框，置入后的效果如图 1-2 所示。

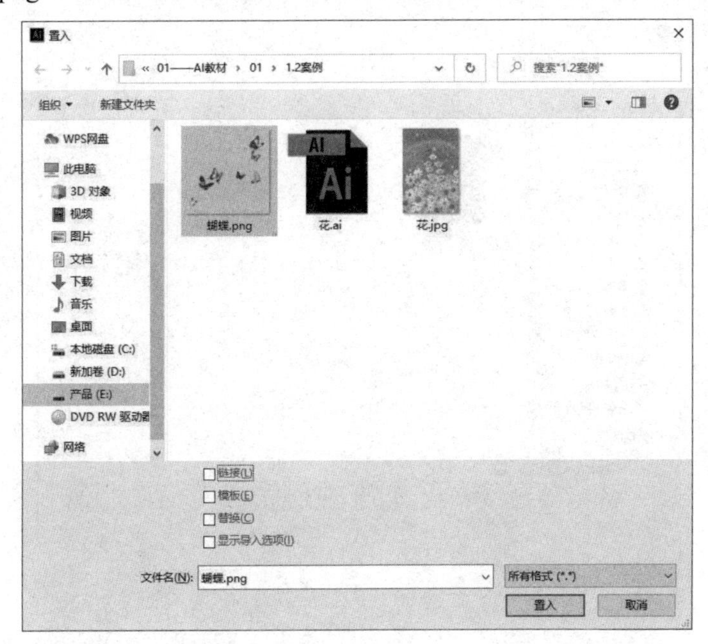

图 1-2

（3）将蝴蝶拖动到花的旁边，如图 1-3 所示。

图 1-3

（4）按 Ctrl+Shift+S 组合键，弹出“存储为”对话框，选择“保存类型”为 Adobe Illustrator（*.AI）格式，命名为“花儿朵朵”，如图 1-4 所示。

图 1-4

（5）选择菜单“文件→存储为”命令，弹出“存储为”对话框，选择“保存类型”为 Adobe PDF（*.PDF）格式，如图 1-5 所示。

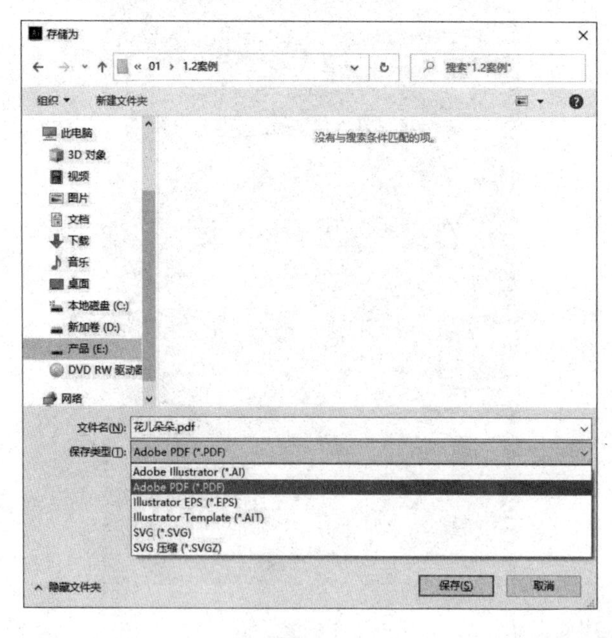

图 1-5

（6）单击“保存”按钮，弹出“存储 Adobe PDF”对话框，如图 1-6 所示，单击“存储 PDF”按钮导出 PSD 文件。

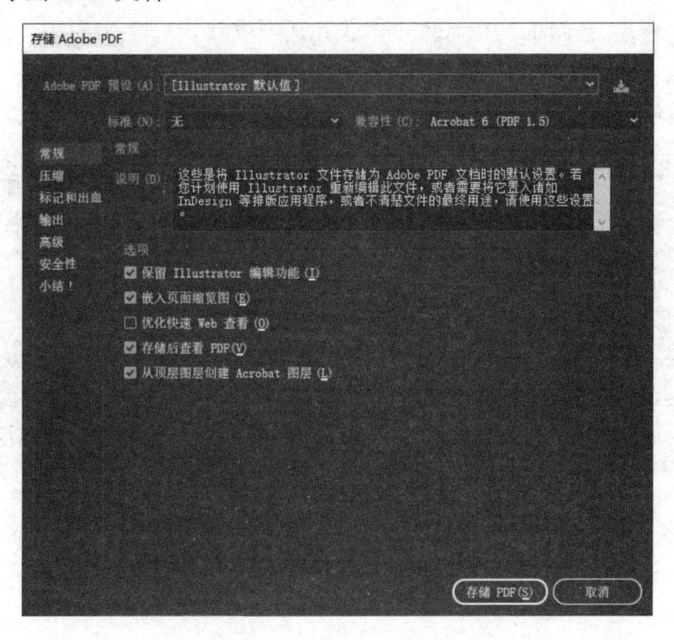

图 1-6

相关知识

一、认识图形图像

了解和掌握矢量图形、位图图像、分辨率、文件格式这些重要概念有助于读者对 Illustrator 软件的学习，也是进行更为复杂操作行为的前提。

1. 矢量图形和位图图像

在使用计算机进行绘图时，经常会用到矢量图形和位图图像这两种不同的表现形式。在 Illustrator CS6 软件中，不但可以制作出各式各样的矢量图形，还可以处理导入的位图图像。

（1）矢量图形。又称为向量图形，内容以线条和颜色块为主。由于矢量图形线条的形状、位置、曲率和粗细都是通过数学公式进行描述和记录的，因而与分辨率无关，能以任意大小输出，不会遗漏细节或降低清晰度，更不会出现锯齿状的边缘现象，而且图像文件所占的磁盘空间也很少，非常适合网络传输。网络上流行的 Flash 动画采用的就是矢量图形格式。矢量图形在标志设计、插图设计以及工程绘图上占有很大的优势。制作和处理矢量图形的软件有 Illustrator、CorelDRAW 等，绘制的矢量图形如图 1-7 所示。

（2）位图图像。又称为点阵图像，它是由许许多多的称为像素的点组成的。这些不同颜色的点按一定次序进行排列，就组成了色彩斑斓的图像，如图 1-8 所示。当把位图图像放大到一定程度显示时，在计算机屏幕上就可以看到一个个的小色块，这些小色块就是组成图像的像素。位图图像是通过记录每个点（像素）的位置和颜色信息来保存的，因此图像的像素越多，每个像素的颜色信息越多，图像文件也就越大。

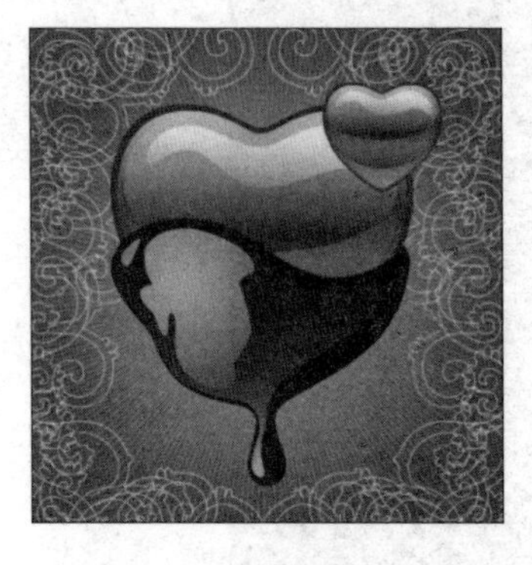

图 1-7

图 1-8

2. 分辨率

分辨率对于数字图像非常重要，其中涉及图像分辨率、屏幕分辨率和打印分辨率三种概念，下面分别予以介绍。

（1）图像分辨率。即图像中每单位长度含有的像素数目，通常用像素/英寸表示。分辨率为 72 像素/英寸的图像，表示 1 英寸（1 英寸=2.54 厘米）×1 英寸的图像范围内总共包含了 5184 个像素点（72 像素宽×72 像素高=5184）。同样是 1 英寸×1 英寸，分辨率为 300 像素/英寸的图像却总共包含了 90 000 个像素。因此，分辨率高的图像比相同尺寸的低分辨率图像包含的像素更多，因而图像更清晰、细腻。

（2）屏幕分辨率。即显示器屏幕上每单位长度显示的像素或点的数量，通常以点/英寸（dpi）来表示。屏幕分辨率取决于显示器的大小及其像素设置。了解屏幕分辨率有助于解释图像在屏幕上的显示尺寸不同于其打印尺寸的原因。显示时图像像素直接转换为显示器像素，这样当图像分辨率比屏幕分辨率高时，在屏幕上显示的图像比其指定的打印尺寸大。

（3）打印分辨率。即激光打印机（包括照排机）等输出设备产生的每英寸的油墨点数（dpi）。大多数桌面激光打印机的分辨率为 300dpi 到 600dpi，而高档照排机能够以 1200dpi 或更高的分辨率进行打印。

3. 文件格式

文件格式是指使用或创作的图形、图像的格式，不同的文件格式拥有不同的使用范围。下面对 Illustrator CS6 中常用的文件格式进行介绍。

（1）AI（*.AI）格式。是 Illustrator 软件创建的矢量图格式，AI 格式的文件可以直接在 Photoshop 软件中打开，打开后的文件将转换为位图格式。

（2）EPS（*.EPS）格式。是 Encapsulated PostScript 首字母的缩写，可以说是一种通用的行业标准格式。除了多通道模式的图像之外，其他模式都可存储为 EPS 格式，但是它不支持 Alpha 通道。EPS 格式可以支持剪贴路径，可以产生镂空或蒙版效果。

（3）TIFF（*.TIFF）图像格式。是印刷行业标准的图像格式，通用性很强，几乎所有的图像处理软件和排版软件都提供了很好的支持，因此广泛用于程序之间和计算机平台之间进行图像数据交换。TIFF 格式支持 RGB、CMYK、Lab、索引颜色、位图和灰度颜色模式，并且在 RGB、CMYK 和灰度 3 种颜色模式中还支持使用通道、图层和路径。

（4）PSD（*.PSD）格式。是 Adobe Photoshop 软件内定的格式，也是 Photoshop 新建和保存图像文件默认的格式。PSD 格式是唯一可支持所有图像模式的格式，并且可以存储在 Photoshop 中建立的所有图层、通道、参考线、注释和颜色模式等信息，这样下次继续进行编辑时就会非常方便。因此，对于没有编辑完成、下次需要继续编辑的文件最好保存为 PSD 格式。

（5）GIF（*.GIF）格式。是一种非常通用的图像格式，由于最多只能保存 256 种颜色，并且使用 LZW 压缩方式压缩文件，因此 GIF 格式保存的文件非常轻便，不会占用太多的磁盘空间，非常适合在 Internet 上传输。

在将图像保存为 GIF 格式之前，需要先将其转换为位图、灰度或索引颜色等颜色模式。GIF 采用两种保存格式，一种为“正常”格式，可以支持透明背景和动画格式；另一种为“交错”格式，可以让图像在网络上由模糊逐渐转为清晰的方式显示。

（6）JPEG（*.JPEG）图像格式。是一种高压缩比的、有损压缩真彩色图像文件格式，其最大特点是文件比较小，可以进行高倍率的压缩，因而在注重文件大小的领域应用广泛，比如网络上的绝大部分要求高颜色深度的图像都是使用 JPEG 格式。JPEG 格式是压缩率最高的图像格式之一，这是由于 JPEG 格式在压缩保存的过程中会以失真最小的方式丢掉一些肉眼不易察觉的数据，因此保存后的图像与原图像会有所差别，没有原图像的质量好，一般在印刷、出版等要求高的场合不宜使用。

（7）PDF（*.PDF）格式。是 Adobe 公司开发的一种跨平台的通用文件格式，能够保存任何源文档的字体、格式、颜色和图形，而不管创建该文档所使用的应用程序和平台，Adobe Illustrator、Adobe PageMaker 和 Adobe Photoshop 程序都可直接将文件存储为 PDF 格式。Adobe PDF 文件为压缩文件，任何人都可以通过免费的 Acrobat Reader 程序进行共享、查看、导航和打印。

（8）BMP（*.BMP）格式。是 Windows 平台标准的位图格式，使用非常广泛，一般的软件都提供了非常好的支持。BMP 格式支持 RGB、索引颜色、灰度和位图颜色模式，但不支持 Alpha 通道。保存位图图像时，可选择文件的格式（Windows 操作系统或 OS 苹果操作系统）和颜色深度（1～32 位），对于 4～8 位颜色深度的图像，可选择 RLE 压缩方案，这种压缩方式不会损失数据，是一种非常稳定的格式。BMP 格式不支持

CMYK 颜色模式的图像。

（9）PNG（*.PNG）图像格式。是 Portable Network Graphics（轻便网络图形）的缩写，是 Netscape 公司专为互联网开发的网络图像格式，不同于 GIF 格式图像的是，它可以保存 24 位的真彩色图像，并且支持透明背景和消除锯齿边缘的功能，可以在不失真的情况下压缩保存图像，但由于并不是所有的浏览器都支持 PNG 格式，所以该格式的使用范围没有 GIF 和 JPEG 广泛。

PNG 格式在 RGB 和灰度颜色模式下支持 Alpha 通道，但在索引颜色和位图模式下不支持 Alpha 通道。

二、初识 Illustrator

Illustrator 是一个矢量绘图软件，它可以创建出光滑、细腻的艺术作品，如插画、广告图形等，因为其可以和 Photoshop 几乎无障碍地配合使用，所以是众多设计师、插画师的最爱，其最新的版本是 Illustrator CS6。

提 示

Illustrator 与 Photoshop 同是 Adobe 公司的产品，它们有着类似的操作界面和快捷键，并能共享一些插件和功能，实现无缝连接。

1. Illustrator 与 Photoshop

如果说 Illustrator 与 Photoshop 是平面设计的两根筷子，那么少了哪一个都吃不到饭。在设计创作的时候，可以配合使用这两个软件。下面来谈一谈它们之间的区别和联系。

Illustrator 是绘制矢量图的利器，在制作矢量图形上有着无与伦比的优势，它在图形、卡通、文字造型、路径造型上非常出色，如图 1-9 所示的标志图形就是用它绘制的。但该软件在抠取图片、渐隐、色彩融合、图层等方面的功能上，相比较 Photoshop 而言较弱。

图 1-9

Photoshop 主要用于处理和修饰图片，在创作时，可以利用其强大的功能，制作出色彩丰富、细腻的图像，还可以创建出写实的图像、流畅的光影变化、过度自然的羽化效果等，总之可以创建出变化无穷的图像效果，如图 1-10 所示。

图 1-10

Photoshop 在文字排版、字体变形、路径造型修改等方面要欠缺一些，而这些不足，正好可以使用 Illustrator 来弥补。图 1-11 所示为使用 Illustrator 和 Photoshop 共同创作的设计作品。

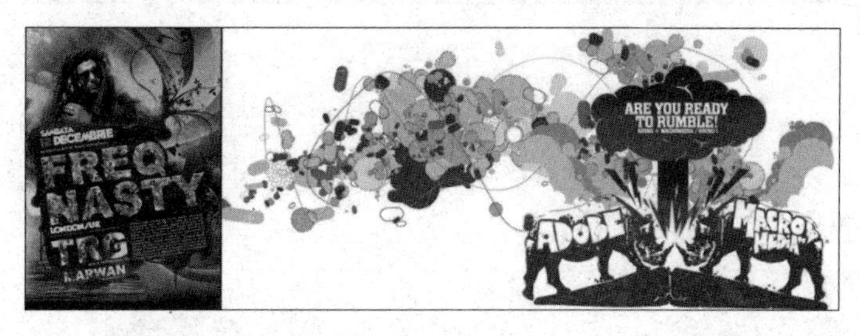

图 1-11

2. Illustrator 可以干什么

Illustrator 在矢量图绘制领域是无可替代的一个软件，可用于平面设计、版面排版设计、插画设计等可以使用矢量图创作的一切应用类别。可以说，只要能想象得到的图形，都可以通过该软件创建出来。

（1）平面设计，如广告设计、海报设计、标志设计、POP 设计、封面设计等，都可以使用 Illustrator 软件直接创建或是配合创作，示例效果如图 1-12 所示。

图 1-12

（2）版面排版设计。Illustrator 作为一个矢量绘图软件，也提供了强大的文本处理和图文混排功能。它不仅可以创建各种各样的文本，也可以像其他文字处理软件一样排版大段的文字，而且最大的优点是可以把文字作为图形进行处理，创建绚丽多彩的文字效果。示例效果如图 1-13 所示。

图 1-13

（3）插画设计。到目前为止，Illustrator 依旧是很多插画设计师追捧的绘制利器，利用其强大的绘制功能，不仅可以实现各种图形效果，还可以使用众多的图案、笔刷，实现丰富的画面效果，如图 1-14 所示。

图 1-14

三、Illustrator CS6 工作界面

Illustrator CS6 的工作界面主要由菜单栏、控制面板、工具箱、标尺、页面区域、绘图工作区、状态栏、调板组成，如图 1-15 所示。

图 1-15

提 示

工具箱中有大量具有强大功能的工具，使用这些工具可以在绘制和编辑图形的过程中制作出精彩的效果。

工具箱中的许多工具并没有直接显示出来，而是以组的形式隐藏在右下角带小三角形的工具按钮中，用鼠标按住该工具不放即可展开工具组，其效果如图 1-16 所示。

例如，用鼠标按住【钢笔工具】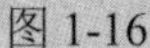，将展开钢笔工具组；单击钢笔工具组右边的黑色三角形，钢笔工具组就从工具箱中分离出来，成为一个相对独立的工具栏，如图 1-17 所示。

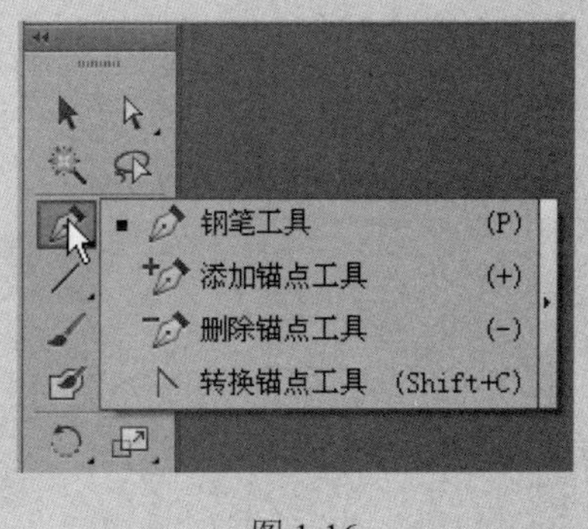

图 1-16

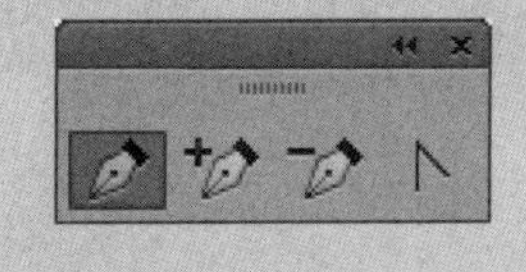

图 1-17

下面简要介绍 Illustrator CS6 工作界面中各部分的主要功能和作用。

（1）菜单栏：包括【文件】、【编辑】、【视图】和【窗口】等 9 个主菜单，每一个菜单又包括多个子菜单，通过应用这些命令可以完成大多数常规的编辑操作。

（2）控制调板：可以快速访问与所选对象相关的选项，其中显示的选项与所选的对象或工具对应。例如，选择文本对象时，控制调板除了显示用于更改对象颜色的选项以外，还会显示文本格式选项。

（3）工具箱：包括 Illustrator CS6 中所有的工具，大部分工具还有其展开式工具栏，

里面包含了与该工具功能相类似的工具，可以更方便、快捷地进行绘图与编辑。

（4）标尺：可以对图形进行精确的定位，还可测量图形的准确尺寸。

（5）页面区域：工作界面中间黑色实线围成的矩形区域，这个区域的大小就是用户设置的页面大小。

（6）绘图工作区：页面外的空白区域，和页面区域相同，可以使用绘制类工具在此区域自由地绘图。

（7）状态栏：显示当前文档视图的显示比例、当前正在使用的工具和时间、日期等信息。

（8）调板：Illustrator CS6 最重要的组件之一，在调板中可以设置数值和调节功能。调板是可以折叠的，可根据需要分离或组合，具有很大的灵活性。

四、图形的显示

下面介绍 Illustrator CS6 中与视图相关的操作，这些基本操作命令都集中在【视图】菜单下，下面分成几部分进行介绍。

1. 视图模式

在 Illustrator CS6 中，绘制图像时可以选择不同的视图模式，即轮廓模式、叠印预览模式和像素预览模式。

（1）轮廓模式。选择【视图】→【轮廓】命令，或按 Ctrl+Y 快捷键，将切换到【轮廓】模式。在【轮廓】模式下，视图将显示为简单的线条状态，隐藏了图像的颜色信息，显示和刷新的速度将会比较快，从而可以节省运算速度，提高工作效率。

（2）叠印预览模式。选择【视图】→【叠印预览】命令，将切换到【叠印预览】模式。【叠印预览】模式可以显示出四色套印的效果，接近油墨混合的效果，颜色上比正常模式下要暗一些。

提 示

不同的预览模式参见图 1-18。

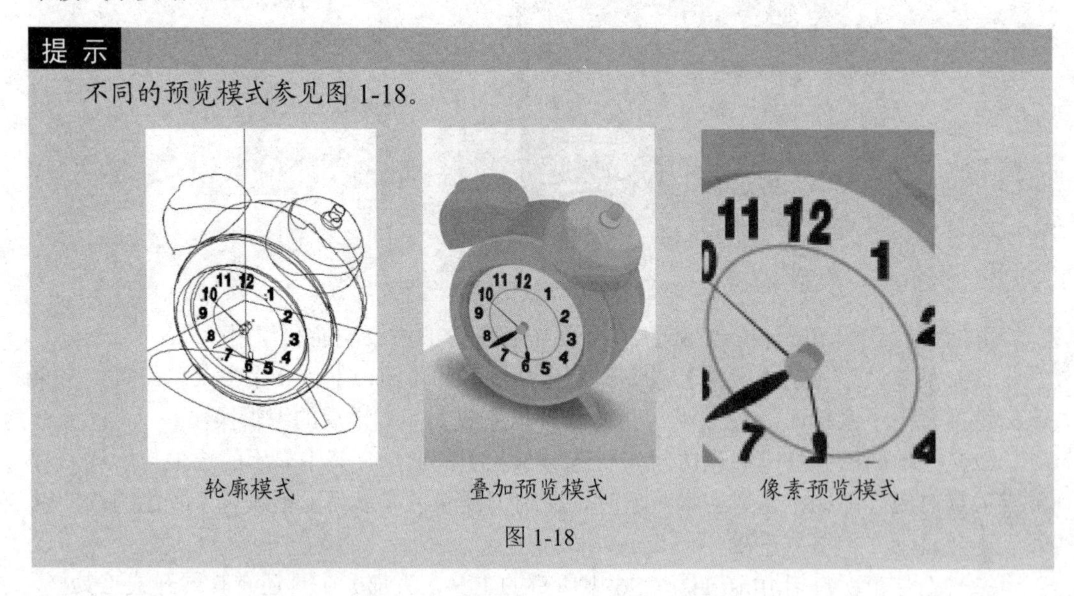

轮廓模式　　叠加预览模式　　像素预览模式

图 1-18

（3）像素预览模式。选择【视图】→【像素预览】命令，将切换到【像素预览】模式。【像素预览】模式可以将绘制的矢量图形转换为位图图像显示。这样可以有效地控制图像的精确度和尺寸等，转换后的图像在放大时会看见排列在一起的像素点。

2. 屏幕模式

Illustrator CS6 有 3 种屏幕显示模式，即标准屏幕模式、带菜单栏的全屏模式和全屏模式。

单击工具箱中的【更改屏幕模式】按钮可以切换屏幕显示模式，也可以按下键盘上的 F 键，在不同的屏幕显示模式之间进行切换。【标准屏幕模式】是在标准窗口中显示图稿，菜单栏位于窗口顶部，滚动条位于侧面。【带菜单栏的全屏模式】是在全屏窗口中显示图稿，有菜单栏但是没有标题栏或滚动条。【全屏模式】是在全屏窗口中显示图稿，不带标题栏、菜单栏或滚动条，按 Tab 键，可隐藏除图像窗口之外的所有组件。

3. 缩放视图

缩放视图是绘制图形时必不可少的辅助操作，可以让读者在大图和细节显示上进行切换。

（1）适合窗口大小。绘制图像时，选择【视图】→【画板适合窗口大小】命令，或按 Ctrl+0 快捷键，图像就会最大限度地显示在工作界面中并保持其完整性。

（2）实际大小。选择【视图】→【实际大小】命令，或按 Ctrl+1 快捷键，可以将图像按 100%的效果显示。

（3）放大。选择【视图】→【放大】命令，或按 Ctrl++快捷键，页面内的图像就会被放大。也可以使用【缩放工具】放大显示图像，选择【缩放工具】，指针会变为一个中心带有加号的放大镜，单击鼠标，图像就会被放大。也可以使用状态栏放大显示图像，在状态栏中的百分比参数栏中选择比例值，或者直接输入需要放大的百分比数值，按 Enter 键即可执行放大操作。还可以使用【导航器】调板放大显示图像，单击调板下端滑动条右侧的三角图标，可逐级放大图像，拖动三角形滑块可以任意将图像放大。在左下角数值框中直接输入数值，按 Enter 键也可以放大图像。

（4）缩小。选择【视图】→【缩小】命令，或按 Ctrl+–快捷键，页面内的图像就会被缩小。也可以使用【缩放工具】缩小显示图像，选择【缩放工具】后，按住 Alt 键，图标变为，单击鼠标左键，图像就会被缩小。也可使用状态栏或【导航器】调板来实现视图的缩小操作，方法同上面介绍放大图像的操作相似，在此不再赘述。

提 示

在水平标尺或垂直标尺上右击，会弹出如图 1-19 所示的度量单位快捷菜单，直接选择需要的单位，可以更改标尺单位。水平标尺与垂直标尺不能分别设置不同的单位。

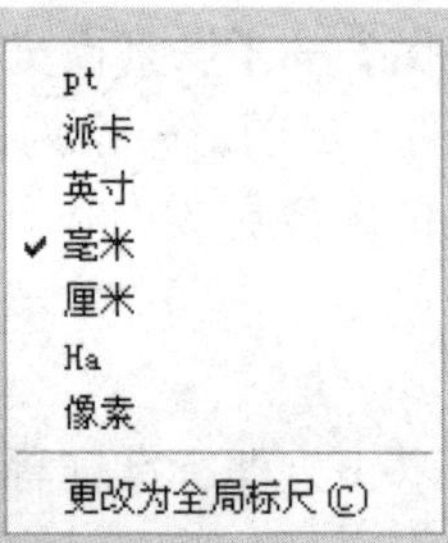

pt
派卡
英寸
✔毫米
厘米
Ha
像素
更改为全局标尺(C)

图 1-19

4. 移动页面

单击【抓手工具】后，在页面中单击并按住鼠标左键直接拖动可以移动页面。在使用除【缩放工具】以外的其他工具时，可以在按住空格键的同时在页面中单击鼠标左键，切换至【抓手工具】，然后拖动即可移动页面。可以使用窗口底部或右部的滚动条来控制窗口中显示的内容。

5. 标尺、参考线和网格

绘制图形时，使用标尺可以对图形进行精确的定位，还可以测量图形的准确尺寸，辅助线可以确定对象的相对位置，标尺和辅助线不会被打印输出。

（1）标尺。执行【视图】→【标尺】→【显示标尺】命令，或按 Ctrl+R 快捷键，当前图形文件窗口的左侧和顶部会出现带有刻度的标尺（X 轴和 Y 轴）。两个标尺相交的零点位置是标尺零点，默认情况下，标尺的零点位置在画板的左上角。标尺零点可以根据需要而改变，将鼠标指针移至视图中左上角标尺相交的位置，单击并向右下方拖曳，会拖出两条十字交叉的虚线，调整到目标位置后释放鼠标，新的零点位置就设定好了。

（2）参考线。在绘制图形的过程中，可以利用参考线对齐图形。参考线分为普通参考线和智能参考线，普通参考线又分为水平参考线和垂直参考线。

执行【视图】→【参考线】→【隐藏参考线】命令或按 Ctrl+;快捷键，可以隐藏参考线。

执行【视图】→【参考线】→【锁定参考线】命令，可以锁定参考线。

执行【视图】→【参考线】→【清除参考线】命令，可以清除所有参考线。

根据需要也可以将图形或路径转换为参考线，选中要转换的路径，选择【视图】→【参考线】→【建立参考线】命令，即可将选中的路径转换为参考线。

（3）网格。网格就是一系列交叉的虚线或点，通过它可以精确对齐和定位对象。选择【视图】→【显示网格】命令，可以显示出网格；选择【视图】→【隐藏网格】命令，可以将网格隐藏。

课后实践——设计制作名片

聆听·彼岸文化传播有限公司为宣传自身队伍、提升公司形象，委托某公司为其员工设计制作名片。

要求：画面为名片标准尺寸，以蓝色调为主，色彩绚丽并富有质感。参考效果图如图 1-20 所示。

图 1-20

项目二　设计与制作卡通插画
——绘制和编辑图形

知识目标

1. 掌握 Illustrator 工作界面的应用。
2. 掌握用工具绘制和编辑图形的方法。
3. 掌握矩形工具和椭圆工具的使用方法。
4. 掌握钢笔工具和线性工具的使用方法。
5. 掌握【路径查找器】调板的应用。

能力目标

1. 能使用工具绘制图形。
2. 可以自己设计制作插画。

制作任务

任务背景

插画设计现在变得越来越主流，在很多设计类别中都可以看到插画设计的影子。它以夸张的造型、海阔天空的形象力，越来越受到人们的关注。某出版社近期推出一套儿童故事书，委托某公司为其中一则“兔子和月亮”的故事情节绘制卡通插图，以增强儿童的阅读兴趣，促进图书的销售。

任务要求

画面要生动形象地体现出故事所描绘的情节，色彩的搭配上要符合儿童的审美观，在图形的设计上尽量夸张简洁，在每则插画的前面都会配有一张用于临摹的拷贝纸，小朋友在看故事书的同时也可以将插图临摹下来，锻炼儿童的动手能力，使书籍与儿童之间形成一个互动。

任务分析

根据故事的情节分析，画面的背景以悬挂一轮大圆月的夜空、绿树和水作为背景，一个穿着兔子服装的小朋友很调皮地将头伸进已经布置好的场景中，画面以黄、白、绿、蓝色调为主，符合儿童的色彩审美观，画面中的月亮和绿树用正圆来表示，主人公小兔子则是通过一些基本图形的裁切得到的，使小读者能根据图案临摹下来，增强儿童的动手能力，激发孩子学习的兴趣。

任务参考效果图

操作步骤

1. 新建文件并创建背景图形

（1）执行【文件】→【新建】命令，创建一个新文件，如图 2-1 所示。

（2）使用【矩形工具】在视图中单击，在弹出的【矩形】对话框中进行设置，然后单击【确定】按钮，创建矩形，如图 2-2 所示。

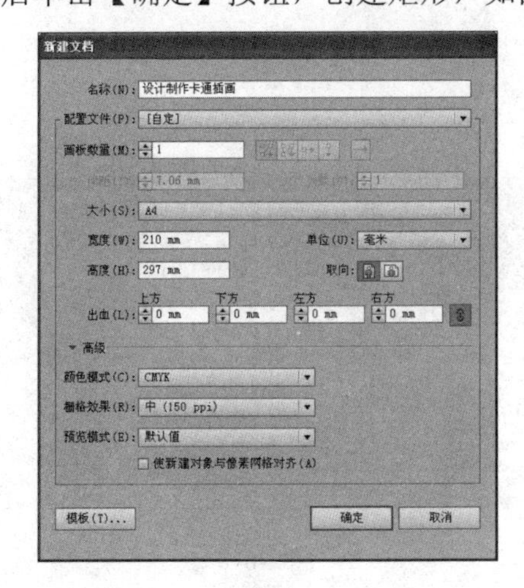

图 2-1

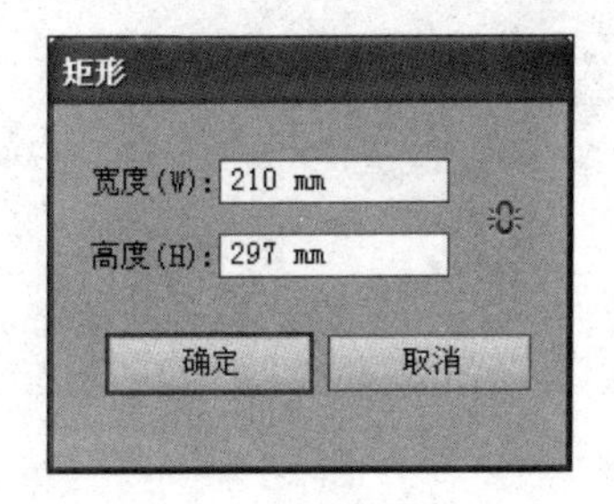

图 2-2

（3）在选项栏中单击【对齐画板】按钮，然后单击【水平居中对齐】和【垂直居中对齐】按钮，使矩形与画板对齐，如图2-3所示。

（4）在【渐变】调板中为矩形设置填充色，如图2-4所示。

图2-3

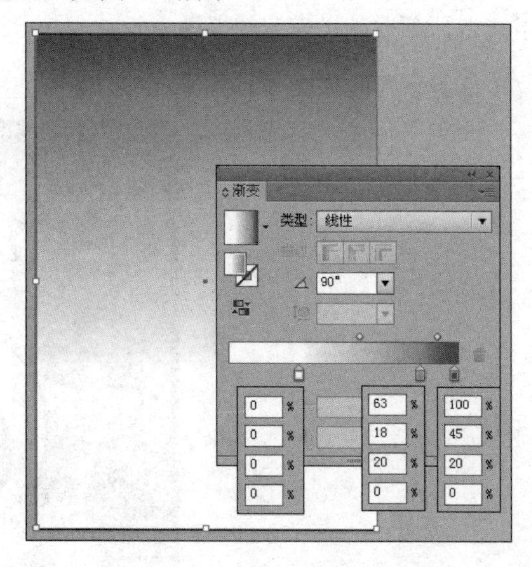

图2-4

（5）使用【椭圆工具】配合键盘上的Shift键绘制正圆，并在【渐变】调板中设置填充色，如图2-5所示。

（6）继续使用【椭圆工具】绘制正圆，如图2-6所示。

（7）使用【混合工具】在上一步绘制的一个正圆上单击，再单击另一个正圆，然后在工具箱中双击【混合工具】，参照图2-7所示，在弹出的【混合选项】对话框中进行设置，创建混合图形。

（8）复制混合后的图形并放大混合图形，参照图2-8所示，在【图层】调板中选中图像，调整填充色为浅绿色（C:47，M:0，Y:92，K:0）。

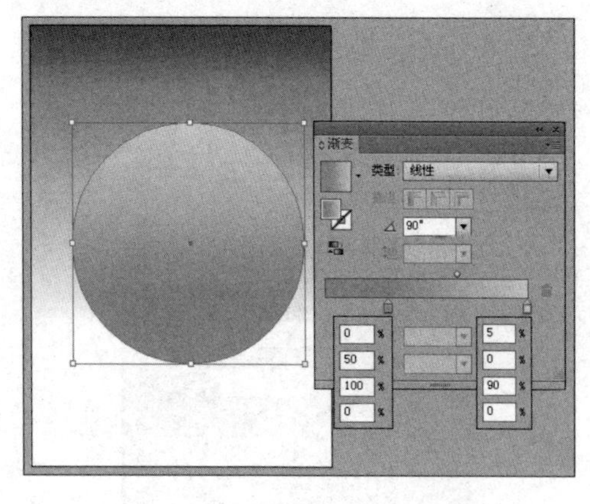

图2-5

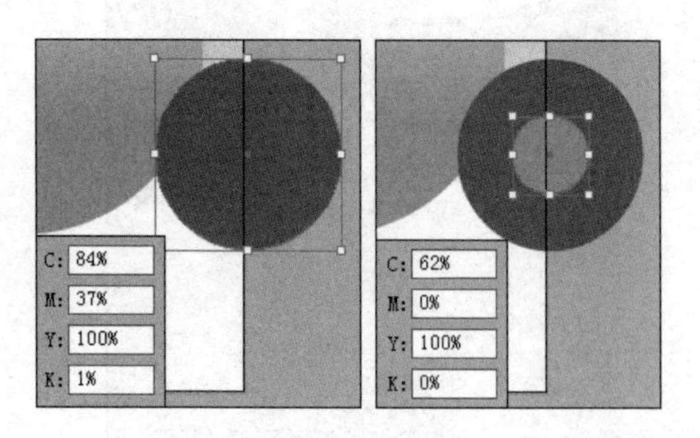

图2-6

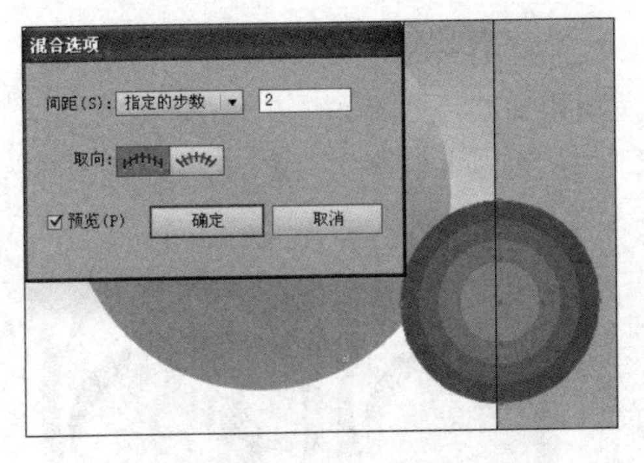

图 2-7

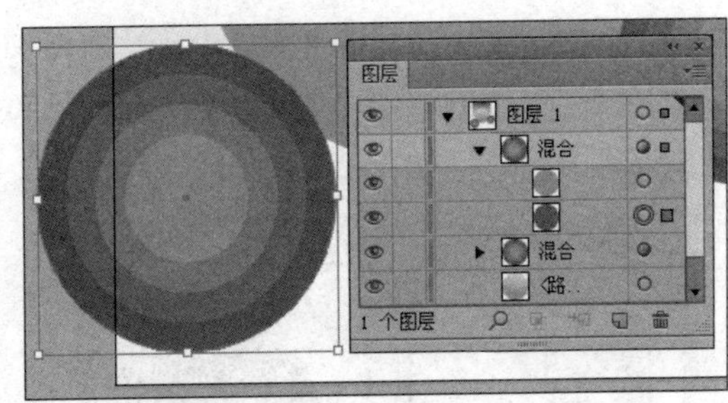

图 2-8

（9）如图 2-9 所示，选中混合图形中的部分图形，并设置填充色为绿色（C:86，M:43，Y:100，K:5）。

（10）继续复制并调整混合图形的颜色，如图 2-10 所示。

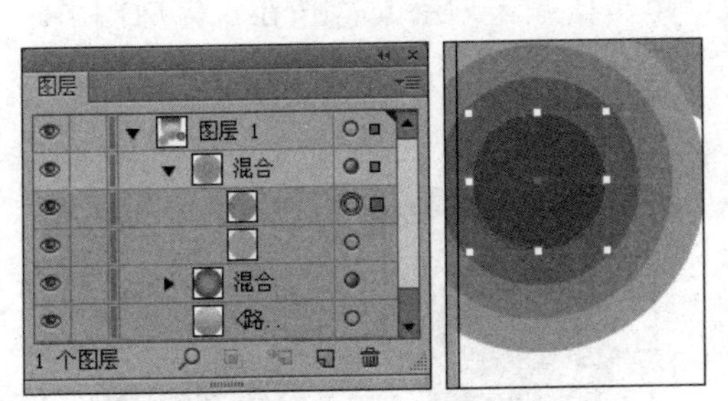

图 2-9

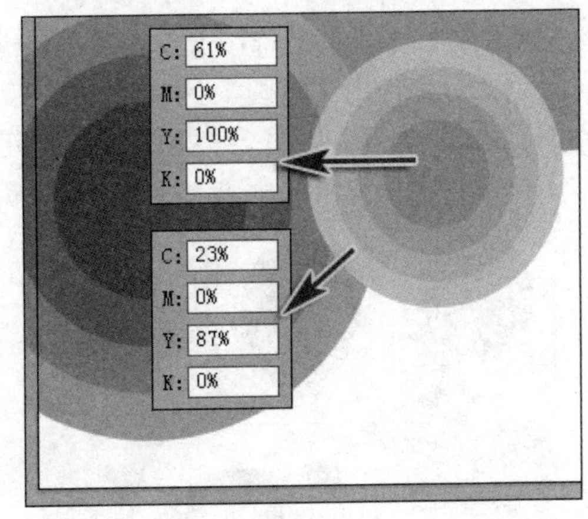

图 2-10

（11）使用【椭圆工具】绘制椭圆，作为底部的底图，如图 2-11 所示。

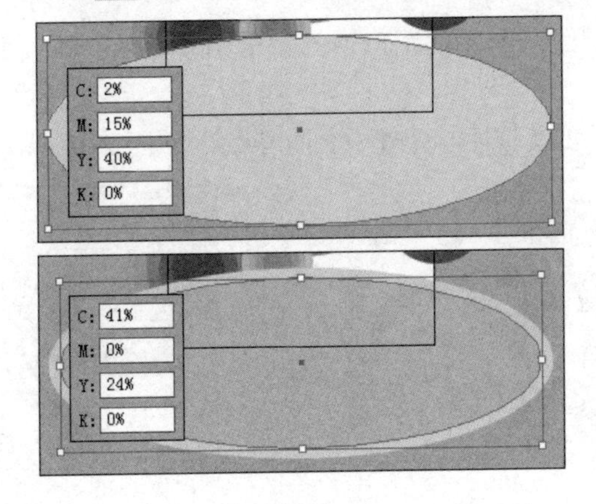

图 2-11

2. 绘制卡通人物

（1）使用【椭圆工具】绘制椭圆作为人物的头部，效果如图 2-12 所示。

（2）使用【钢笔工具】绘制人物的脸部，并使用【椭圆工具】绘制椭圆作为头部的装饰图形，如图 2-13 所示。

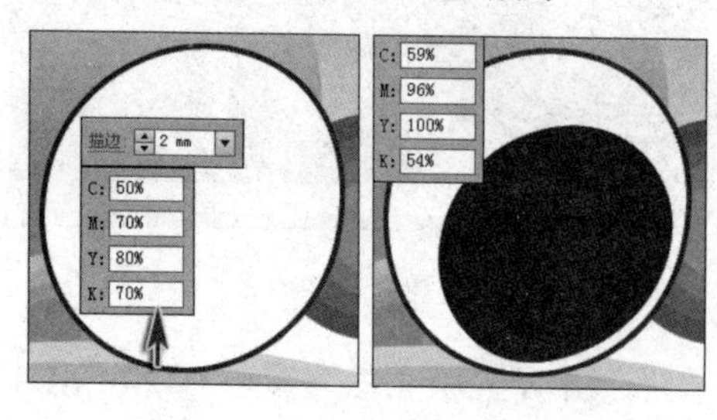

图 2-12

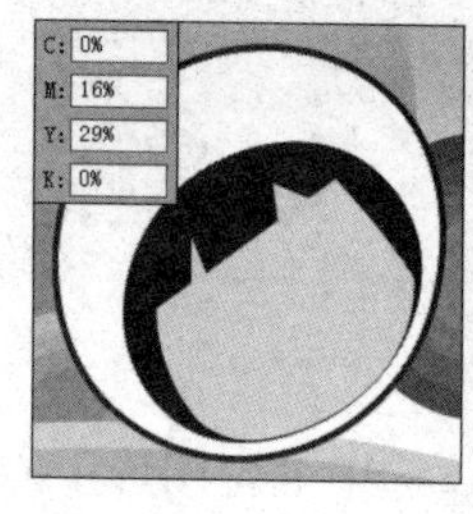

图 2-13

（3）继续绘制正圆，使用【直接选择工具】调整节点的位置，压扁并旋转图形，创建出人物帽子上的装饰图形，如图 2-14 所示。

（4）分别使用【椭圆工具】和【矩形工具】绘制红色（C:0，M:96，Y:95，K:0）正圆和矩形，如图 2-15 所示，配合键盘上的 Shift 键选中这两个图形，执行【窗口】→【路径查找器】命令，在弹出的调板中单击【减去顶层】按钮，修剪图形。

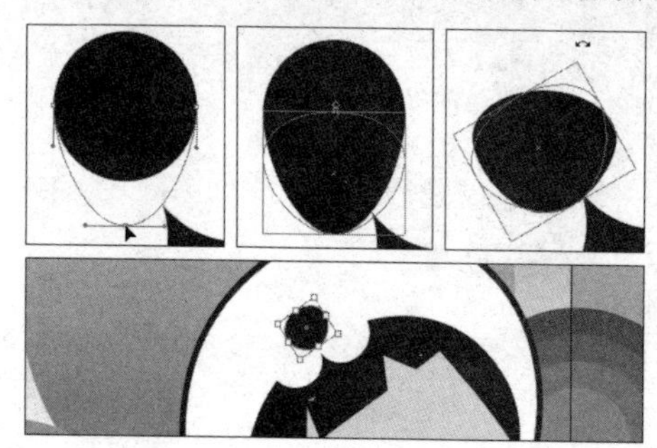

图 2-14

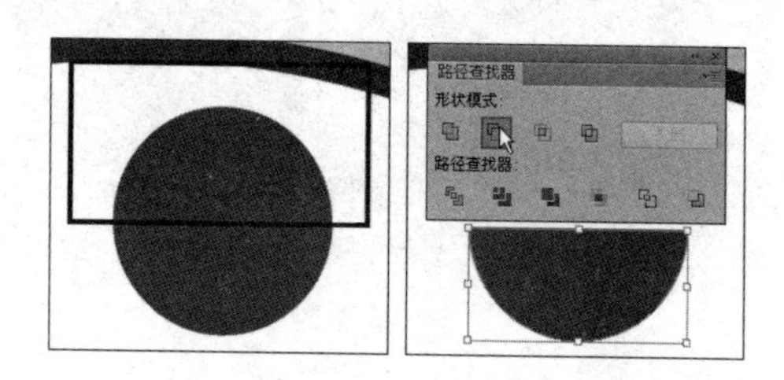

图 2-15

（5）复制并调整上一步创建的图形，创建出帽子上的装饰，并绘制人物的眼睛和红脸蛋，如图 2-16 所示。

（6）使用【钢笔工具】绘制帽子上的耳朵，如图 2-17 所示。

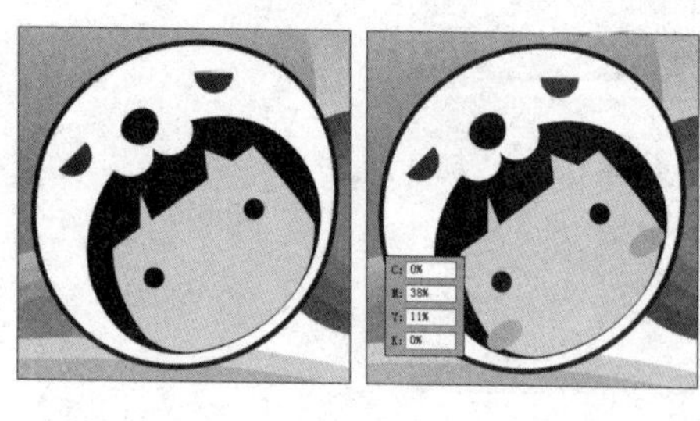

图 2-16

图 2-17

（7）复制上一步创建的耳朵图形，并绘制椭圆，如图 2-18 所示。

（8）分别选中耳朵和椭圆图形，单击【路径查找器】调板中的【交集】按钮，创建相交图形，如图 2-19 所示。

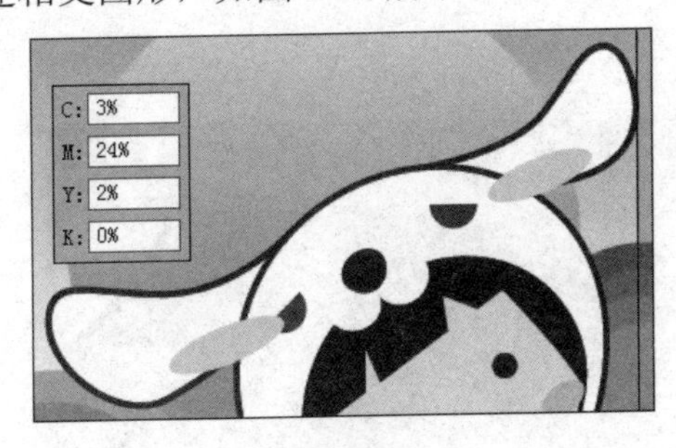

图 2-18

图 2-19

（9）继续复制耳朵图形，调整图层顺序至相交图形的上方，取消填充色并调整描边大小，如图 2-20 所示。

（10）使用【椭圆工具】绘制救生圈，并使用【钢笔工具】绘制人物的身体，如图 2-21 所示。

图 2-20

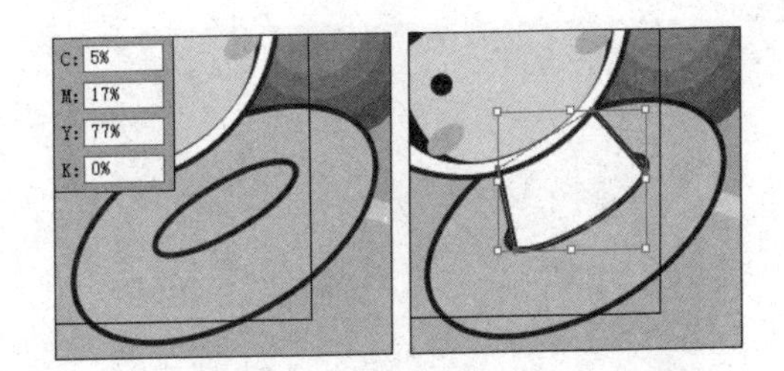

图 2-21

（11）选中人物图形，右击并在弹出的快捷菜单中选择【编组】命令，将图形进行编组，如图 2-22 所示。

（12）使用【钢笔工具】和【直线段工具】绘制人物的嘴巴，并将嘴巴图形进行编组，如图 2-23 所示，继续将嘴巴和卡通人物进行编组并命名为卡通人物。

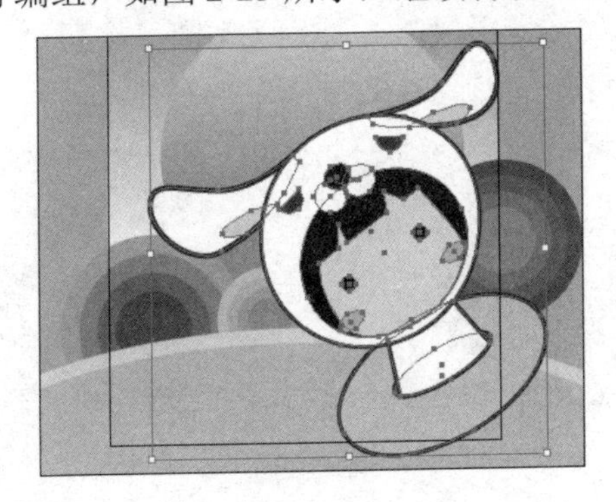

图 2-22

图 2-23

3. 优化背景

（1）使用【椭圆工具】绘制黑色正圆，然后使用【变形工具】对图形进行变形，效果如图 2-24 所示。

（2）使用【文字工具】创建文字，效果如图 2-25 所示。

图 2-24

图 2-25

（3）使用【椭圆工具】绘制白色正圆，并将其进行编组，然后执行【效果】→【模糊】→【高斯模糊】命令，参照图 2-26 所示，在弹出的【高斯模糊】对话框中进行设置，模糊图形。

（4）使用前面介绍的方法，继续创建模糊图形组，如图 2-27 和图 2-28 所示。

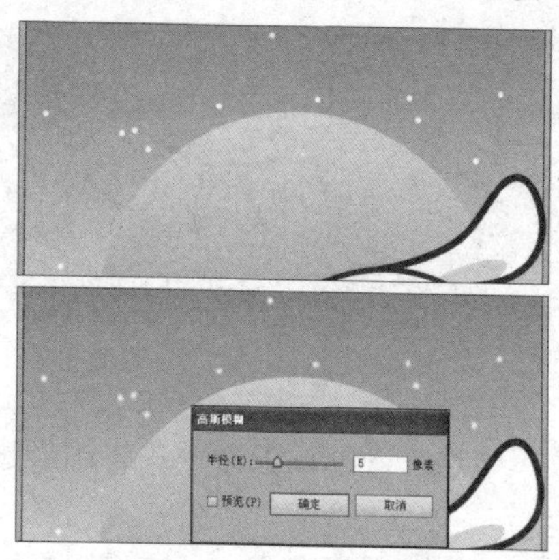

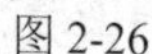

图 2-26

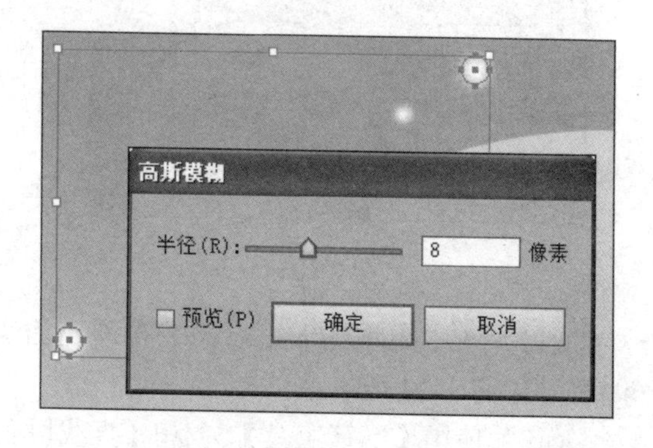

图 2-27

（5）最后将前面创建的模糊图形进行编组，并命名为光斑。使用【椭圆工具】绘制黑色正圆，然后使用【变形工具】对图形进行变形，效果如图 2-29 所示。

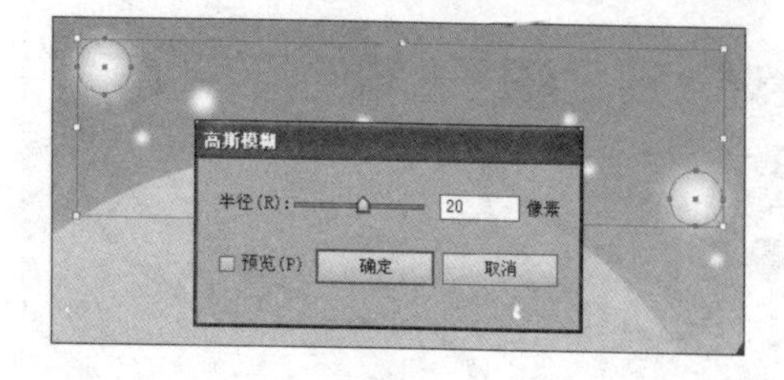

图 2-28

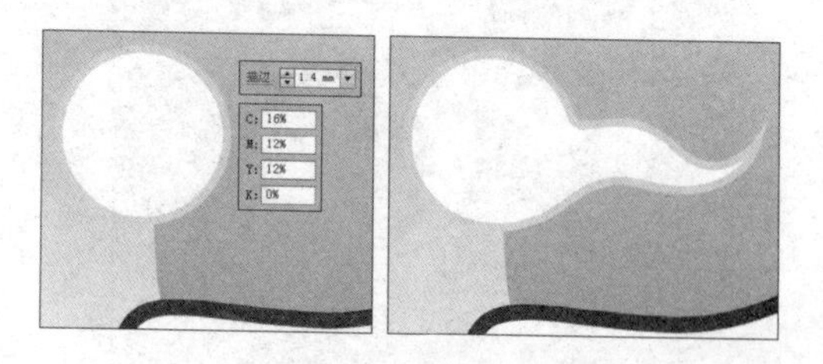

图 2-29

（6）选择【螺旋线工具】在视图中单击，然后在弹出的【螺旋线】对话框中进行设置，创建螺旋线，如图 2-30 所示。

（7）使用【直接选择工具】删除不想要的节点，复制并调整云彩的大小及位置，如图 2-31 所示。

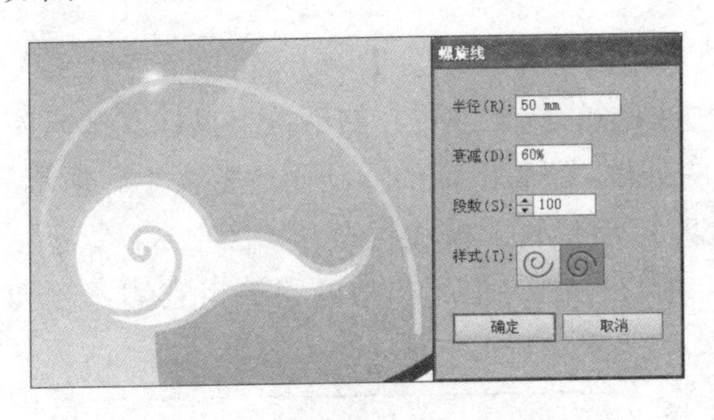

图 2-30

图 2-31

（8）绘制与页面大小相同的矩形，并设置其与画板中心对齐，使用【选择工具】框选页面中的所有图形，右击并在弹出的快捷菜单中选择【创建剪切蒙版】命令，隐藏部分图形，效果如图 2-32（a）所示，继续绘制一个与画板中心对齐并与页面大小相同的黑色矩形，如图 2-32（b）所示。

（9）参照图 2-33 所示，继续绘制一个与画板中心对齐的黑色矩形，同时选中两个黑色矩形，单击【路径查找器】面板中的【减去顶层】按钮，创建边框效果，完成本实例的制作。

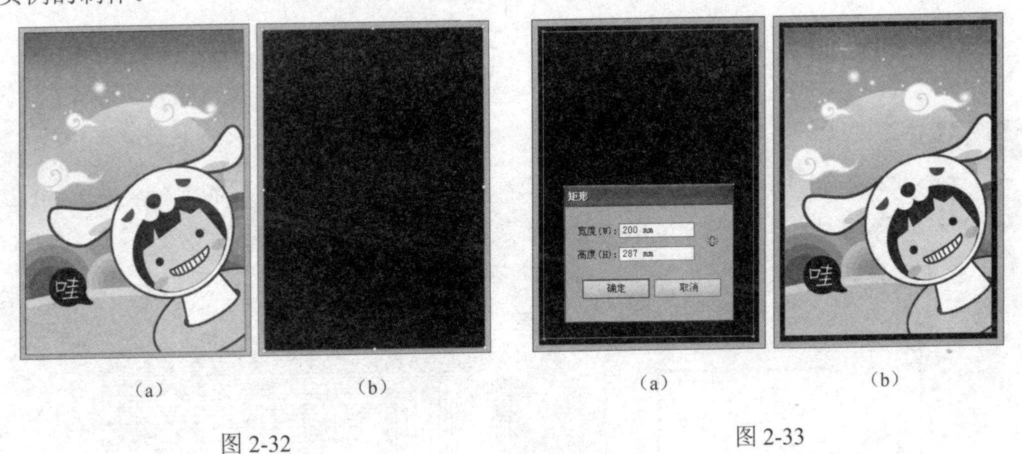

（a）　（b）

图 2-32

（a）　（b）

图 2-33

相关知识

一、绘制基本图形

Illustrator 的工具箱为用户提供了多个绘制基本图形的工具，如【矩形工具】、【圆角矩形工具】、【椭圆工具】等，利用这些工具可以绘制出简单的矩形、圆角矩形、圆形等图形。

1. 矩形工具

使用工具箱中的【矩形工具】可以创建出简单的矩形，还可以通过该工具的对话框精确地设置矩形的宽度和高度。

（1）使用矩形工具绘制矩形。单击工具箱中的【矩形工具】，将鼠标指针移至页面中，当鼠标指针将变成"+"形状时，确定矩形的起点位置，然后按下鼠标左键向任意倾斜方向拖动，页面中将会出现一个蓝色的外框，随着鼠标的拖动而改变大小和形状。松开鼠标按键后，即可完成矩形的绘制，此时矩形将处于被选状态，如图 2-34 所示。蓝色的矩形选择框显示的就是矩形的大小，用户拖动的距离和角度将决定它的宽度和高度。

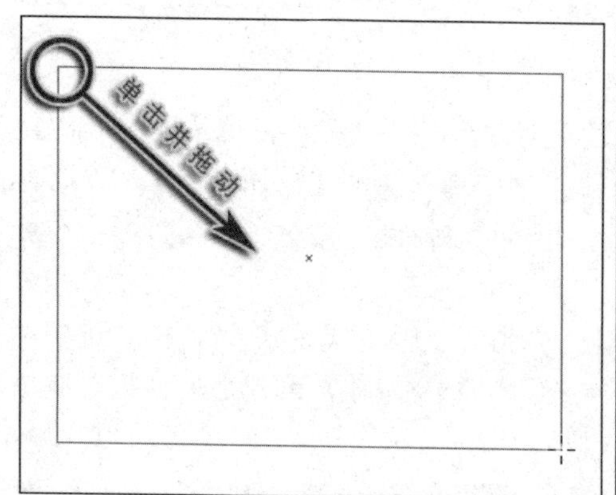

图 2-34

技 巧

在绘制矩形的过程中，按下 Shift 键，将会绘制出一个正方形；而同时按下 Shift 键和 Alt 键，将绘制出以单击处为中心向外扩展的正方形，如图 2-35 所示。

按下键盘上的"~"键，按下鼠标并向不同的方向拖动，即可绘制出多个不同大小的矩形，如图 2-36 所示。

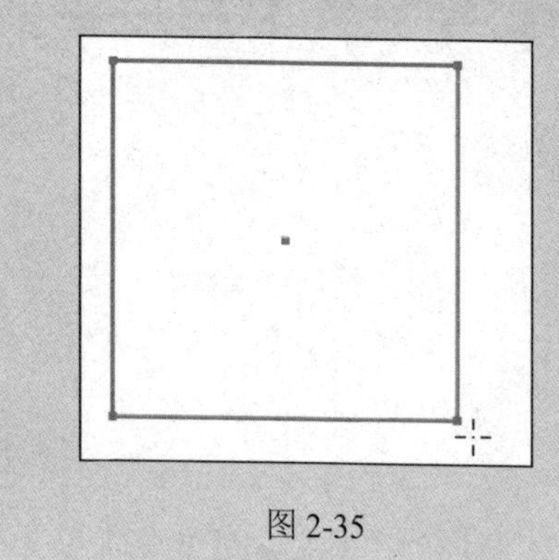

图 2-35

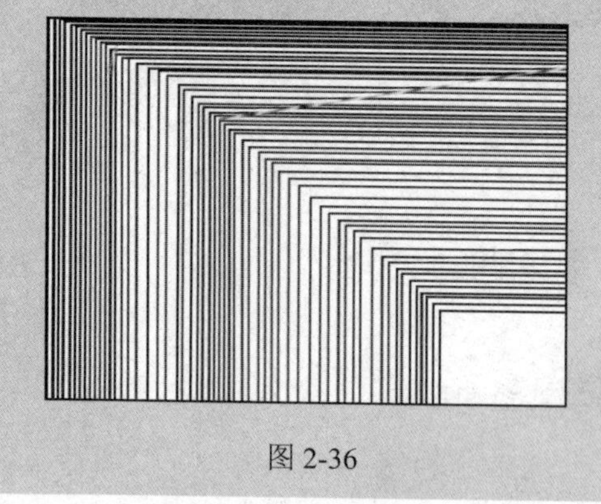

图 2-36

（2）配合键盘绘制矩形。在绘制矩形时，可以配合键盘上的一些按键进行。选择工具箱中的【矩形工具】，将鼠标指针移至页面中，然后按住键盘上的 Alt 键，鼠标指针将变成⊞形状，此时拖动鼠标指针即可绘制出以中心点向外扩展的矩形，如图 2-37 所示。

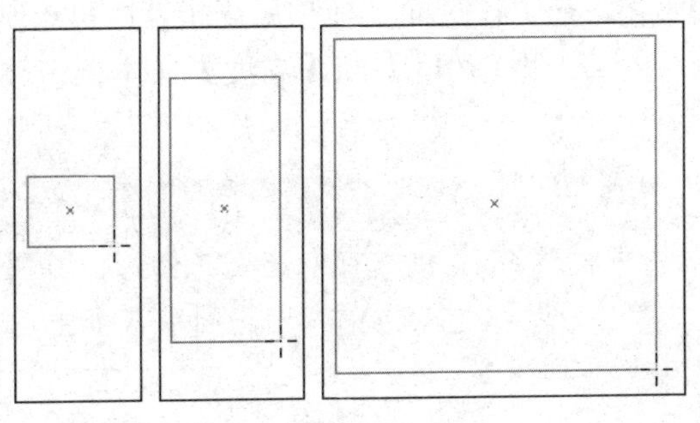

图 2-37

（3）精确绘制矩形。通过【矩形】对话框可以精确地控制矩形的高度和宽度，具体的操作步骤如下。

选择工具箱中的【矩形工具】，然后移动鼠标指针至页面中的任意位置并单击，此时将弹出【矩形】对话框，如图 2-38 所示。设置【宽度】和【高度】值后，单击【确定】按钮，就会根据用户所设置的参数值，在页面中显示出相应大小的矩形，单击【取消】按钮，将关闭对话框并取消绘制矩形的操作。

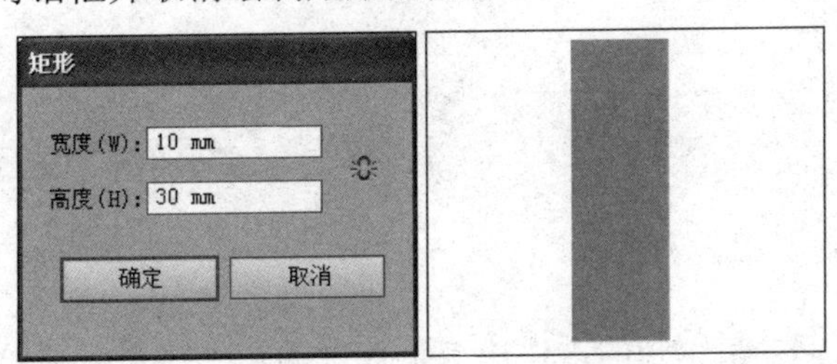

图 2-38

2. 圆角矩形工具

选择【圆角矩形工具】后，直接在工作页面上拖动鼠标指针即可绘制圆角矩形。要绘制精确的圆角矩形，可以选择【圆角矩形工具】后在页面中单击，打开如图 2-39 所示的【圆角矩形】对话框，在【宽度】和【高度】文本框中输入数值，在【圆角半径】文本框中输入圆角半径值，按照定义的大小和圆角半径绘制圆角矩形图形。

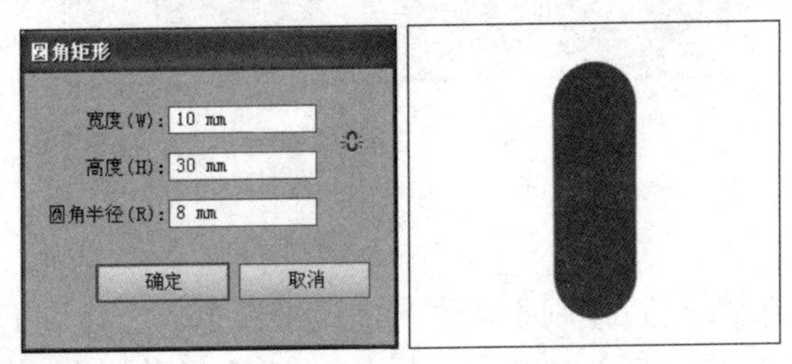

图 2-39

3. 椭圆工具

选择【椭圆工具】，在工作页面上拖动鼠标指针即可绘制椭圆形。或在页面中单击，打开【椭圆】对话框，在【宽度】和【高度】文本框中输入数值，按照定义的大小绘制椭圆形。

技巧

在绘制椭圆形的过程中按住 Shift 键，可以绘制正圆形，如图 2-40 所示。

按住 Alt+Shift 键，可以绘制以起点为中心的正圆形，如图 2-41 所示。

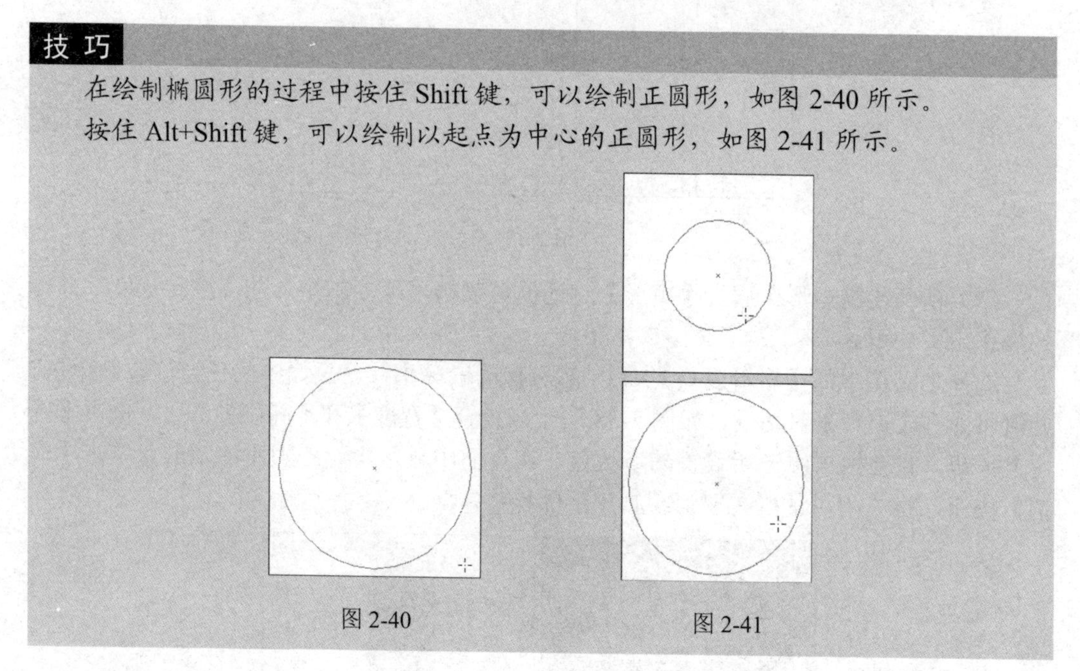

图 2-40　　图 2-41

4. 多边形工具

用【多边形工具】绘制的多边形都是规则的正多边形。要绘制精确的多边形图形，可以选择【多边形工具】后在页面中单击，打开如图 2-42 所示的【多边形】对话框，在【半径】参数栏中输入多边形的半径大小，在【边数】参数栏中设置多边形边数，从而按照定义的半径大小和边数绘制多边形图形。

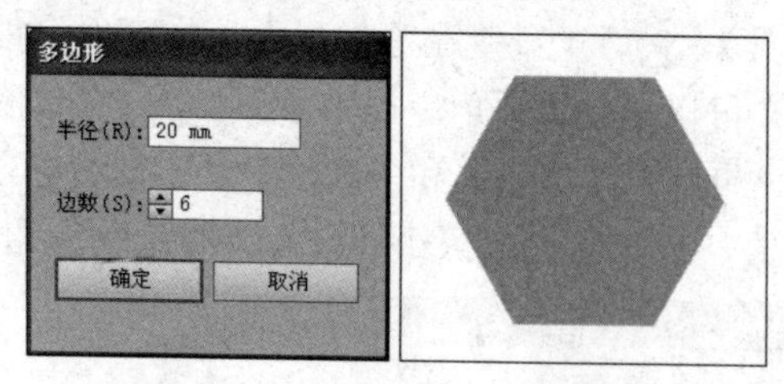

图 2-42

5. 星形工具

使用【星形工具】可以绘制不同形状的星形图形。选择该工具后在页面中单击，可打开如图 2-43 所示的【星形】对话框，在【半径 1】参数栏中设置所绘制星形图形内侧点到星形中心的距离，在【半径 2】参数栏中设置所绘制星形图形外侧点到星形中心的距离，在【角点数】参数栏中设置所绘制星形图形的角数。

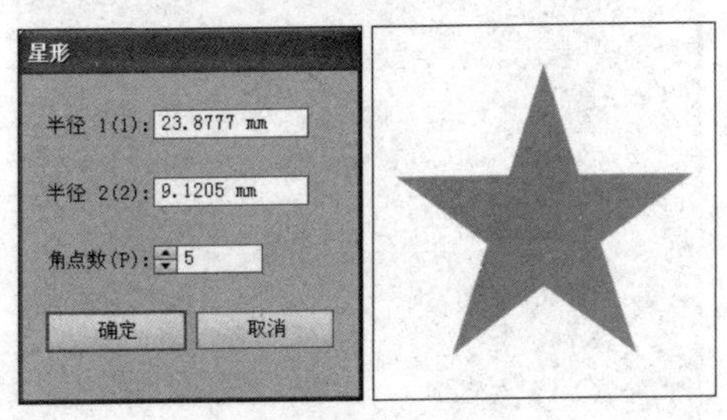

图 2-43

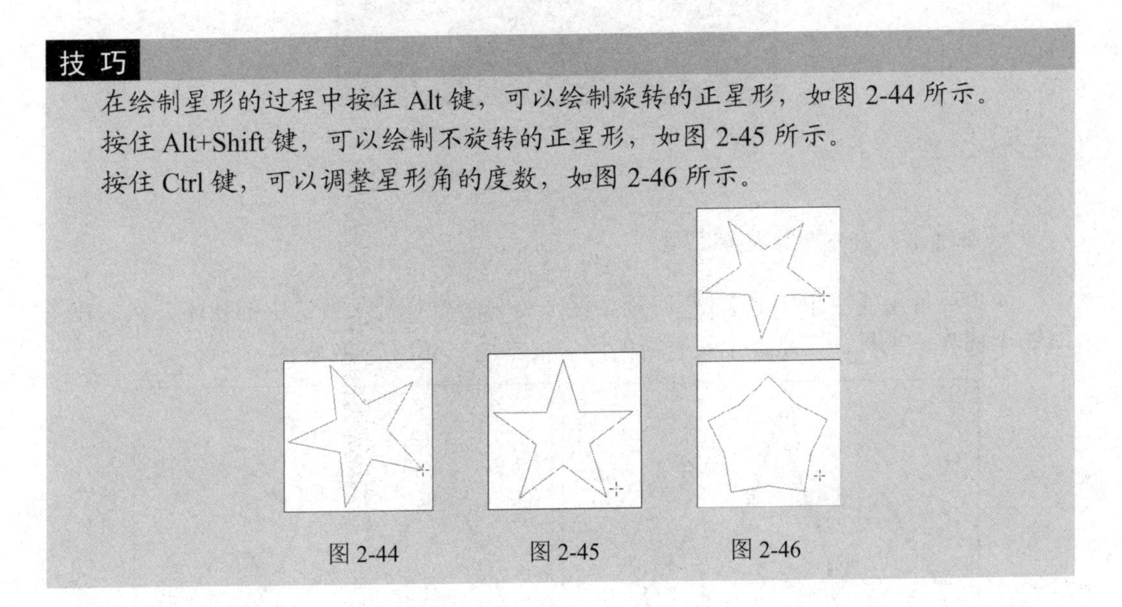

技 巧

在绘制星形的过程中按住 Alt 键，可以绘制旋转的正星形，如图 2-44 所示。

按住 Alt+Shift 键，可以绘制不旋转的正星形，如图 2-45 所示。

按住 Ctrl 键，可以调整星形角的度数，如图 2-46 所示。

图 2-44　　图 2-45　　图 2-46

二、手绘图形

用【铅笔工具】可以绘制开放路径和闭合路径，就像用铅笔在纸上绘图一样，非常适合快速素描或创建手绘外观。用【平滑工具】可以对路径进行平滑处理，而且能尽可能地保持路径的原始状态。用【路径橡皮擦工具】可以清除路径或笔画的一部分。

1. 铅笔工具

【铅笔工具】在使用时不论是绘制开放的路径还是封闭的路径，都像在纸张上绘制一样方便。

如果需要绘制一条封闭的路径，选中该工具后，需要在绘制开始以后就一直按住 Alt 键，直至绘制完毕。在工具箱中双击【铅笔工具】，可以打开如图 2-47 所示的【铅笔工具选项】对话框。

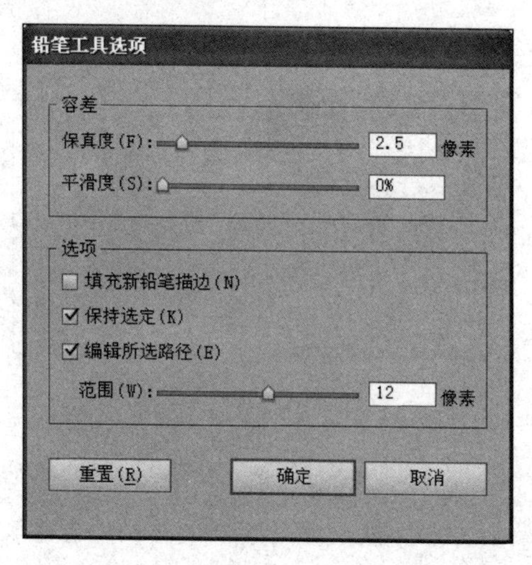

图 2-47

2. 平滑工具和路径橡皮擦工具

如果要使用【平滑工具】，则要保证处理的路径处于被选中的状态，然后在工具箱中选择该工具，在路径上要平滑的区域内拖动，如图 2-48 所示。

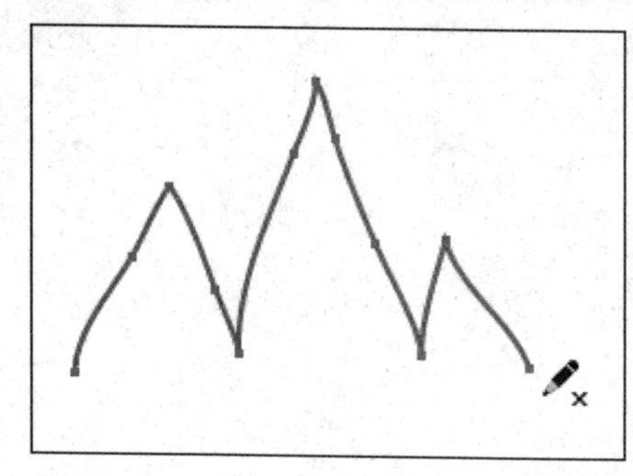
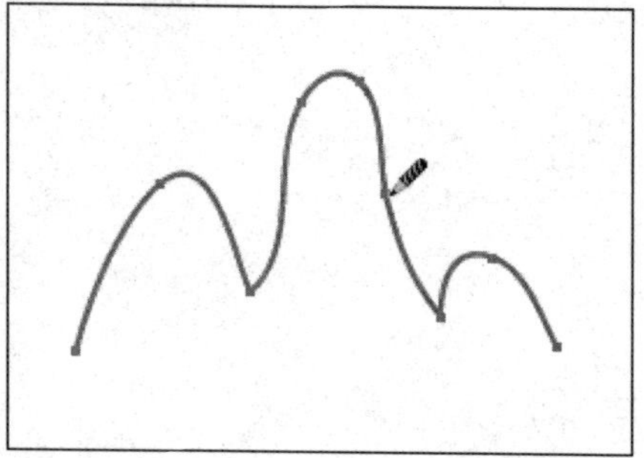

图 2-48

如果要使用【路径橡皮擦工具】，则要保证处理的路径处于被选中的状态，然后在工具箱中选择该工具，在要清除路径的区域拖动，效果如图 2-49 所示。

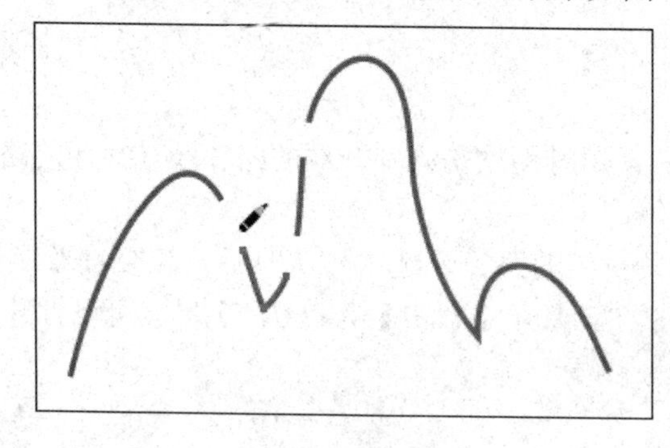

图 2-49

三、光晕工具

使用【光晕工具】可以很方便地绘制出光晕效果。双击工具箱中的【光晕工具】，或者在选择【光晕工具】的前提下按 Enter 键，或在页面中单击，都可打如图 2-50 所示的【光晕工具选项】对话框来设置光景效果。选择【光晕工具】后在工作页面上拖动鼠标指针可以直接确定光晕效果的整体大小。释放鼠标后，移动鼠标指针至合适位置，确定光晕效果的长度，单击即可完成光晕效果的绘制。

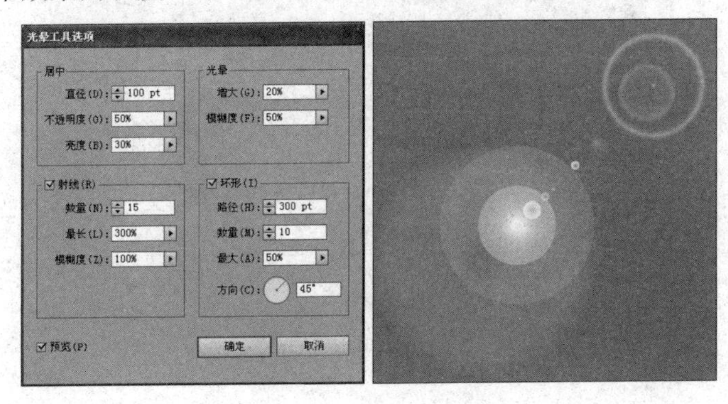

图 2-50

四、使用线性工具

线形工具是指【直线段工具】、【弧形工具】、【螺旋线工具】、【矩形网格工具】、【极坐标网格工具】，使用这些工具可以创建出由线段组成的各种图形。

1. 直线段工具

使用【直线段工具】可以在页面上绘制直线。选择该工具后，在视图中单击并拖动鼠标指针可以绘制直线，松开鼠标左键后完成直线段的绘制。

2. 弧线工具

选择【弧形工具】后可以直接在工作页面上拖动鼠标指针绘制弧线。如果要精确绘制弧线，选择【弧形工具】后在页面中单击，打开如图 2-51 所示的【弧线段工具选项】对话框，在对话框中设置各项参数。

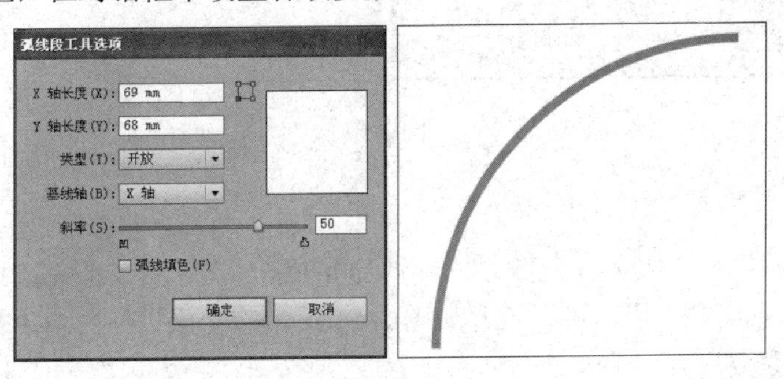

图 2-51

3. 螺旋线工具

用【螺旋线工具】可以绘制螺旋形。选择该工具后在页面中单击，打开如图 2-52 所示的【螺旋线】对话框，设置各项参数可以精确绘制螺旋线。

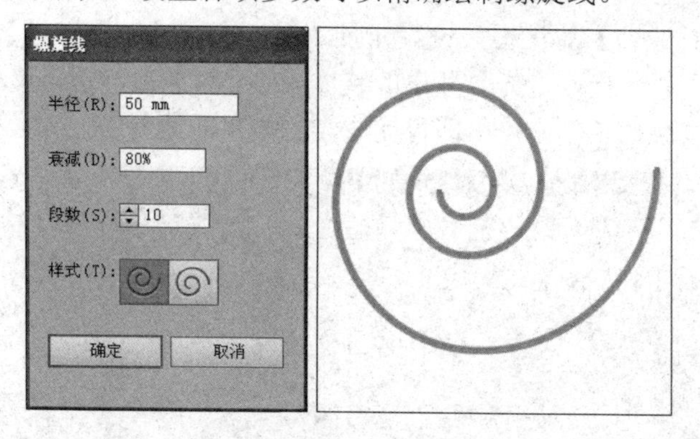

图 2-52

4. 矩形网格工具

用【矩形网格工具】可以创建矩形网格。选择【矩形网格工具】后在页面中单击，可以打开图 2-53 所示的【矩形网格工具选项】对话框精确设置各项参数。

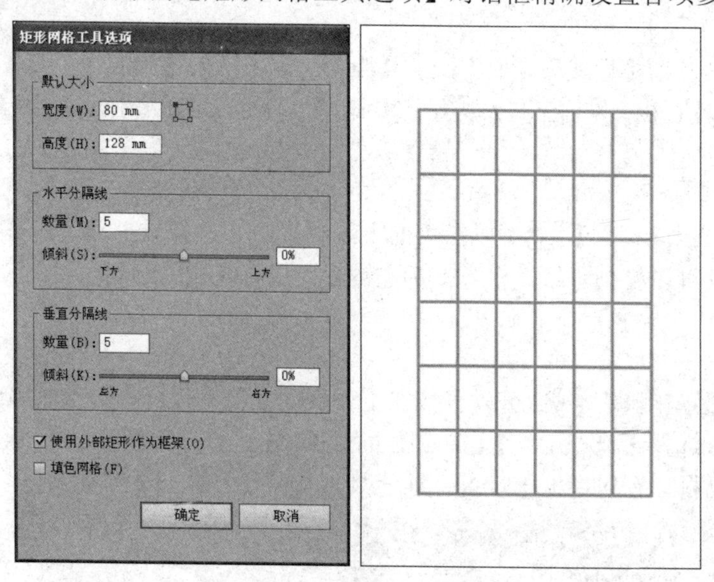

图 2-53

5. 极坐标网格工具

用【极坐标网格工具】可以绘制类似同心圆的放射线效果。选择【极坐标网格工具】后在页面中单击，可以打开如图 2-54 所示的【极坐标网格工具选项】对话框精确设置各项参数。

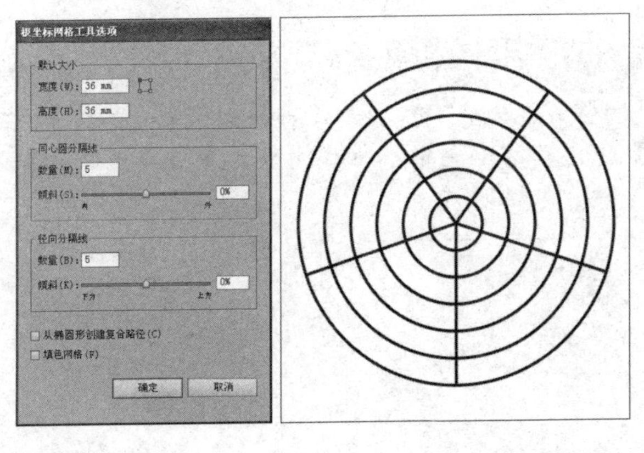

图 2-54

五、编辑图形

绘制完成的图形有时不能够满足需要的效果，这时就要利用其他工具对图形进行加工和编辑。

1. 剪刀工具、美工刀工具和橡皮擦工具

【剪刀工具】用于在特定点剪切路径。使用【剪刀工具】在一条路径上单击，可以将一条开放的路径分成两条，或者将一条闭合的路径拆分成一条或多条开放的路径。如果单击路径的位置位于一段路径的中间，则单击的位置会有两个重合的新节点，如果在一个节点上单击，则在原来的节点上面又将出现一个新的节点。对于剪切后的路径，可以使用【直接选择工具】或【转换节点工具】进行进一步的编辑。

提 示

绘制一个图形，选择【直接选择工具】，单击选中图形，显示节点，然后选择【剪刀工具】，先单击第一个节点，再单击第二个节点，进行剪断。

用【刻刀工具】可以将图形对象像切蛋糕一样切分为一到多个部分，刻刀工具应用的所有对象都将变为曲线对象，如图 2-55 所示。

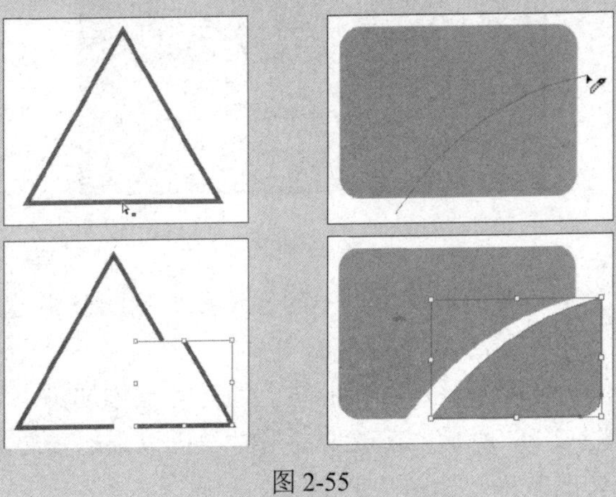

图 2-55

提 示

【橡皮擦工具】可以删除对象中不再需要的部分，当擦除中影响了对象的路径时，【橡皮擦工具】会自动做出调整，所有使用了【橡皮擦工具】的对象边缘，都将转变为平滑对象，如图 2-56 所示。

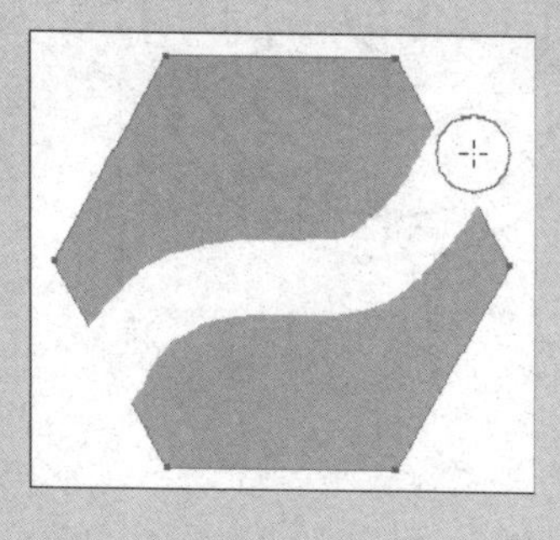

图 2-56

2. 变形工具组

变形工具组中的工具主要用于对路径图形进行变形操作，从而使图形的变化更加多样化。双击变形工具组中的某个工具按钮都会弹出相应的选项对话框，如图 2-57 所示。

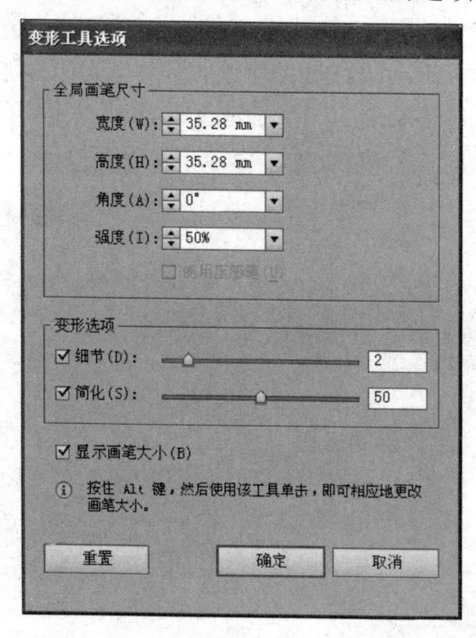

图 2-57

变形工具组中 7 个工具的选项对话框中的各项参数相同或相近，对话框中的各项参数如下。

（1）宽度工具。使用宽度工具可以在曲线上的任意点添加锚点，单击拖动锚点即可更改曲线的宽度，如图 2-58 所示。在改变图形时，可以根据需要将线条变宽或变窄，将图形调整为自己想要的效果，如图 2-59 所示。

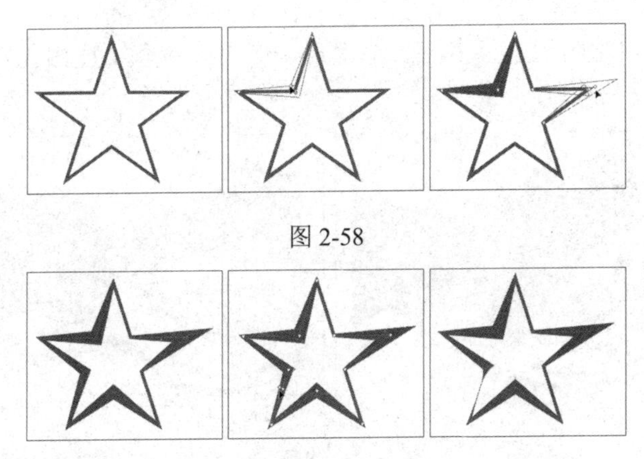

图 2-58

图 2-59

（2）变形工具。使用变形工具就是用手指涂抹的方式对矢量线条进行变形，如图 2-60 所示。还可以对置入的位图图形进行变形，得到有趣的效果，如图 2-61 所示。

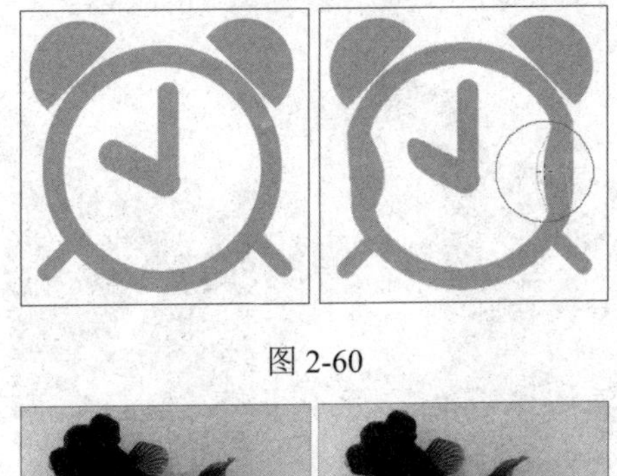

图 2-60

图 2-61

（3）旋转扭曲工具。对图形进行旋转扭曲变形，作用区域和力度由预设参数决定。

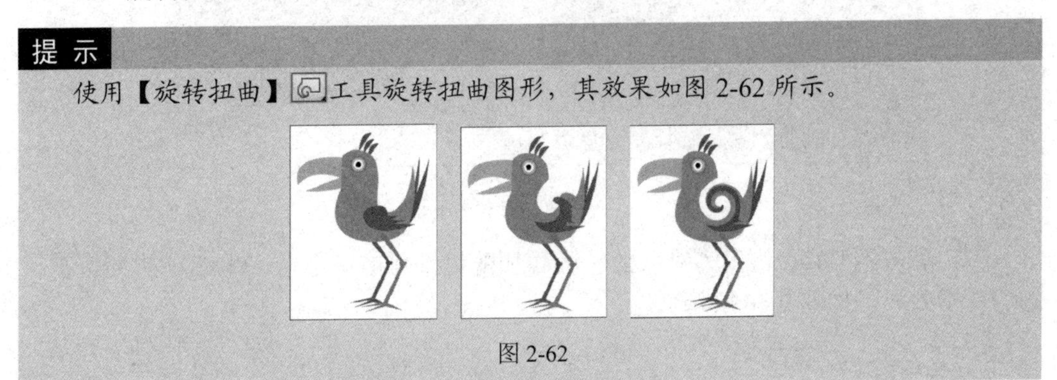

提 示

使用【旋转扭曲】工具旋转扭曲图形，其效果如图 2-62 所示。

图 2-62

（4）聚拢工具。对图形进行挤压收缩变形，作用区域和力度由预设参数决定，效果如图 2-63 所示。

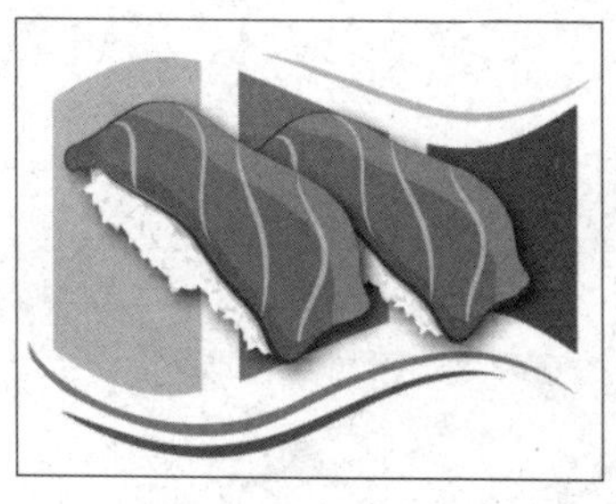
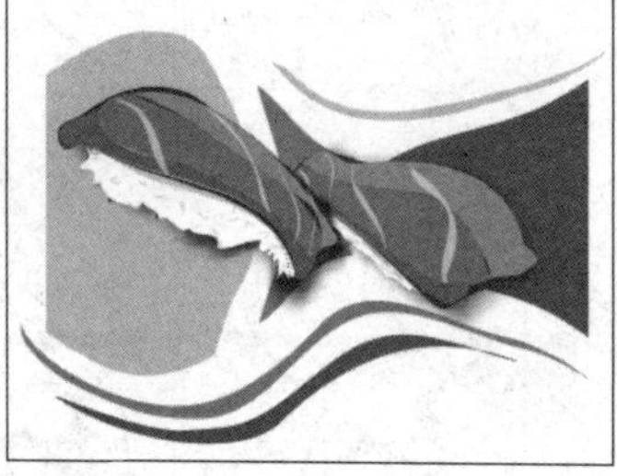

图 2-63

（5）膨胀工具。对图形进行扩张膨胀变形。

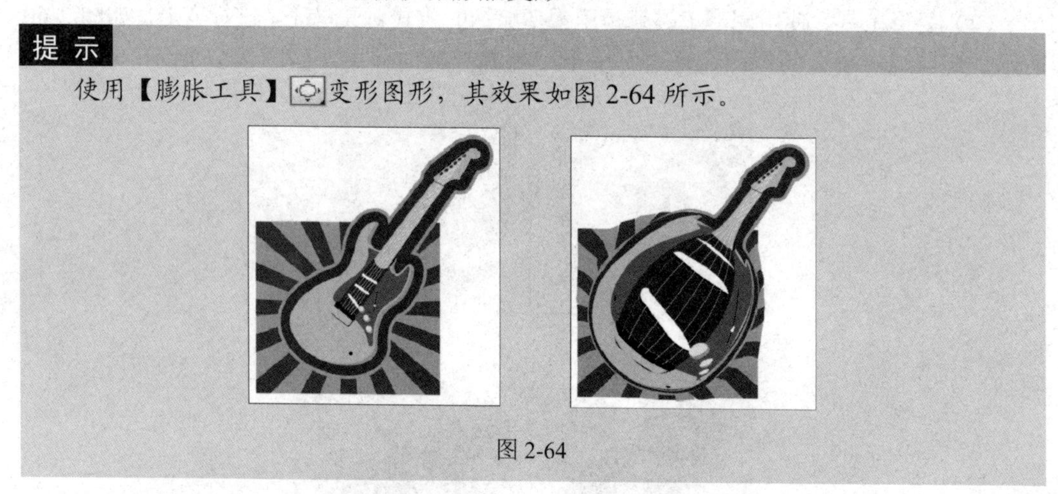

提 示

使用【膨胀工具】变形图形，其效果如图 2-64 所示。

图 2-64

（6）扇贝工具。对图形产生细小的褶皱状变形，效果如图 2-65 所示。

图 2-65

（7）晶格化工具。可以为对象的轮廓添加随机锥化的细节，产生细小的尖角和凸起的变形效果，如图 2-66 所示。

图 2-66

（8）褶皱工具。可以为对象的轮廓添加类似于皱褶的细节，产生局部碎化的变形效果。

提　示

使用【褶皱工具】工具变形图形，其效果如图 2-67 所示。

图 2-67

3. 使用【路径查找器】调板

使用【路径查找器】调板中的按钮命令，可以改变不同对象之间的相交方式。执行【窗口】→【路径查找器】命令，即可打开【路径查找器】面板，如图 2-68 所示。

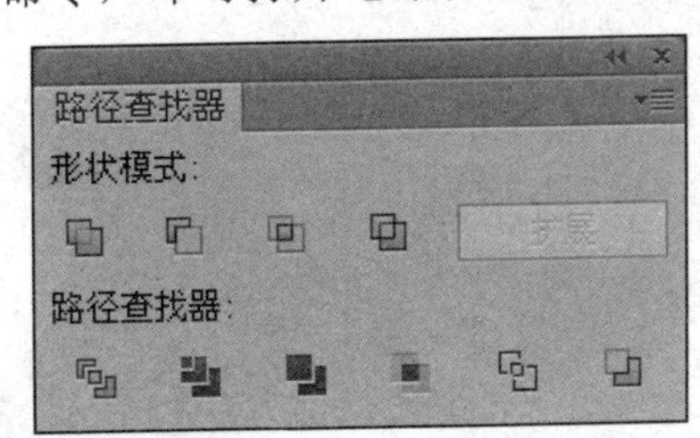

图 2-68

下面将详细说明这些命令的使用方法及效果。

(1)【联集】：可以将两个或多个路径对象合并成一个图形，效果如图 2-69 所示。

图 2-69

(2)【减去顶层】：从最后面的对象中减去与前面的各对象相交的部分，而前面的对象也将被删除，效果如图 2-70 所示。

图 2-70

(3)【交集】：保留所选对象的重叠部分，而删除不重叠的部分，从而生成一个新的图形，保留部分的属性与最前面的图形保持一致，效果如图 2-71 所示。

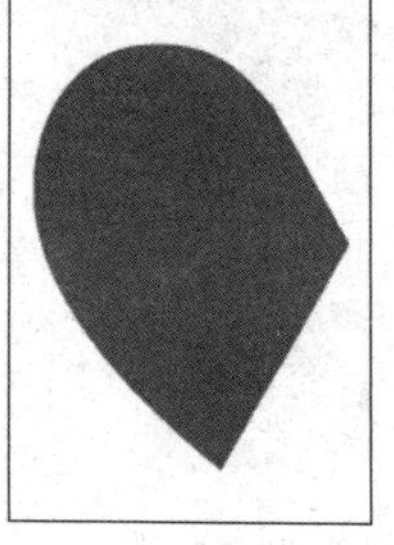

图 2-71

(4)【差集】：可以将两个或多个路径对象重叠的部分删除，并将选中的多个对象组合为一个新的对象，效果如图 2-72 所示。

图 2-72

（5）【分割】：可以将两个或多个路径对象重叠的部分独立开来，从而将所选择的对象分割成几部分，重叠部分的属性以前面对象的属性为准，效果如图 2-73 所示。编辑过后的对象被群组，查看时需解除群组状态。

图 2-73

（6）【修边】：用前面的对象来修剪后面的对象，从而使后面的对象发生形状上的改变，并且能够取消对象的轮廓线属性，所有的对象将保持原来的颜色不变。编辑过后的对象被群组，查看时需解除群组状态。修边效果如图 2-74 所示。

（7）【合并】：如果所选对象的填充和轮廓线的属性相同，它们将组合为一个对象；如果它们的属性不同，则该按钮命令与【修边】所产生的结果是相同的。

（8）【裁剪】：保留对象重叠的部分，而删除其他部分，并且能够取消轮廓线属性，保留部分将应用最后面对象的属性，效果如图 2-75 所示。

（9）【轮廓】：只保留所选对象的轮廓线，而且轮廓的颜色改变为对象的填充颜色，它的宽度也变成 0 pt，其效果如图 2-76 所示。

图 2-74

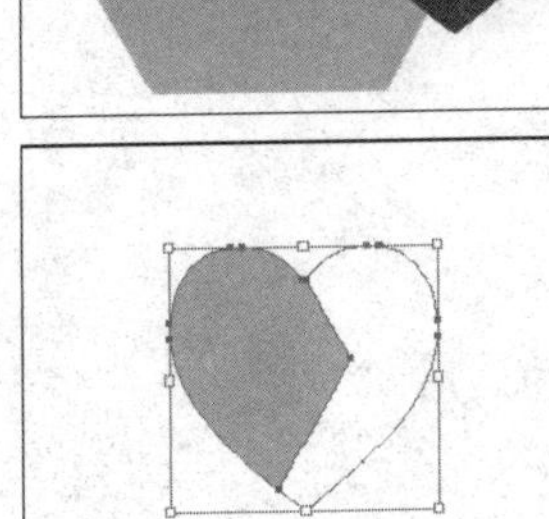

图 2-75

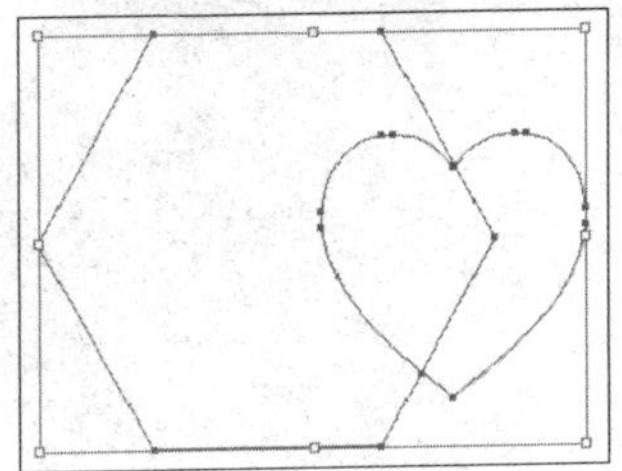

图 2-76

（10）【减去后方对象】：可以用后面的对象来修剪前面的对象，并且删除后面的对象和两个对象重叠的部分，保留部分的属性与最前面的对象的属性保持一致，效果如图 2-77 所示。

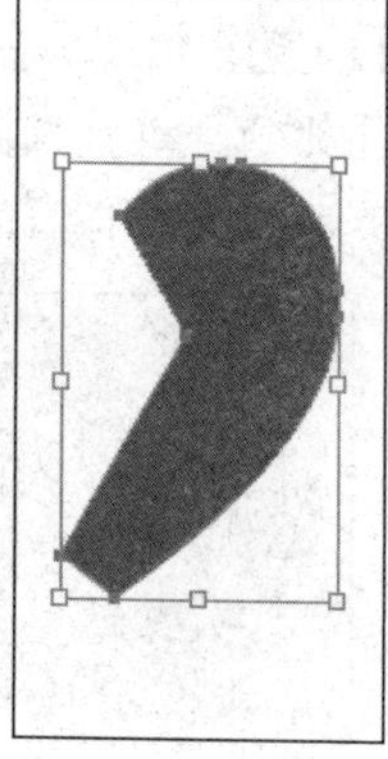

图 2-77

课后实践——设计制作宣传插画

某儿童品牌运动商店为扩大宣传要制作一批宣传插画。

要求：画面简单、色彩亮丽，体现儿童的活泼可爱。参考效果图如图 2-78 所示。

图 2-78

项目三　设计与制作安卓 3.0 图标
——绘制和编辑路径

知识目标

1. 掌握【钢笔工具】的使用方法。
2. 掌握【画笔工具】的使用方法。
3. 掌握【画笔】调板的使用方法。
4. 掌握关于路径的专业知识。

能力目标

1. 学会编辑与美化路径。
2. 掌握钢笔、铅笔及画笔工具的使用方法。

制作任务

任务背景

目前我们使用的手机大部分为安卓系统手机，本项目我们学习绘制安卓 3.0 的图标。

任务要求

绘制安卓 3.0 图标。

任务分析

该案例将绘制安卓 3.0 图标。要实现该效果需要执行绘制图形、用【钢笔工具】绘制路径等基本操作。

任务参考效果图

操作步骤

1. 新建文件并设置描边与填色

按 Ctrl+N 组合键新建文件，设置新建文件：大小为 A4，颜色模式为 CMYK，名称为【安卓图标】。在【颜色】调板中设置颜色为黑色，描边颜色 CMYK 值为“40，9，10，0”，粗细为 1mm。

2. 绘制圆形

选择【椭圆工具】，绘制一个【宽度】和【高度】均为 30mm 的圆，如图 3-1 所示。

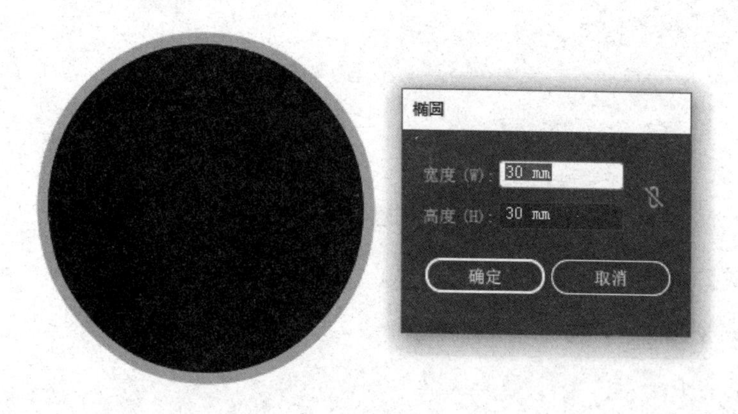

图 3-1

3. 绘制半圆

绘制一个矩形，与圆形重叠，如图 3-2 所示。选中矩形和圆形，选择菜单【窗口→路径查找器】(Shift+Ctrl+F9) 命令，打开【路径查找器】调板，如图 3-3 所示。单击【减去顶层】按钮，圆形被矩形截切为半圆，如图 3-4 所示。

图 3-2

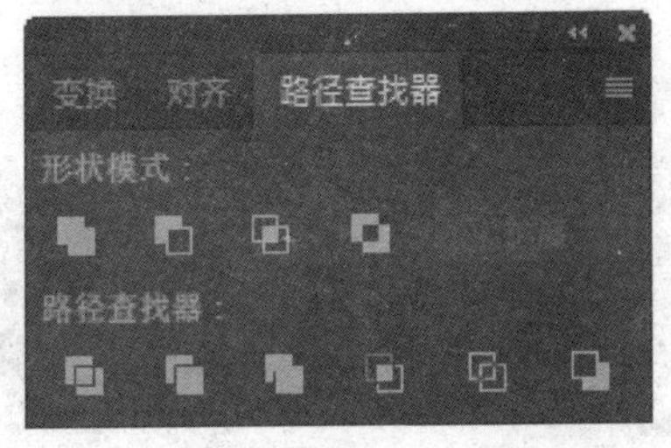

图 3-3

图 3-4

4. 绘制眼睛和耳朵

（1）绘制一个圆形，设置【宽度】和【高度】均为 3mm，设置颜色 CMYK 值为“40，9，10，0”。选中圆形，按住 Alt 键水平移动复制一个，放在如图 3-5 所示的位置。

图 3-5

（2）绘制一个圆角矩形，设置【宽度】为 7mm、【高度】为 1mm、【圆角半径】为 2mm，如图 3-6 所示。

单击画面，绘制好一个圆角矩形，设置颜色为黑色，描边颜色 CMYK 值为“40，9，10，0”，如图 3-7 所示。

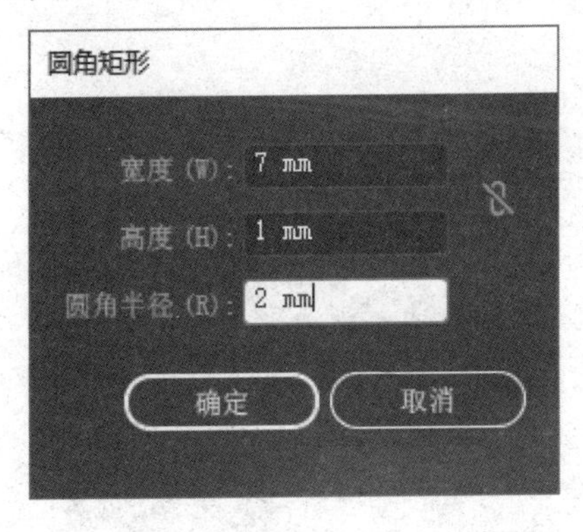

图 3-6

图 3-7

（3）将绘制好的圆角矩形旋转-45°，选中圆角矩形，双击【旋转工具】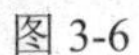，弹出【旋转】对话框，如图 3-8 所示，设置【角度】为-45°。将旋转好的矩形放置在绘制好的半圆上，如图 3-9 所示。

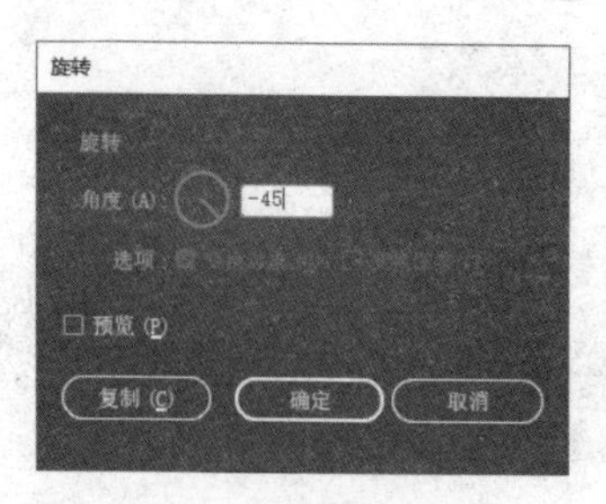

图 3-8

图 3-9

（4）选中圆角矩形，按住 Alt 键水平移动复制一个，选择【对象→变换→对称】命令，弹出【镜像】对话框，如图 3-10 所示。

（5）在【轴】选项组中点选【垂直】单选按钮，单击【确定】按钮，效果如图 3-11 所示。

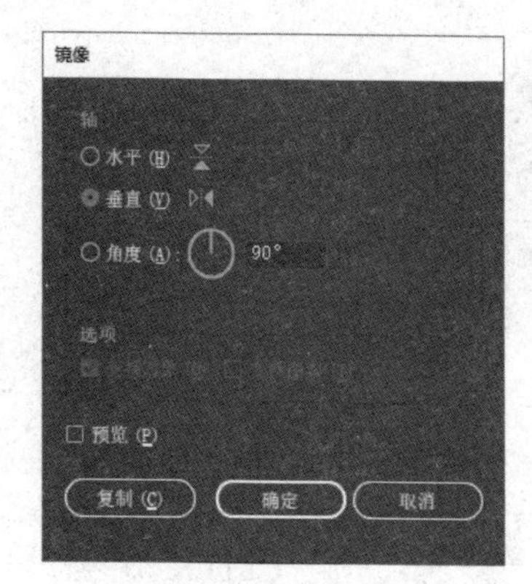

图 3-10

图 3-11

5. 绘制身体框架

（1）绘制一个矩形，设置【宽度】为 30mm、【高度】为 35mm，设置颜色 CMYK 值为“76，27，18，0”，如图 3-12 所示。

（2）单击【添加锚点工具】，单击矩形的底部中间位置；单击【直接选择工具】，选中添加的锚点并向下拖动，效果如图 3-13 所示。

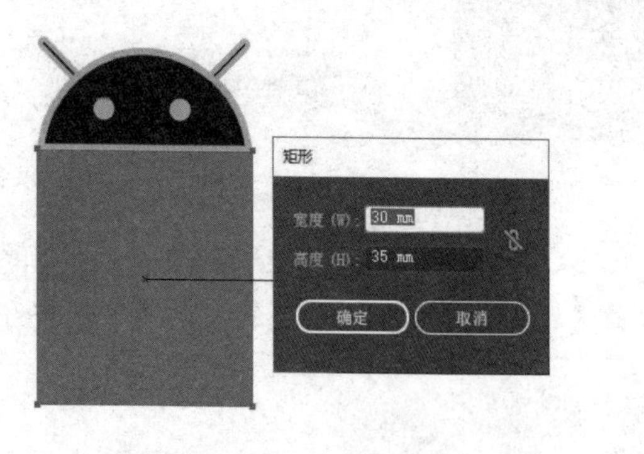

图 3-12

图 3-13

（3）单击【转换锚点工具】，将尖角美化为圆角，效果如图 3-14 所示。

（4）绘制一个矩形，设置【宽度】为 28mm、【高度】为 6mm，设置填充颜色为黑色，并向下复制一个，如图 3-15 所示。

图 3-14　　图 3-15

（5）绘制一个半圆，设置填充颜色为黑色，如图 3-16 所示，放置在如图 3-17 所示的位置。

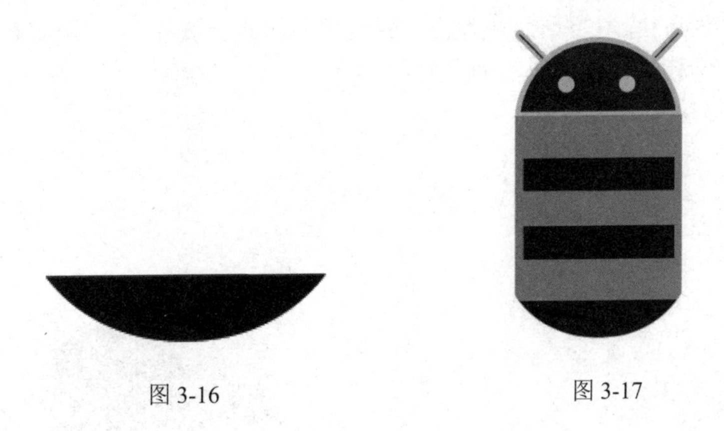

图 3-16　　图 3-17

6. 绘制尾巴

用【钢笔工具】绘制如图 3-18 所示的图形，将其放置在如图 3-19 所示的位置。

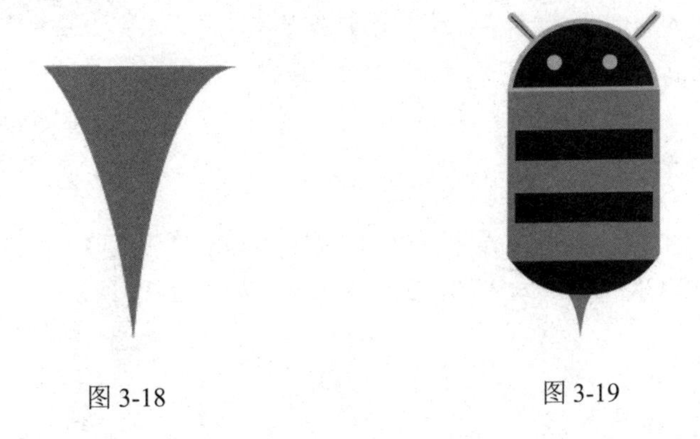

图 3-18　　图 3-19

7. 绘制翅膀

（1）绘制一个圆角矩形，设置【宽度】为 70mm、【高度】为 12mm、【圆角半径】为 5mm，设置颜色 CMYK 值为“20，20，2，0”，如图 3-20 所示，放在如图 3-21 所示的位置。

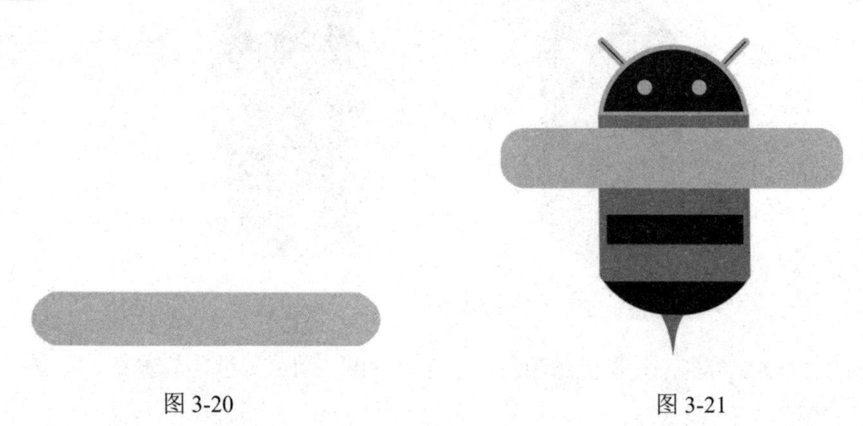

图 3-20　　　　图 3-21

（2）右击绘制的圆角矩形，在弹出的快捷菜单中选择【排列→置于底层】（Shift+Ctrl+[）命令，形成如图 3-22 所示的效果。

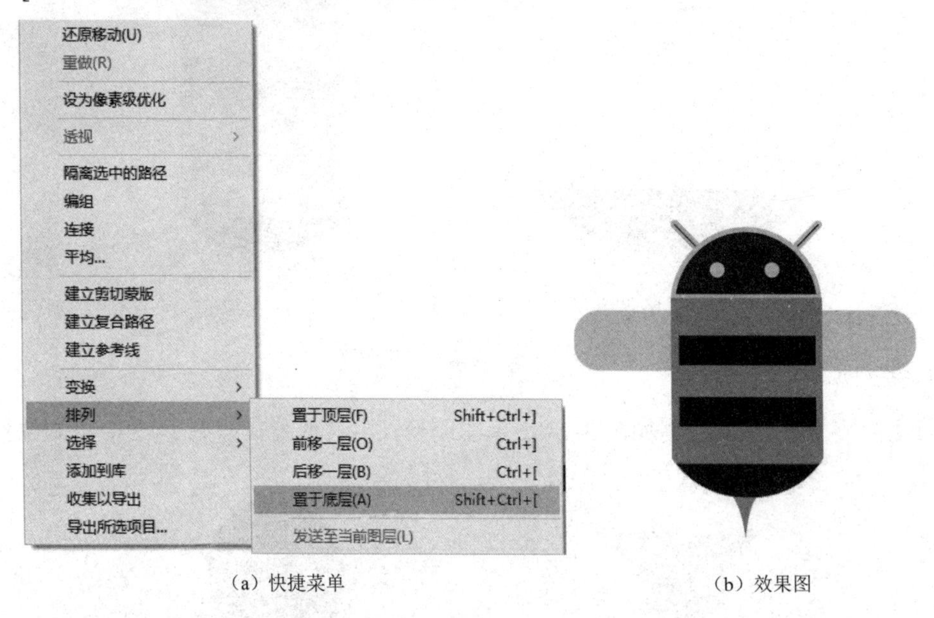

（a）快捷菜单　　　　（b）效果图

图 3-22

（3）再绘制一个圆角矩形，设置【宽度】为 30mm、【高度】为 8mm、【圆角半径】为 3mm，设置颜色 CMYK 值为“20，20，2，0”，如图 3-23 所示。

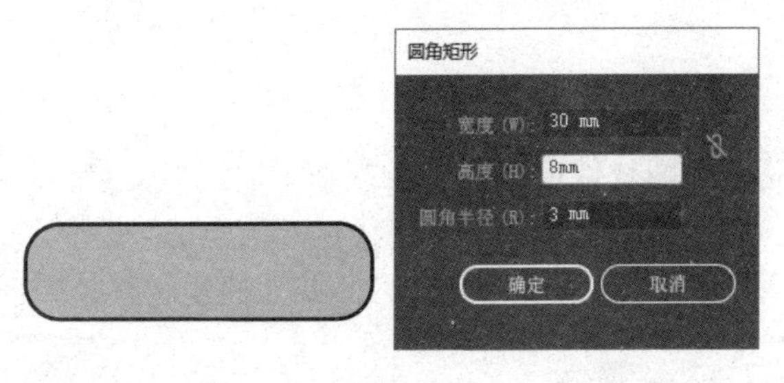

图 3-23

（4）将其调整、旋转到相应的位置，并对称、复制一个，效果如图 3-24 所示。

（a）放置一个　　（b）对称、复制一个

图 3-24

（5）选中所有绘制的翅膀，选择【窗口→透明度】（Shift+Ctrl+F10）命令，打开【透明度】调板，在下拉列表框中选择【正常】选项，设置【不透明度】为 80%，如图 3-25 所示。完成效果如图 3-26 所示。

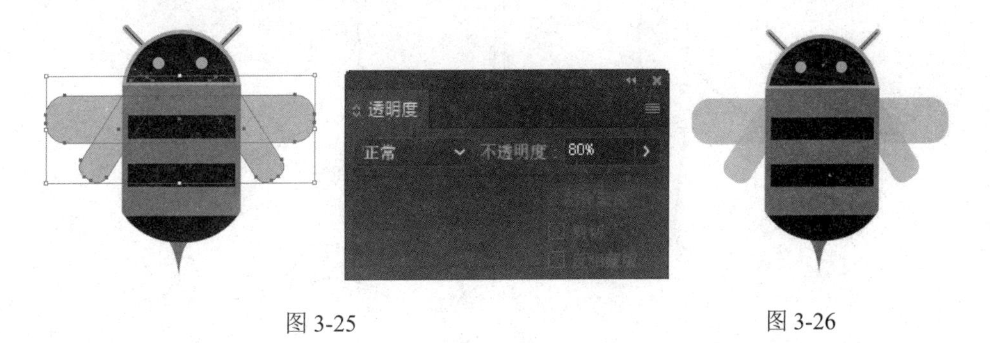

图 3-25　　图 3-26

相关知识

一、路径的概念

路径是构成图形的基础，任何复杂的图形都是由路径绘制而成的。复合路径是编辑路径时的一种方法，通过这种方法可以得到形状复杂的图形。

1. 路径

路径与节点是矢量绘图软件所绘图形中最基本的组成元素。读者可使用自由路径绘制工具创建各种形状的路径，然后通过对路径上的节点或控制柄进一步编辑，以此来达到创建的要求。如图 3-27 所示为通过编辑路径得到的复杂路径图形。

图 3-27

（1）开放路径和闭合路径。Illustrator 中的路径有两种类型，一种是开放路径（它们的端点没有连接在一起），在对这种路径进行填充时，可在该路径的两个端点假定一条连线，从而形成闭合的区域，比如圆弧和一些自由形状的路径。

另一种是闭合路径，它们没有起点或终点，能够对其进行填充和轮廓线填充，如矩形、圆形或多边形等，如图 3-28 所示。

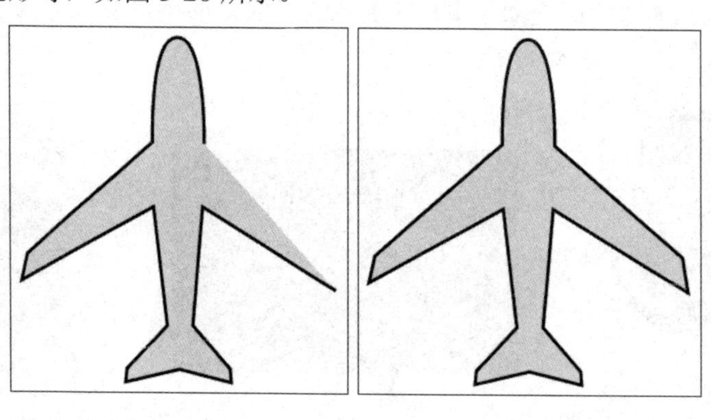

图 3-28

（2）路径的组成。路径由锚点（也称为节点）和线段组成，用户可通过调整一个路径上的锚点和线段来更改其形状，如图 3-29 所示。

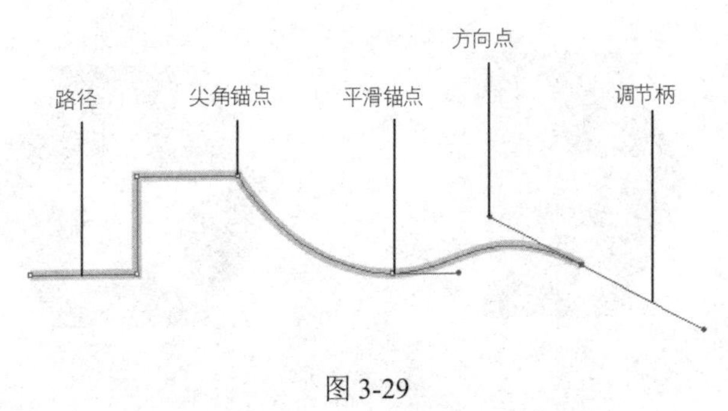

图 3-29

2. 复合路径

将两个或多个开放或者闭合路径进行组合后，就会形成复合路径。通常在设计中，经常要复合路径来组成比较复杂的图形，如图 3-30 所示。

图 3-30

将对象定义为复合路径后，复合路径中的所有对象都将应用堆叠顺序中最后一个对象的颜色和样式属性，如图 3-31 所示。选中两个以上的对象，右击鼠标，在弹出的快捷菜单中选择【建立复合路径】命令，即可创建出复合路径。

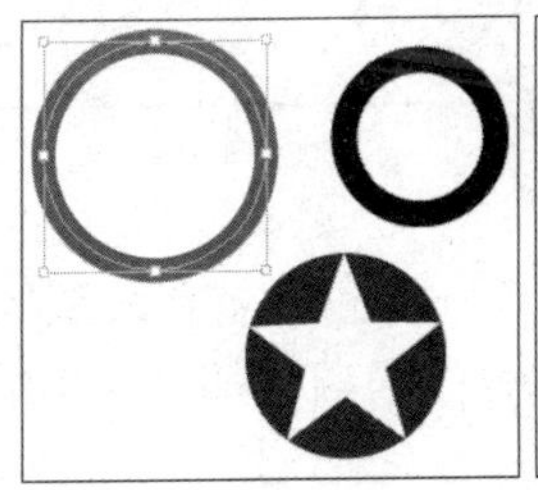

图 3-31

知 识

复合路径包含两个或多个已填充颜色的路径，因此在路径重叠处将呈现镂空透明状态，如图 3-32 所示。

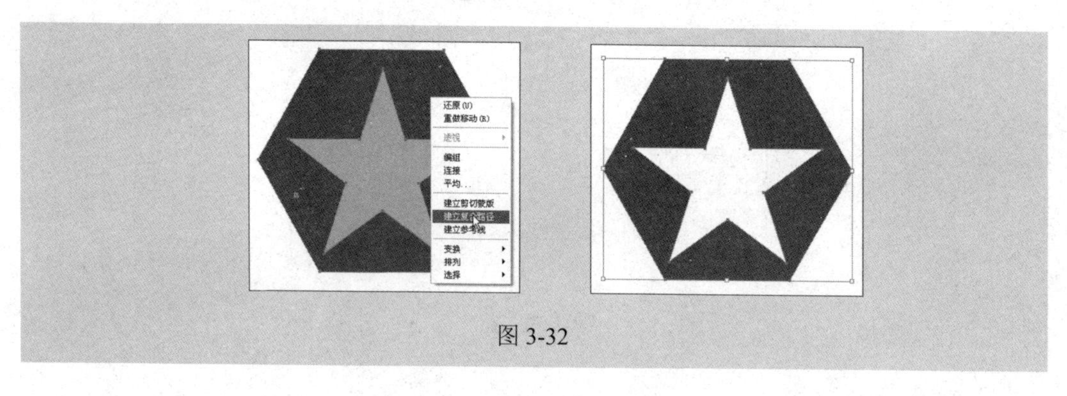

图 3-32

二、绘制路径

使用自由路径绘制工具，就像我们平常用笔在纸上作画一样，具有很大的灵活性，所绘制出的路径称为贝塞尔曲线，这些路径可以构成某些复杂图形的外轮廓。

1. 钢笔工具

用【钢笔工具】绘制直线路径的方法非常简单，只要选择工具后在起点和终点处单击就可以了，按住 Shift 键可以绘制水平或垂直的直线路径，如图 3-33 所示。

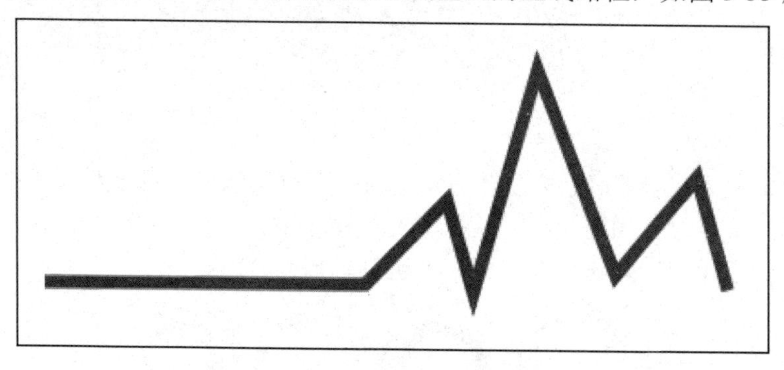

图 3-33

选择【钢笔工具】后单击并释放鼠标，得到的是直线型的节点；单击并拖动后释放得到的是平滑型节点，调节柄的长度和方向的调整都可以影响两个节点间曲线的弯曲程度，如图 3-34 所示。

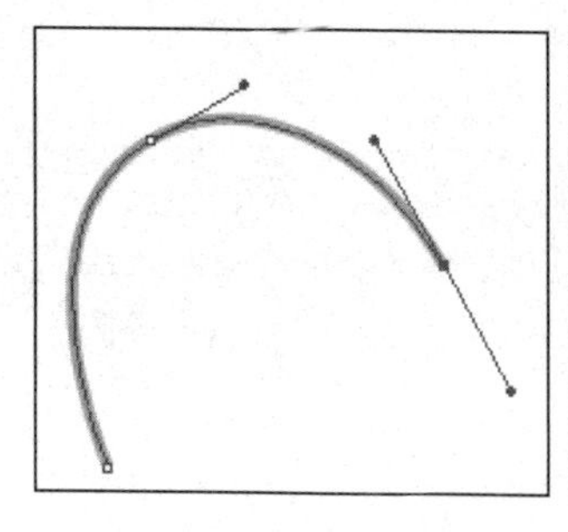

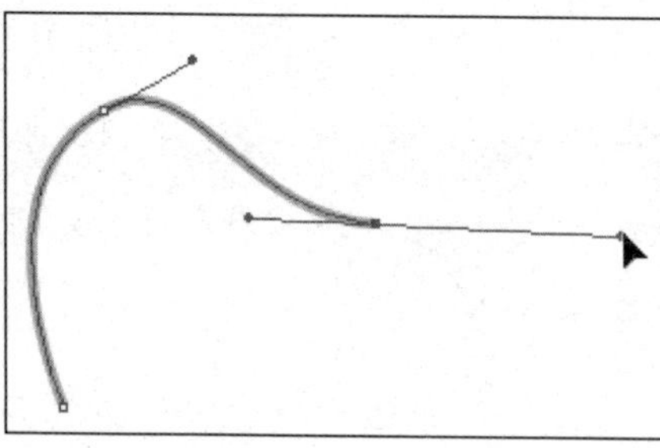

图 3-34

2. 添加、删除和转换锚点工具

选择【添加锚点工具】，然后将鼠标指针移动到锚点以外的路径上单击，即可将在路径上单击的位置添加一个新锚点，如图 3-35 所示。

图 3-35

选择【删除锚点工具】，在路径中的任意锚点上单击，即可将该锚点删除，删除锚点后的路径会自动调整形状，如图 3-36 所示。

图 3-36

选择【转换锚点工具】，可以改变路径中锚点的性质。在路径的平滑锚点上单击，可以将平滑锚点变为尖角锚点。在尖角锚点上按住鼠标左键拖动，可以将尖角锚点转换为平滑锚点，如图 3-37 所示。

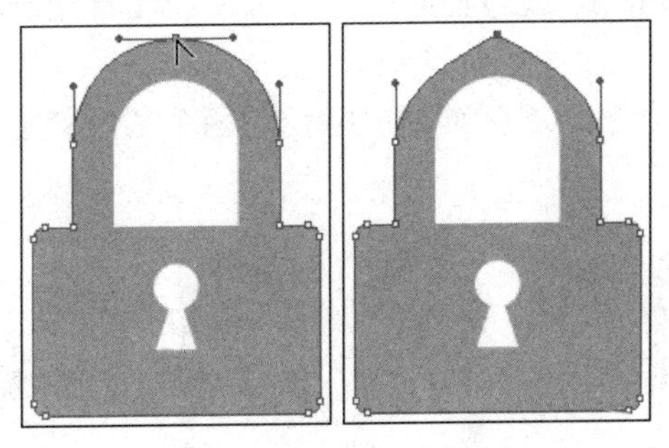

图 3-37

三、编辑路径

创建一个自由形状的路径时，除了可以通过节点进行编辑之外，大多数情况下还是

要使用有关路径编辑的命令，来对路径进行相关的修整。

1. 延伸或者连接开放路径

当用户需要在原有的开放路径上继续编辑时，可以使用【钢笔工具】来扩展该路径。从工具箱中选择【钢笔工具】，将鼠标指针移动到需要延伸的开放路径的一个端点，这时在【钢笔工具】的右下方会出现“/”标志，表明当前可以延伸该路径。单击这个端点，该路径就会被激活，用户就可对它进行延伸和编辑，如图 3-38 所示。

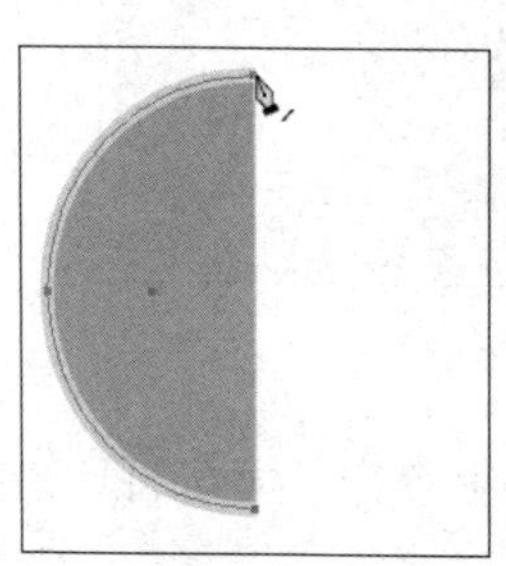
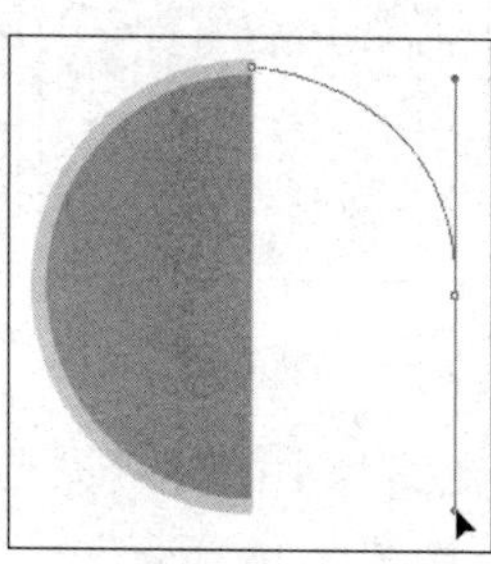
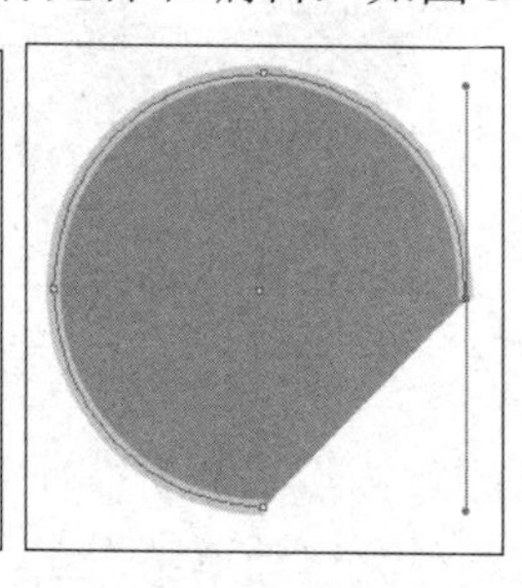

图 3-38

如果要将一个路径连接到另一个开放路径时，可将鼠标指针移动到另一个路径的端点，这时【钢笔工具】的右下方会出现一个未被选择的节点标志，表明当前可以进行路径的连接，单击即可将这两个路径连接。

2. 连接路径端点

使用【连接】命令可以将两个开放路径的两个端点连接起来，以此形成一个闭合路径，也可以将一个开放路径的两个端点连接起来。

具体操作步骤如下。

（1）如果连接一个开放路径的两个端点，可以先选择该路径，然后执行【对象】→【路径】→【连接】命令，这时这两个端点会连接在一起，生成一个路径。

（2）如果连接的是两个开放路径的端点，可使用【直接选择工具】选中所要连接的端点。

（3）执行【连接】命令，这两个开放路径的两个端点就会连接在一起，如图 3-39 所示。

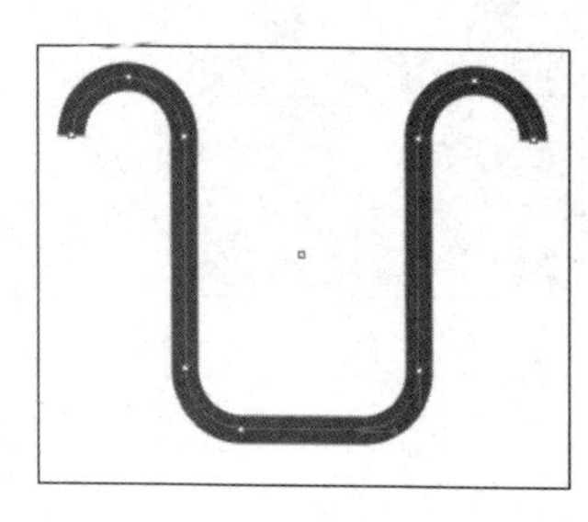
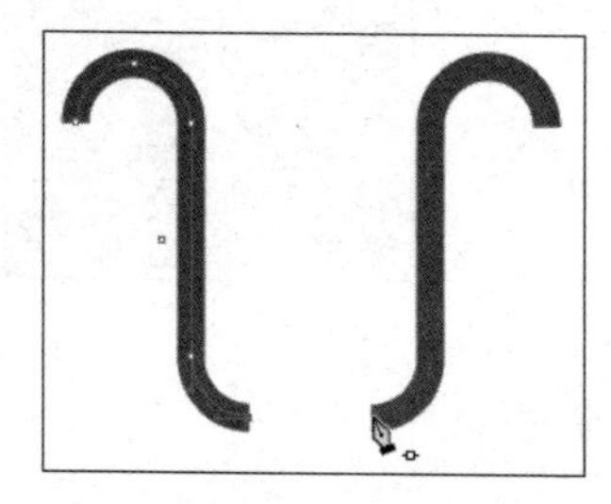

图 3-39

3. 简化路径

选中需要简化的路径，执行【对象】→【路径】→【简化】命令，可以打开【简化】对话框，如图 3-40 所示。在这个对话框中包括两个选项组，即【简化路径】选项组和【选项】选项组，可以精确设置简化路径。

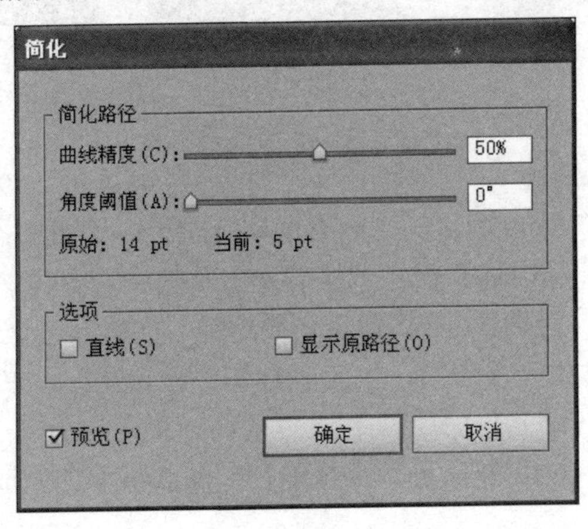

图 3-40

使用【简化】命令可以减少路径上的锚点，并且不会改变路径的形状。

4. 使用整形工具

使用【整形工具】能够在保留路径的一些细节的前提下，通过改变一个或多个节点的位置，或者调整部分路径的形状，来改变路径的整体形状。

当使用【整形工具】选择一个节点后，它周围将出现一个小正方形，如果用户拖动所选择的节点，则节点两边的路径会随着拖动有规律地弯曲，而未选择的节点会保持原来的位置不变。

当需要使用该工具时，可参照下面的步骤进行操作。

（1）使用【直接选择工具】将需要调整的路径选中，或者使用【直接选择工具】选中单独的节点。

（2）选择【整形工具】。

（3）将鼠标指针移动到需要调整的节点或者是线段上单击，这时在节点周围会出现一个小正方形，以此来突出显示该点。按下 Shift 键可以连续选择多个节点，它们都将突出显示。如果单击一个路径段，则在路径上会增加一个突出显示的节点。

（4）使用【整形工具】单击节点向所需要的方向拖动，在拖动的过程中，使用选择工具选中的节点将随着用户的拖动而发生位置和形状的改变，而且各节点之间的距离会自动调整，而未选中的节点将保持原来的位置不变。图 3-41 是使用该工具进行调整的过程。

图 3-41

5. 切割路径

使用【剪刀工具】可以将一个闭合的路径分为一个或多个开放的路径。首先使用选择工具选中需要进行切割的路径，然后在工具箱中选择【剪刀工具】，当鼠标指针变成十字形状时，在路径上单击即可切割路径。如果在一个路径段上分离该路径，则所产生的两个端点是相互重合的，并且一个端点处于选中状态；如果在一个节点处分离路径，则在原来的路径上会出现一个新的节点，并且一个节点处于选中状态。可以使用【直接选择工具】调整新的节点或路径，图 3-42 是使用该工具切割并调整后的效果。

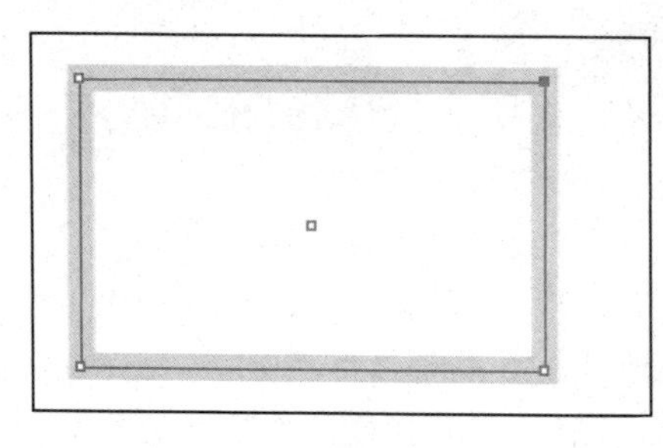

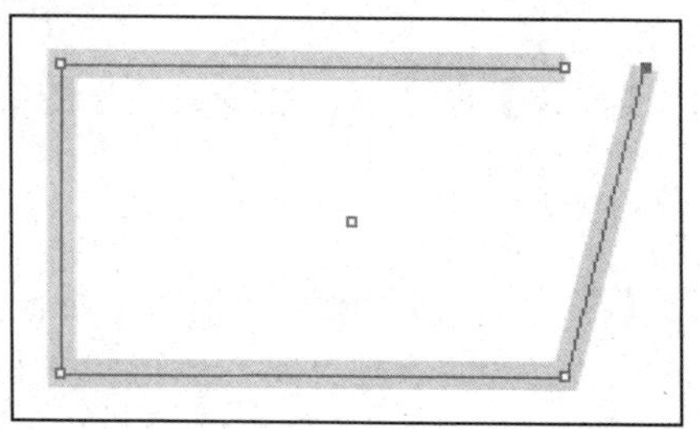

图 3-42

6. 偏移路径

执行【偏移路径】命令，可以在原来轮廓的内部或外部新增轮廓，它和原轮廓保持一定的距离。在为路径添加轮廓时，要先选择路径，然后执行【对象】→【路径】→【偏移路径】命令，打开【偏移路径】对话框，如图 3-43 所示，设置路径的偏移属性。

偏移路径
位移(O): 5 mm
连接(J): 斜接
斜接限制(M): 4
☑预览(P) 确定 取消

图 3-43

如果所选择的是闭合路径，则在【位移】文本框中输入正值时，将在所选路径的外部产生新的轮廓；反之，当设置为负值时，将在所选路径的内部产生新的路径。如果所选择的是开放的路径，则在该路径的周围会形成闭合的路径。

【连接】选项用来设置所产生的路径段拐角处的连接方式，单击右侧的三角按钮，在弹出的下拉列表框中可以看到 3 个连接方式，分别为【斜接】、【圆角】和【斜角】。

知 识

在【偏移路径】对话框中，【连接】选项分别选择【斜接】、【圆角】和【斜角】3 种方式时的效果如图 3-44 所示。

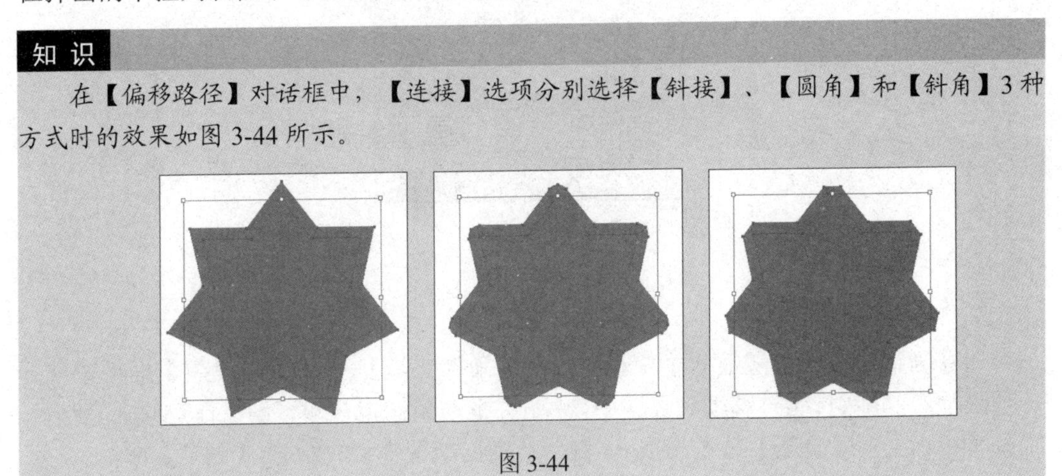

图 3-44

7. 轮廓化描边

使用【对象】菜单中的【轮廓化描边】命令，可以在路径原有的基础上产生轮廓线，它的轮廓线属性与原路径是相同的。操作时先选择路径，然后执行【对象】→【路径】→【轮廓化描边】命令，如图 3-45 所示，左图为原图，中间为执行过该命令后的状态，右图为解除群组状态并调整位置后的效果。

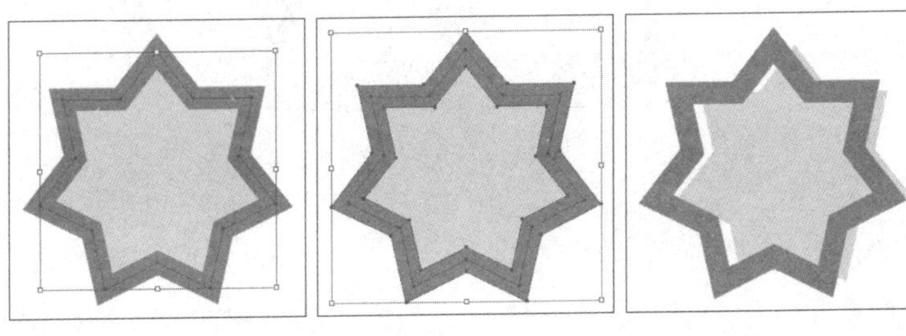

图 3-45

四、画笔工具

使用【画笔工具】可以绘制自由路径，并且可以为其添加笔刷，丰富画面效果。在使用【画笔工具】绘制图形之前，首先要在【画笔】面板中选择一个合适的画笔，选用的画笔不同，所绘制的图形形状也不相同。

1. 预置画笔

双击工具箱中的【画笔工具】，将弹出如图 3-46 所示的【画笔工具选项】对话框，在该对话框中设置相应的选项及参数，可以控制路径的锚点数量及其平滑程度。

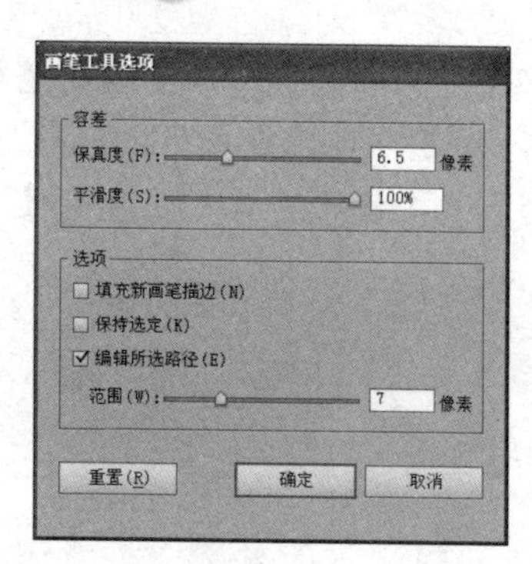

图 3-46

2. 创建画笔路径

创建画笔路径的方法很简单，首先选择【画笔工具】，在【画笔】面板中选择一种画笔，再将鼠标指针移动到页面中，单击并拖动鼠标指针即可创建指定的画笔路径。选择【窗口】→【画笔】命令或按 F5 键，会弹出如图 3-47 所示的【画笔】面板。

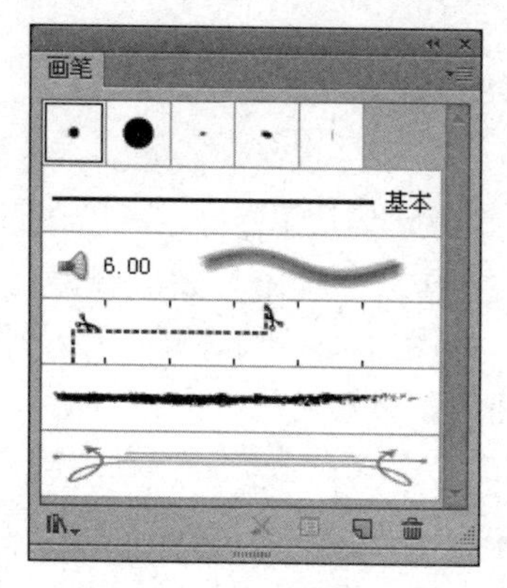

图 3-47

3. 画笔类型

在【画笔】面板中，提供了书法、散点、毛刷、图案和艺术类型画笔，组合使用这几种画笔可以得到千变万化的图形效果。

（1）散点画笔：可以创建图案沿着路径分布的效果，如图 3-48 所示。

（2）书法画笔：可以沿着路径中心创建出具有书法效果的笔画，如图 3-49 所示。

图 3-48

图 3-49

（3）毛刷画笔：使用毛刷画笔可以像使用水彩和油画颜料那样利用矢量的可扩展性和可编辑性来绘制和渲染图稿。在绘制的过程中，可以设置毛刷的特征，如大小、长度、厚度和硬度，还可设置毛刷密度、画笔形状和不透明绘制。毛刷画笔的效果如图 3-50 所示。

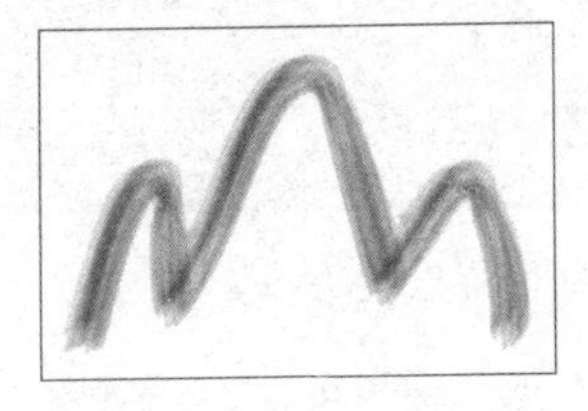

图 3-50

（4）图案画笔：可以绘制由图案组成的路径，这种图案沿着路径不断地重复，如图 3-51 所示。

（5）艺术画笔：可以创建一个对象或轮廓线沿着路径方向均匀展开的效果，如图 3-52 所示。

图 3-51

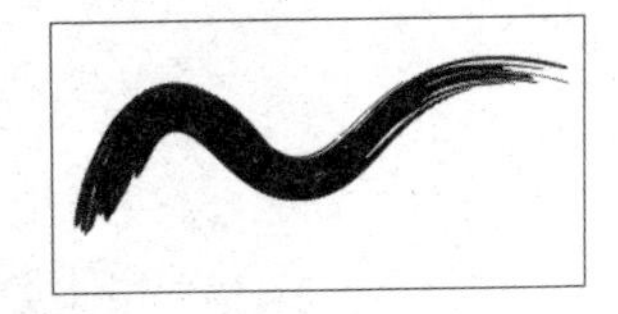

图 3-52

4. 设置画笔选项

在画笔选项对话框中可以重新设置画笔的各项参数，从而绘制出更理想的画笔效果。在【画笔】调板中需要设置的画笔上双击，即可弹出该画笔的画笔选项对话框，如图 3-53 所示。

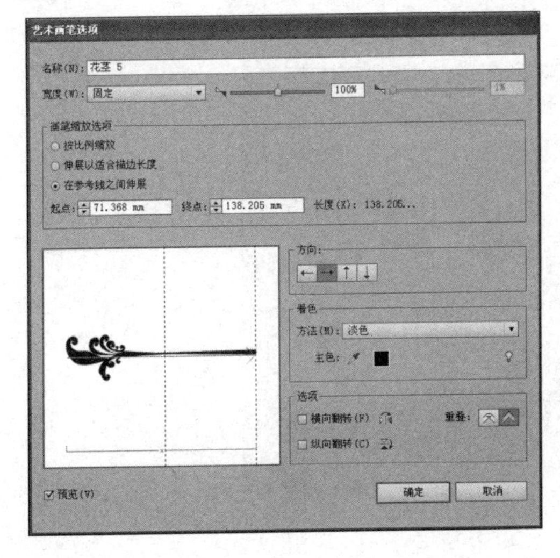

图 3-53

对画笔选项对话框中的各项参数进行设置以后，单击【确定】按钮，系统将弹出如图 3-54 所示的对话框。

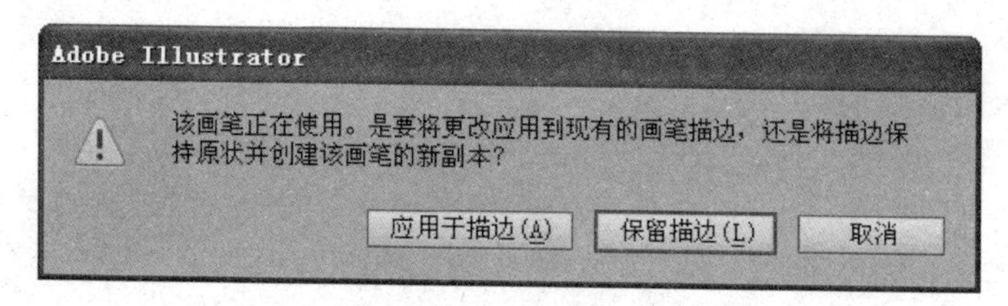

图 3-54

如果想在当前的工作页面中将已使用过此类型画笔的路径更改为调整以后的效果，单击【应用于描边】按钮；如果只是想将更改的笔触效果应用到以后的绘制路径中，则单击【保留描边】按钮。

（1）书法画笔的设置。在需要设置的书法画笔上双击，即可弹出该画笔的【书法画笔选项】对话框，如图 3-55 所示。

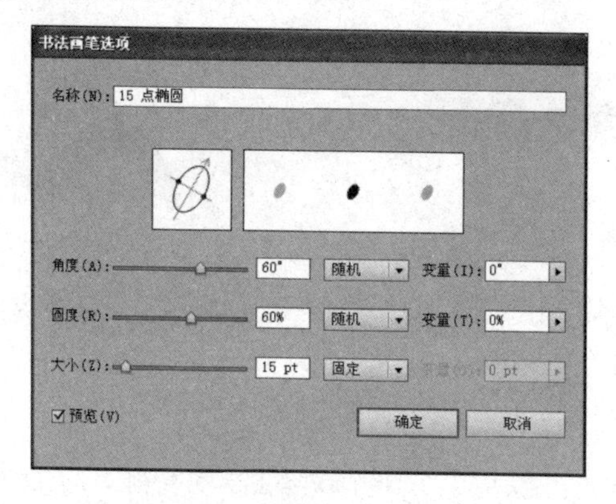

图 3-55

（2）散点画笔的设置。在散点画笔上双击，即可弹出该画笔的【散点画笔选项】对话框，如图 3-56 所示。

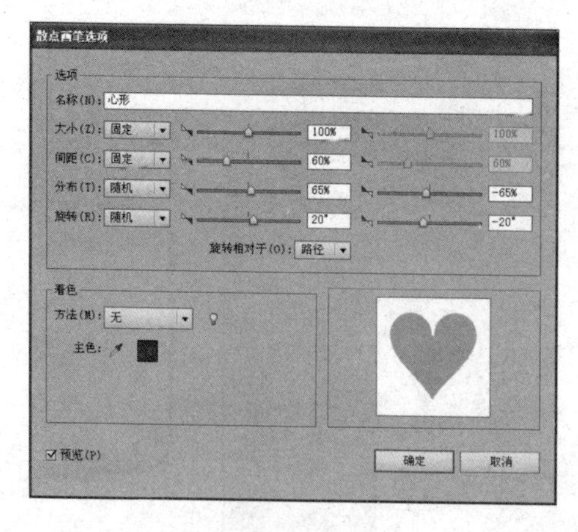

图 3-56

（3）艺术画笔的设置。在需要设置的艺术画笔上双击，即可弹出该画笔的【艺术画笔选项】对话框，如图 3-57 所示。

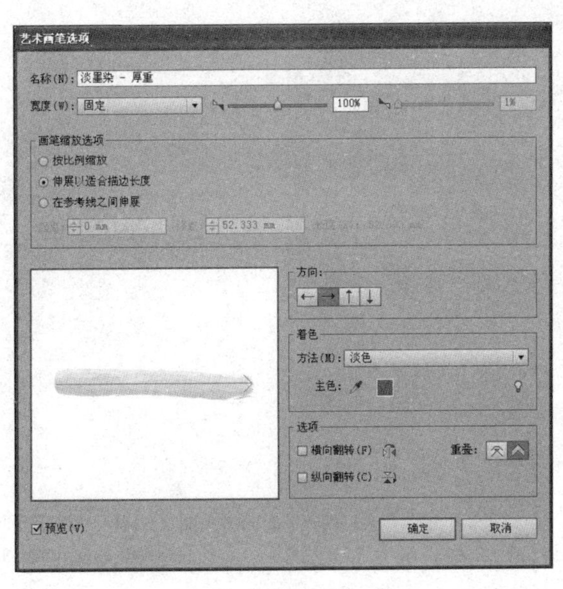

图 3-57

提 示

如果不满意现在的画笔样式，则可以选择其他艺术画笔样式。选择【窗口】→【画笔库】→【艺术效果】菜单下的任意命令，可以打开其他画笔样式，如图 3-58 所示为【艺术效果_画笔】面板。

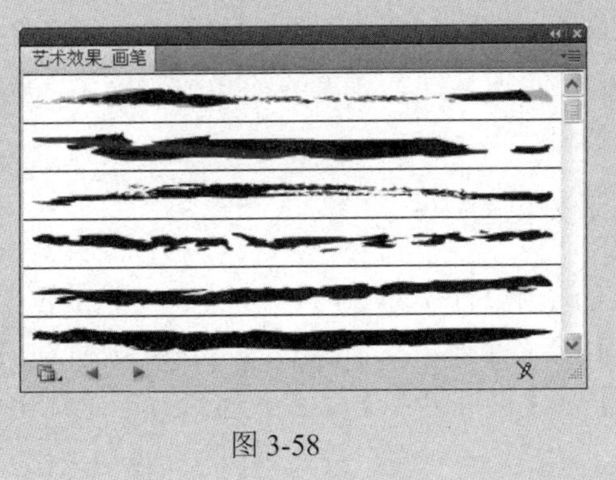

图 3-58

（4）图案画笔的设置。在需要设置的图案画笔上双击，即可弹出该画笔的【图案画笔选项】对话框，如图 3-59 所示。

图案画笔一共有 5 种类型的拼贴图案，组合起来成为画笔的对象，分别是起点拼贴、终点拼贴、边线拼贴、外角拼贴和内角拼贴。在选择了拼贴类型后，可以在定义拼贴图案列表中进行选择，如图 3-60 所示。

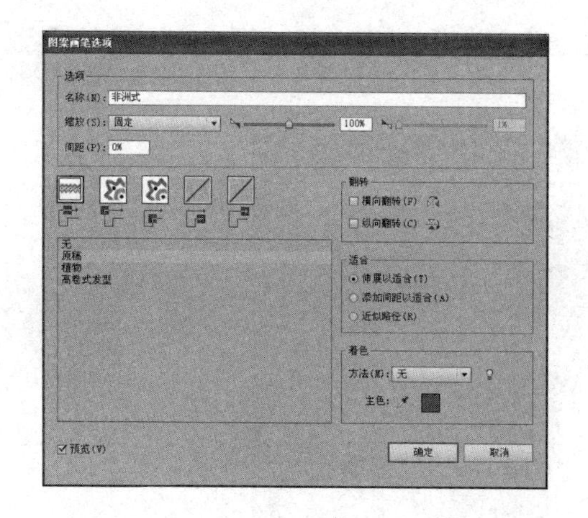

图 3-59

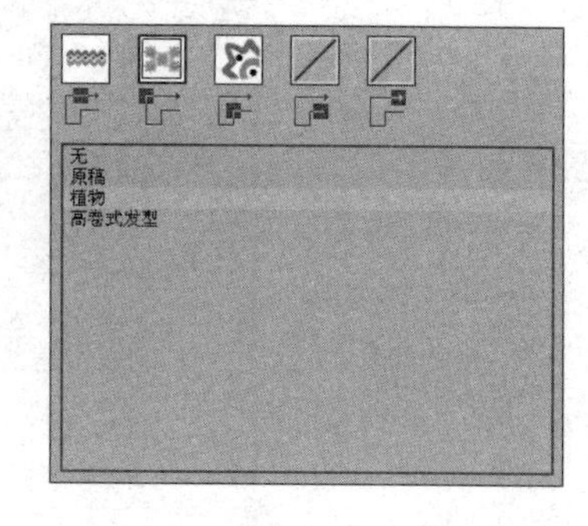

图 3-60

五、建立并修改画笔路径

选择【画笔】调板中不同的画笔类型，可以绘制出不同类型的画笔路径，但是，所有的画笔路径必须是简单的开放或闭合路径，并且画笔样本中不能带有应用渐变、渐变网格填充的混合颜色，或其他的位图图像、图表和置入的文件。另外，艺术画笔样本和图案画笔样本中不能带有文字，即不能使用文字创建一个画笔样本。

当需要创建一个画笔路径时，可直接使用工具箱中的【画笔工具】进行绘制，另外，使用工具箱中的【钢笔工具】和【铅笔工具】，以及基础绘图工具都可创建笔刷路径，但是在使用这些工具时，必须先在【画笔】调板中选择画笔样本，才能够进行绘制。

当使用【画笔工具】或者其他绘图工具绘制出画笔路径后，还可以对其进一步编辑，如更改路径中单个的画笔样本对象的图案和颜色等，以使路径更符合创建作品的要求。

1. 改变路径上的画笔样本对象

当需要编辑路径中的画笔样本对象时，可以参照下面的步骤进行操作。

（1）使用工具箱中的【选择工具】选中需要修改的画笔路径。

（2）执行【对象】→【扩展外观】命令，所选择的笔刷路径将显示出画笔样本的外观，如图 3-61 所示。

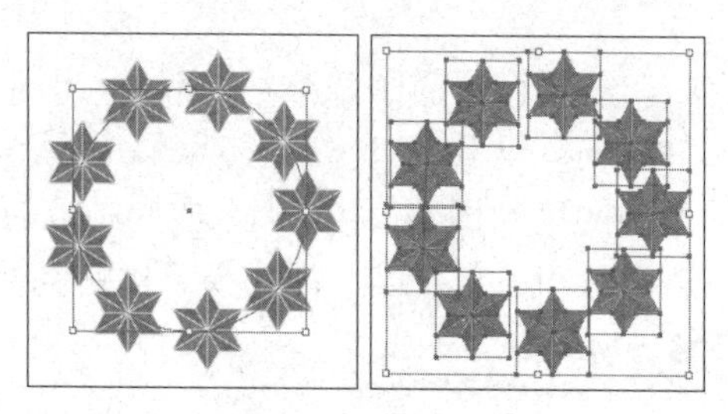

图 3-61

提 示

对于开放路径来说，拼贴的图案将依次被用在路径开始的地方、路径中、路径结束的地方。如果应用画笔的路径有拐角，那么拼贴图案将用到外角拼贴和内角拼贴。对于封闭路径来说，将会用到边线拼贴、外角拼贴和内角拼贴。效果如果 3-62 所示。

图 3-62

（3）这时就可使用工具箱中的【直接选择工具】选中单个的对象，然后移动、变换或改变其颜色等，直到用户满意为止。

2. 移除路径上的画笔样本

如果需要将笔刷路径上的对象移除，将其恢复为普通的路径，可按下面的步骤进行操作。

（1）使用工具箱中的选择工具选中需要修改的笔刷路径。

（2）执行【窗口】→【画笔】命令，启用【画笔】调板，单击调板底部的【移去画笔描边】按钮，就可将路径中的画笔样本移除；另外，单击该调板右上角的三角按钮，在弹出的调板菜单中执行【移去画笔描边】命令，也可将路径中的画笔样本移除，如图 3-63 所示。

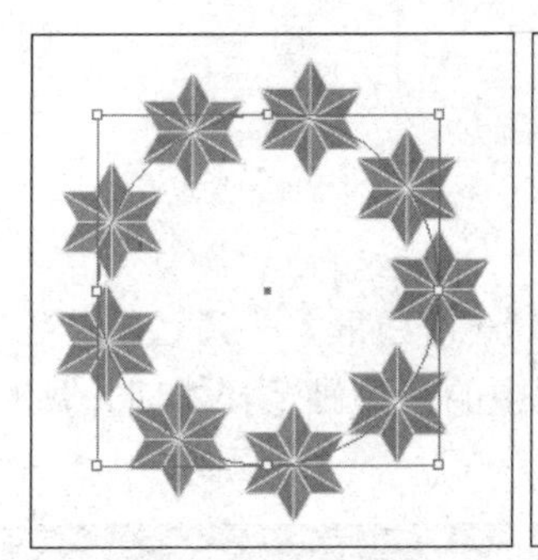
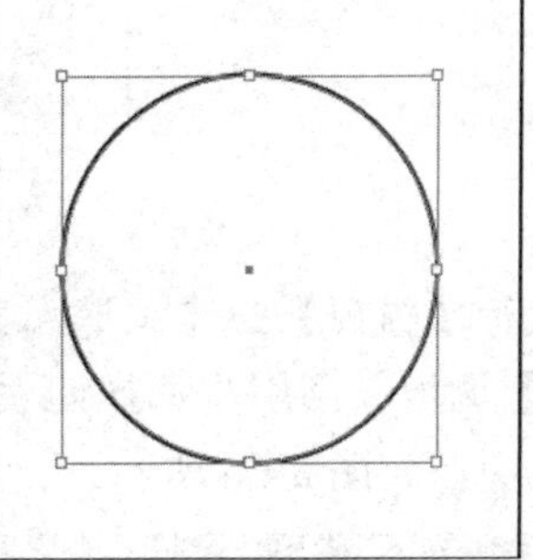

图 3-63

提 示

执行【窗口】→【颜色】命令，在启用的【颜色】调板中设置为无轮廓填充，或直接在工具箱底部进行设置，也可以移除路径中的画笔样本，这时如果取消路径的选择，它将是不可见的，如图 3-64 所示。

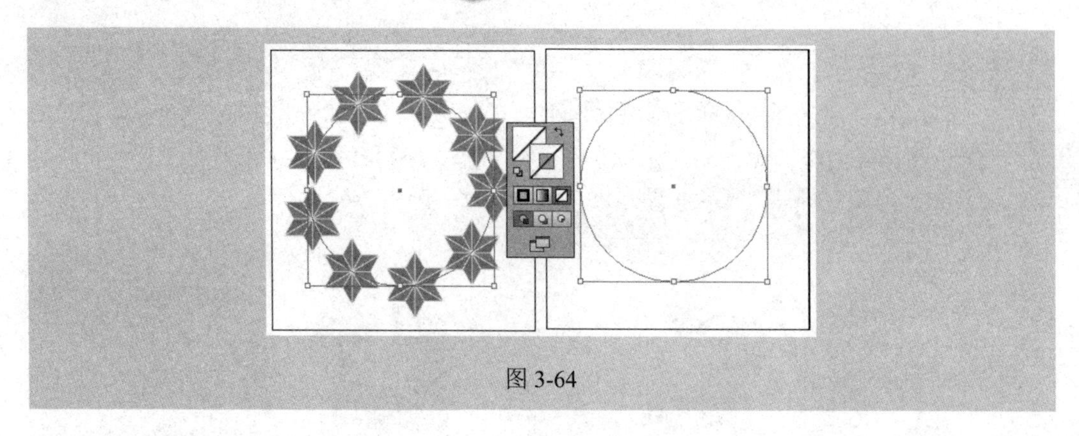

图 3-64

六、使用画笔样本库

默认状态下，【画笔】调板只显示几种基本的画笔样本，当用户需要更多种画笔样本时，可从 Illustrator CS6 提供的画笔样本库中查找。画笔样本库可以帮助用户尽快地应用所需要的画笔样本，以提高绘图的速度。

虽然画笔样本库中存储了各种各样的画笔样本，但是用户不能直接对它们进行添加、删除等编辑操作，只有把画笔样本库中的画笔样本导入笔刷调板后，才能改变它们的属性。

当需要从画笔样本库中导入画笔样本时，可参照下面的操作步骤进行。

（1）在【窗口】菜单中选择【画笔库】命令，在其子菜单中包括了 9 种画笔样本类型，用户可根据需要选择，如图 3-65 所示。

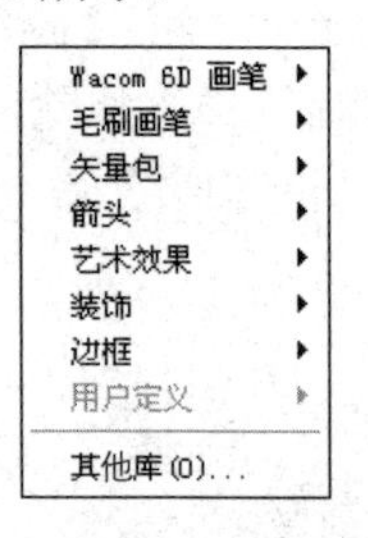

图 3-65

（2）例如，执行【窗口】→【画笔库】→【边框】→【边框_装饰】命令后，将会弹出【边框_装饰】调板。当用户选择调板中的一种画笔样本时，所选择的样本将被放置到【画笔】调板中，如图 3-66 所示。

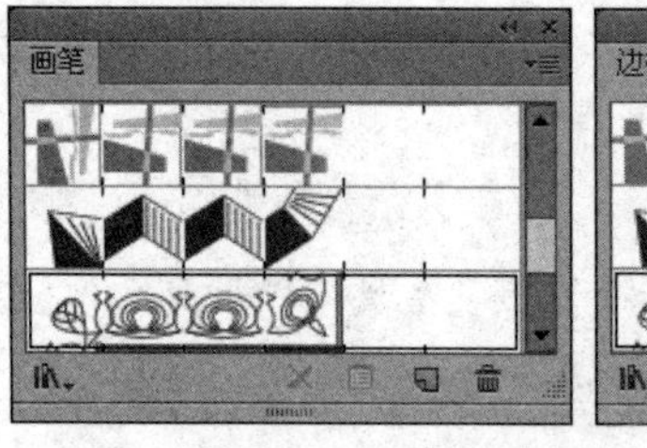

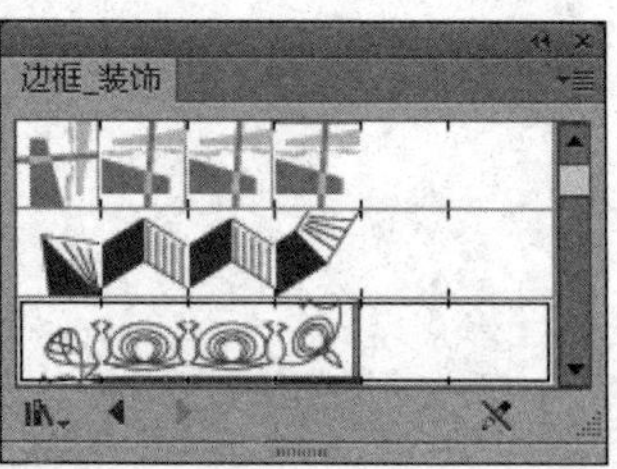

图 3-66

（3）执行【窗口】→【画笔库】→【其他库】命令，将弹出【其他库】对话框，在该对话框中，用户可从其他位置选择含有画笔样本的文件，然后打开并使用这些样本。

（4）执行【窗口】→【画笔库】→【用户自定义】命令，可以打开已经存储过的画笔调板，如图 3-67 所示。

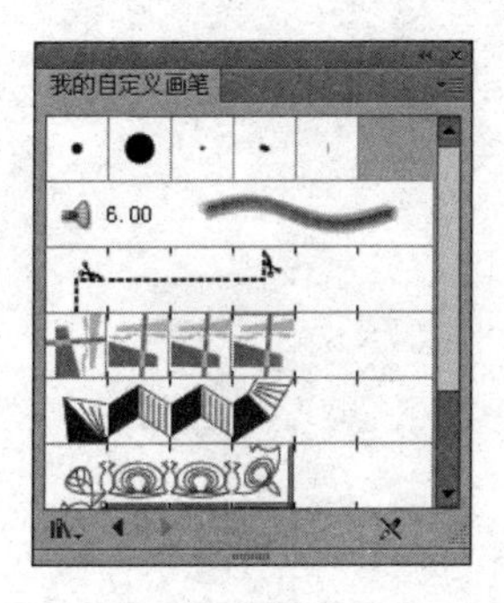

图 3-67

（5）可以将常用的画笔样本添加到【笔刷】调板中，并执行【保存文件】命令将其存储为 Illustrator SC6 文件。再次编辑对象时，执行【窗口】→【画笔库】→【用户自定义】命令，打开上一次保存的 Illustrator CS6 文件，即可将保存在文件中的【画笔】调板一同打开，但是，它不与现有的页面中的【画笔】调板合并，而是生成了另一个新调板。

七、自定义画笔

除了使用系统内置的画笔以外，还可以根据需要创建新的画笔，并可以将其保存到【画笔】调板中，在以后的绘图过程中长期使用。

选择用于定义新画笔的对象，然后在【画笔】调板的下方单击【新建】按钮，或者单击面板右上角的按钮，在弹出的菜单中选择【新建画笔】命令，打开图 3-68 所示的对话框。

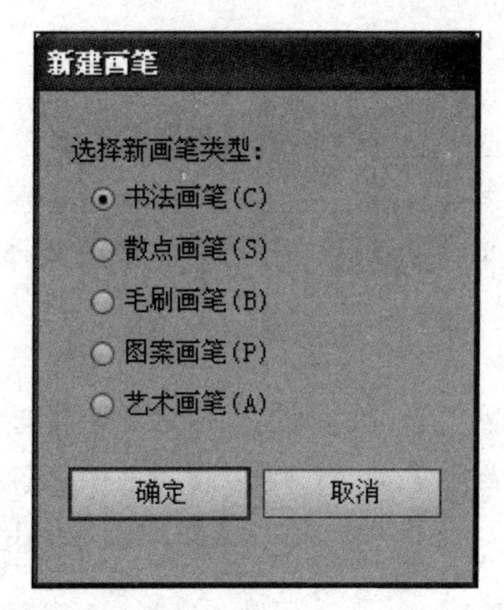

图 3-68

在对话框中选择好画笔类型，单击【确定】按钮，弹出【画笔选项】对话框，进行相关参数的设置后，单击【确定】按钮，就完成了新画笔的创建。

提 示

创建图案画笔，可以使用简单的路径来定义，也可以使用【色板】调板中的“图案”来定义。打开【色板】面板，将绘制的图形拖动到其中，如图 3-69 所示。双击添加好的图标，在弹出的对话框中命名图标。

图 3-69

八、画笔的管理

在【画笔】面板中可以对画笔进行管理，主要包括画笔的显示、复制、删除等。

1. 画笔的显示

在默认状态下，画笔将以缩略图的形式在【画笔】调板中显示，单击【画笔】调板右上角的按钮，在弹出的菜单中选择【列表视图】命令，画笔将以列表的形式在【画笔】调板中显示。

2. 画笔的复制

在对某种画笔进行编辑前，最好将其复制，以确保在操作错误的情况下能够进行恢复。在【画笔】调板中选择需要复制的画笔，然后单击【画笔】调板右上角的按钮，在弹出的菜单中选择【复制画笔】命令，即可将当前所选择的画笔复制。

3. 画笔的删除

在【画笔】调板中选择需要删除的画笔，然后单击【画笔】调板右上角的按钮，在弹出的菜单中选择【删除画笔】命令，即可将当前所选择的画笔删除。在【画笔】调板中选择需要删除的画笔，单击面板底部的【删除画笔】按钮，也可以在【画笔】面板中将画笔删除。

课后实践——设计制作音乐会海报

某音像公司要开展一场国际音乐会，该音乐会的主题是回顾音乐发展历程，为达到预期的宣传效果需制作一批音乐会的宣传海报。

要求：用激情的艺术线条展现音乐的魅力。参考效果图如图 3-70 所示。

图 3-70

项目四　设计与制作旅游景点参观券——对象的基本操作

知识目标

1. 掌握选取和变换对象。
2. 掌握隐藏和显示对象的操作。
3. 掌握对象次序的调整。
4. 能够将对象进行编组。

能力目标

1. 掌握对象的基本操作技巧。
2. 可以自己设计制作参观券。

制作任务

任务背景

北京天坛大佛景区经过 2 年的精修和扩建，预计在五一旅游高峰来临之际正式向广大游客开放，为配合景区的宣传，提升旅游景点的形象和知名度，该景点宣传科委托本公司为其制作景区的门票。

任务要求

在画面整体设计上要求简洁、注重细节，运用现代的设计理念与传统表现方法相结合，打造出能够展现该景区特点的门票。

任务分析

该景区以古典建筑居多，最具特色的是天坛大佛，所以在参观券的设计风格上采用中国传统设计手法，以天坛大佛的图像作为正面的主体图案，背面通过添加必要的文字信息及景点的图片和简介，达到向游客宣传的目的。

任务参考效果图

操作步骤

1. 新建文件并创建正面背景图像

（1）执行【文件】→【新建】命令，创建一个新文件，如图 4-1 所示。

（2）使用【矩形工具】绘制一个比页面大小每边大 3mm 的矩形，并使其与页面中心对齐，如图 4-2 所示。

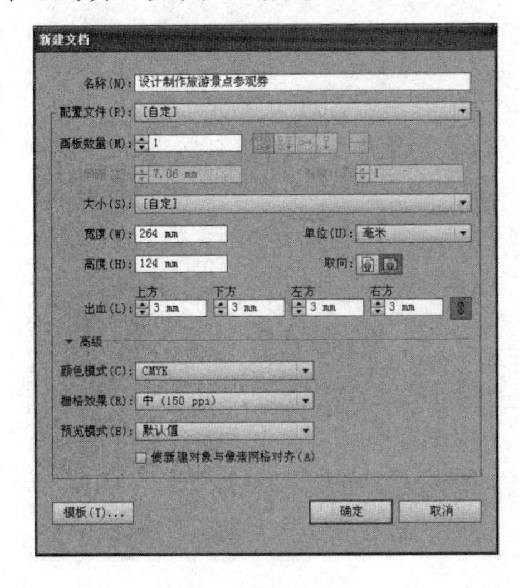

图 4-1

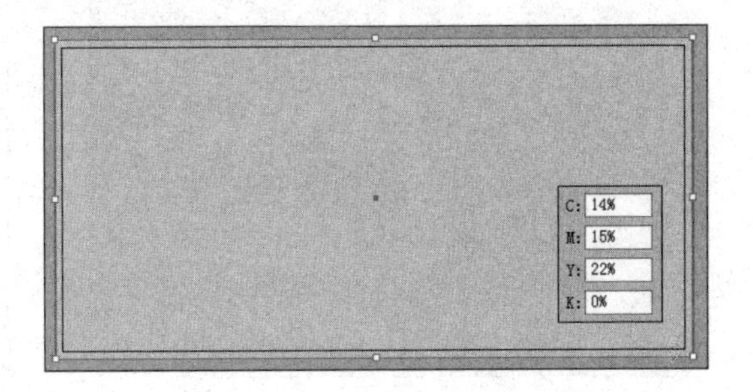

图 4-2

（3）打开本章素材“佛.psd”文件，将其拖至当前正在编辑的文档中，配合键盘上的 Shift+Alt 键缩小图像，如图 4-3 所示。

（4）将佛像所在图层拖至【图层】调板底部的【创建新图层】按钮上复制图层，然后在【透明度】调板中调整图层的混合模式及不透明度参数，如图 4-4 所示。

图 4-3

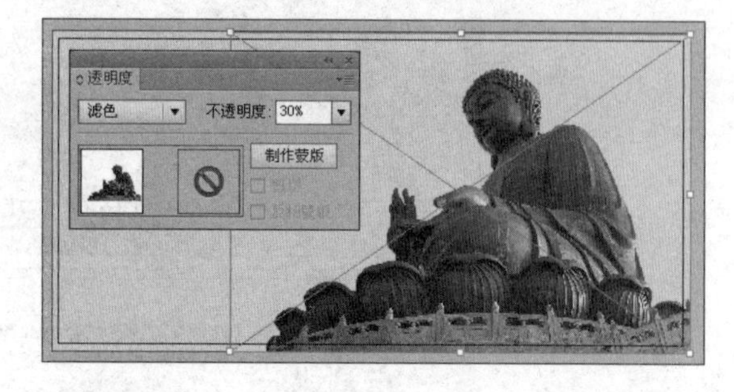

图 4-4

（5）再次将“佛.psd”文件拖至当前正在编辑的文档中，双击【镜像工具】，参照图 4-5 所示，在弹出的【镜像】对话框中进行设置，然后单击【确定】按钮，镜像图像，效果如图 4-6 所示。

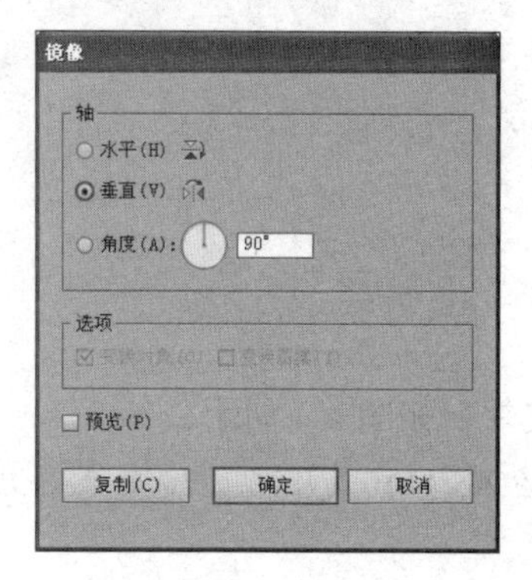

图 4-5

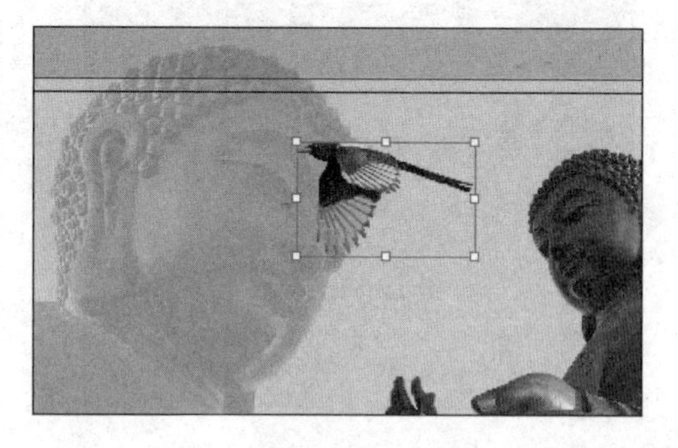

图 4-6

（6）在【透明度】调板中调整图像的不透明度参数，如图 4-7 所示。

（7）打开本章素材“喜鹊.psd”文件，将其拖至当前正在编辑的文档中，如图 4-8 所示。

图 4-7

图 4-8

（8）选择【光晕工具】在视图中创建光晕效果，如图4-9、图4-10、图4-11所示。

图4-9

图4-10

（9）复制前面创建的土黄色矩形，右击并在弹出的快捷菜单中选择【排列】→【至于顶层】命令，调整对象的顺序，然后框选视图中的所有图形，右击并在弹出的快捷菜单中选择【创建剪切蒙版】命令，隐藏部分图像，如图4-12所示。

（10）打开本章素材"竹子.psd"文件，将其拖至当前正在编辑的文档中，垂直镜像图像并调整图像的大小及位置，如图4-13所示。

图4-11

图4-12

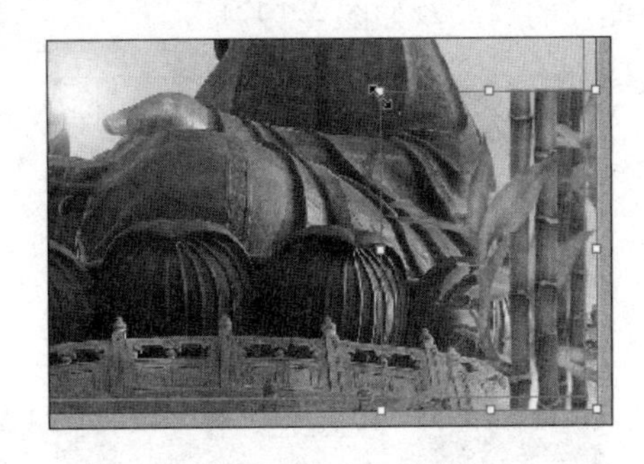

图4-13

（11）按住键盘上的Alt键拖动鼠标指针，复制竹子图像，如图4-14所示。

（12）使用【矩形工具】绘制矩形，参照图 4-15 所示，在【渐变】调板中设置白色到黑色的渐变颜色。

图 4-14

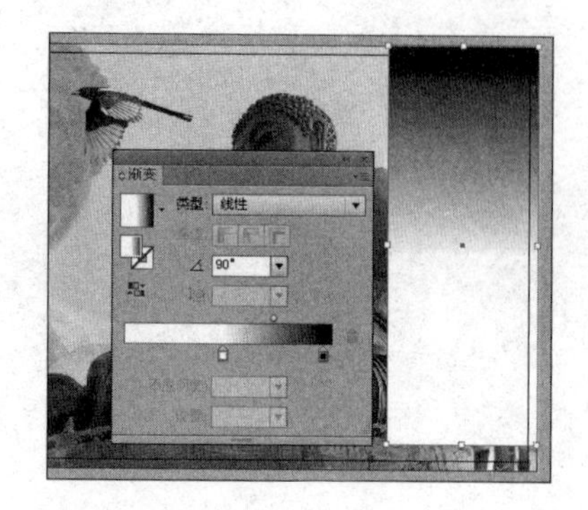

图 4-15

（13）同时选中渐变矩形和前面复制的竹子图像，在【透明度】调板中单击【制作蒙版】按钮创建蒙版，如图 4-16 所示。

（14）打开本章素材“竹芽.psd”文件，将其拖至当前正在编辑的文档中，参照图 4-17 所示，复制并调整图像的位置。

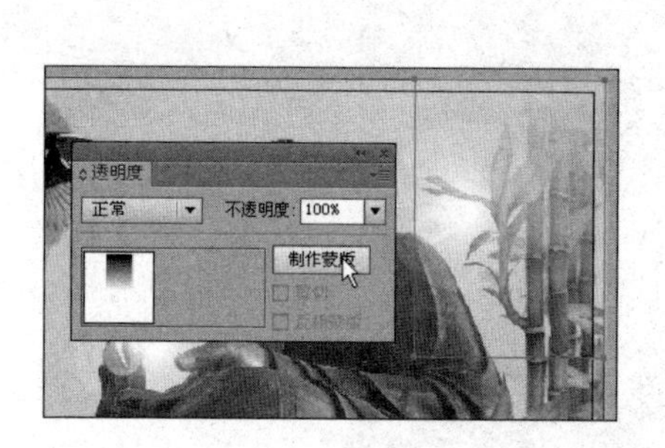

图 4-16

图 4-17

（15）参照图 4-18 所示，调整图像的不透明度。

（16）选中所有竹子图像，使用快捷键 Ctrl+G 将其进行编组，使用快捷键 Ctrl+[调整图像的顺序，如图 4-19 所示。

图 4-18

图 4-19

2. 添加装饰图形

（1）使用【椭圆工具】绘制正圆图形，如图 4-20 所示。

（2）打开本章素材“毛笔字.psd”文件，将其拖至当前正在编辑的文档中，使用【比例缩放工具】配合键盘上的 Shift 键缩小图像，如图 4-21 所示。

（3）使用【文字工具】创建文字信息，然后使用【旋转工具】将其旋转 90°，如图 4-22 所示。

（4）使用【直排文字工具】创建文字信息，调整绿色正圆图形至最上方，并将文字、毛笔字、正圆图形进行编组，如图 4-23 所示。

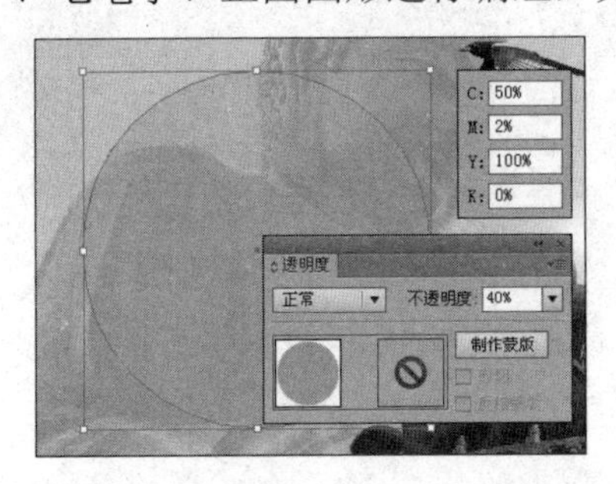

图 4-20

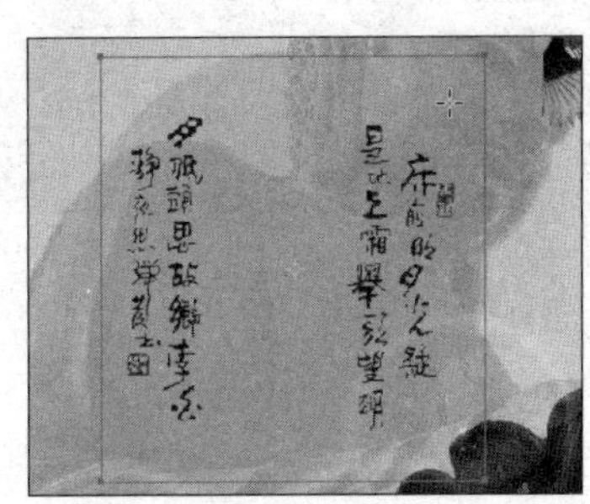

图 4-21

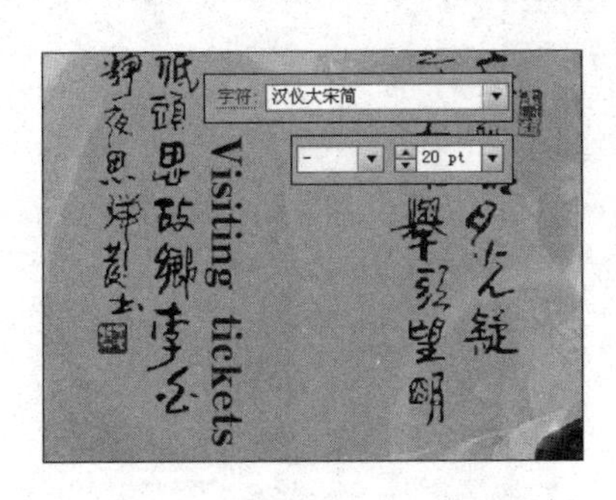

图 4-22

图 4-23

（5）使用【矩形工具】绘制黑色矩形，使用【选择工具】选中矩形，配合键盘上的 Shift 键将其旋转 45°，并创建其与土黄色矩形的相交图形，如图 4-24 所示。

（6）使用【文字工具】创建文字，并对文字进行旋转，如图 4-25 所示。

图 4-24

图 4-25

（7）单击【符号】调板底部的【符号库菜单】按钮，然后在弹出的菜单中选择【网页图标】命令，在打开的调板中拖动剪切符号到视图中，并旋转角度，如图 4-26 所示。

（8）使用【直线段工具】，并在【描边】调板中设置虚线效果，如图 4-27 所示。

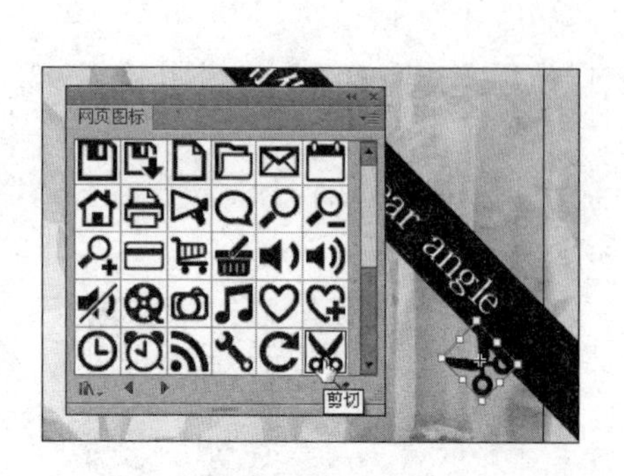

图 4-26

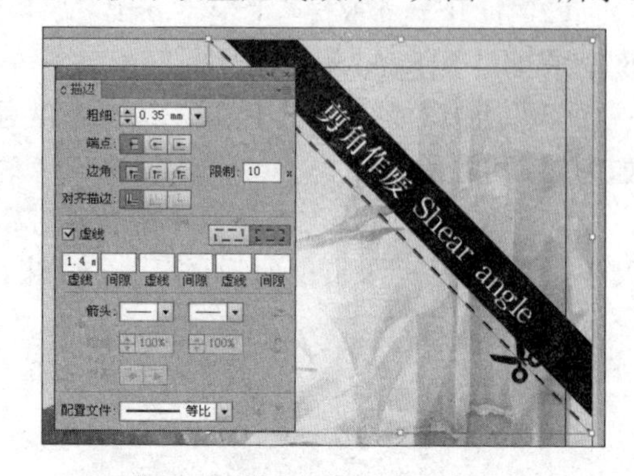

图 4-27

（9）最后如图 4-28 所示，使用【文字工具】创建文字，完成参观券正面的制作。

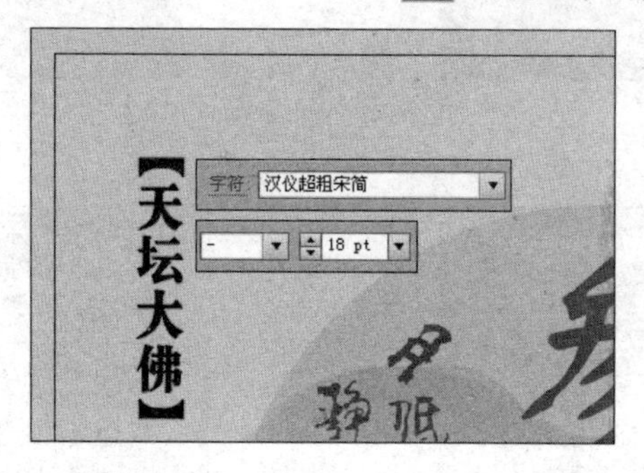

图 4-28

3. 创建参观券背面

（1）单击【画板工具】，然后单击选项栏中的【新建画板】按钮，在视图中单击可创建“画板 2”，如图 4-29 所示。

（2）单击【图层】调板底部的【创建新图层】按钮，新建图层并将其命名为“背面”，使用【矩形工具】绘制一个比文档大小每边大 3mm 的矩形，并使其与文档中心对齐，如图 4-30 所示。

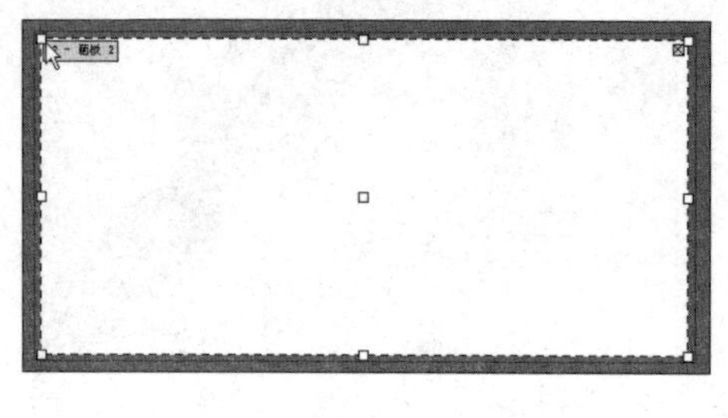

图 4-29

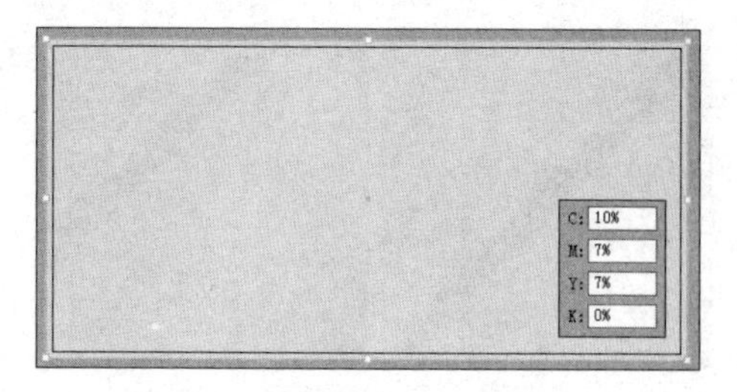

图 4-30

（3）打开本章素材“效果图.jpg”文件，将其拖至当前正在编辑的文档中，并调整图像的大小及透明度，然后绘制白色到黑色的渐变矩形，如图 4-31 所示。

（4）同时选中效果图和渐变矩形，单击【透明度】调板中的【制作蒙版】按钮，创建渐变图像，如图 4-32 所示。

图 4-31

图 4-32

（5）如图 4-33 所示，使用【文字工具】T在视图中输入相关的文字信息。

图 4-33

（6）打开本章素材“故宫.jpg 和房檐.jpg”文件，将其拖至当前正在编辑的文档中，参照图 4-34 所示，调整图像的大小及位置，并使用【矩形工具】绘制矩形。

（7）同时选中矩形和故宫图像，右击并在弹出的快捷菜单中选择【创建剪切蒙版】命令，隐藏部分图像，如图 4-35 所示，完成本示例背面图像的制作。

图 4-34

图 4-35

相关知识

一、对象的选取

在编辑对象之前，首先要选取对象。在 Illustrator CS6 中，提供了 5 种选择工具，包括【选择工具】、【直接选择工具】、【编组选择工具】、【魔棒工具】和【套索工具】。除了这 5 种选择工具以外，Illustrator CS6 还提供了一个【选择】菜单。

1. 选择工具

选择【选择工具】，将鼠标指针移动到对象或路径上，单击即可选取对象，对象被选取后会出现 8 个控制手柄和 1 个中心点，使用鼠标拖动控制手柄可以改变对象的形状、大小等，如图 4-36 所示。

图 4-36

可使用【选择工具】框选对象，选择【选择工具】，在页面上拖动画出一个虚线框，虚线框中的对象内容即可被全部选中。对象的一部分在虚线框内，对象内容就被选中，不需要对象的边界都在虚线区域内，如图 4-37 所示。

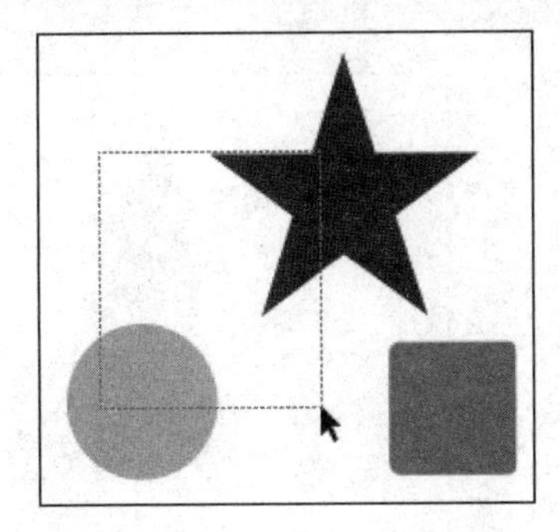

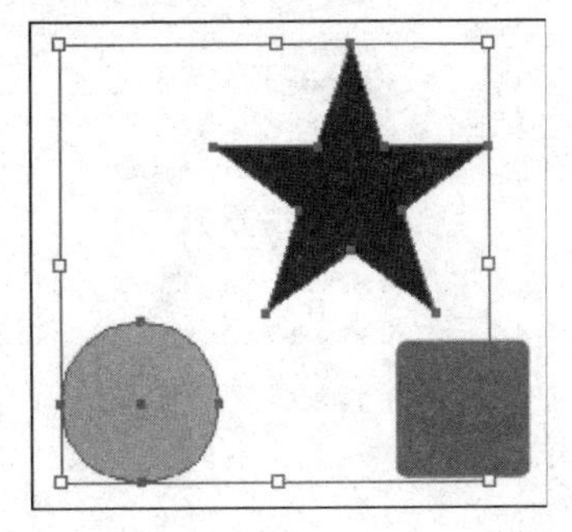

图 4-37

2. 直接选择工具

选择【直接选择工具】，用鼠标单击可以选取对象，如图 4-38 左图所示。在对象的某个节点上单击，可以选择路径上独立的节点，并显示出路径上的所有方向线以便于调整，被选中的节点为实心的状态，没有被选中的节点为空心状态，如图 4-38 中图所示。选中节点不放，拖动鼠标指针，可以改变对象的形状，如图 4-38 右图所示。

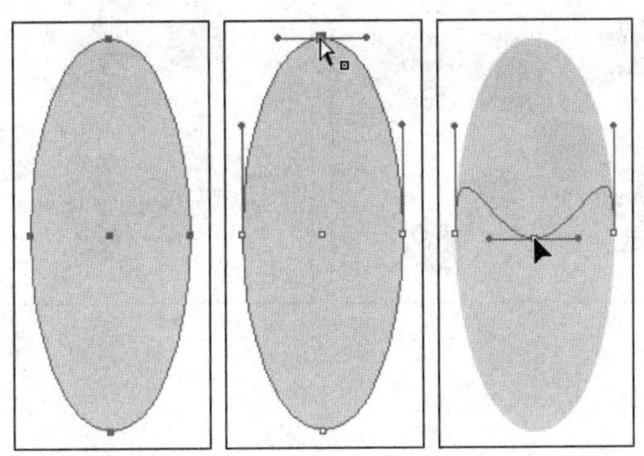

图 4-38

可使用【直接选择工具】拖动出一个虚线框框选对象和节点，如图 4-39 所示。

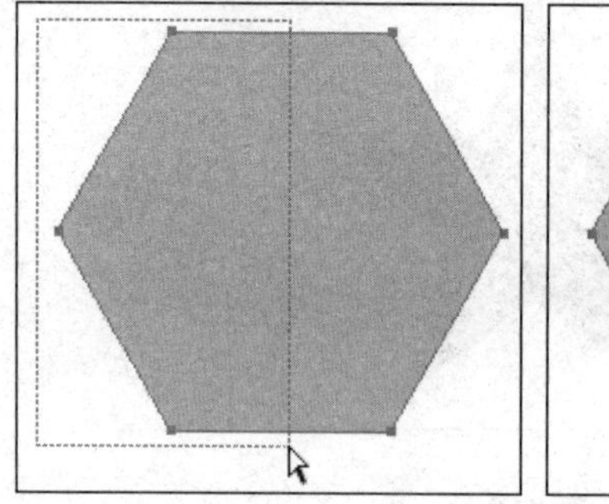
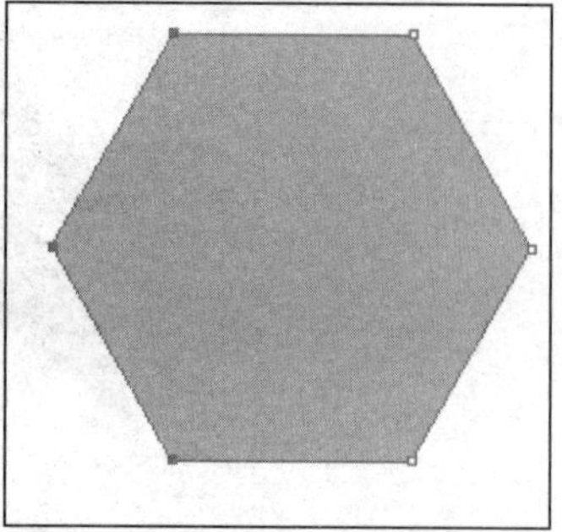

图 4-39

提 示

使用【编组选择工具】可以选择组合对象中的个别对象，如图 4-40 所示。

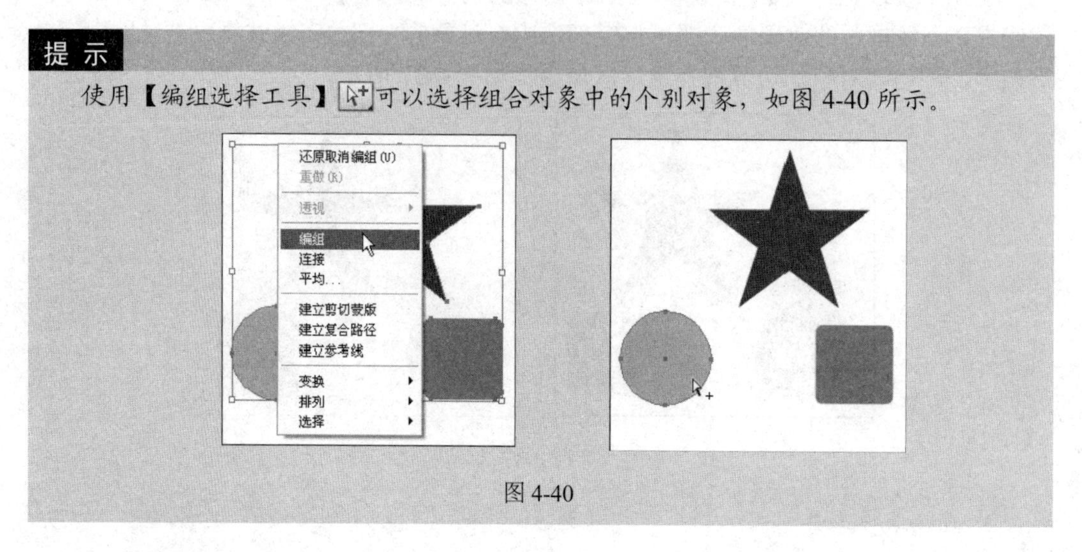

图 4-40

3. 魔棒工具

选择【魔棒工具】，通过单击对象可以选择具有相同的颜色、描边粗细、描边颜色、不透明度或混合模式的对象，如图 4-41 和图 4-42 所示。

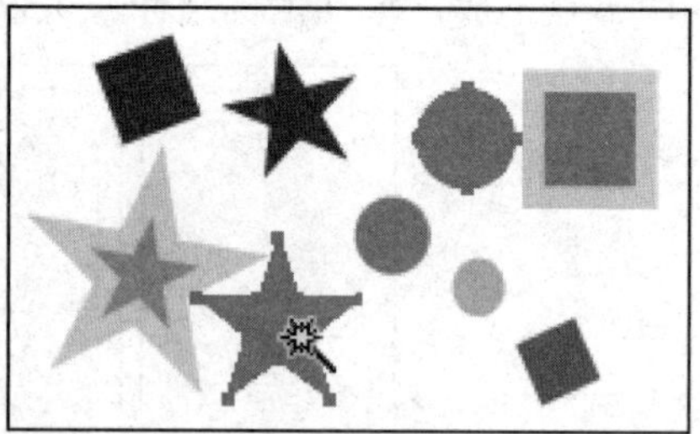

图 4-41

图 4-42

双击【魔棒工具】，可以打开【魔棒】调板，如图 4-43 所示。

魔棒
☑ 填充颜色　容差：20
☐ 描边颜色　容差　20
☐ 描边粗细　容差　1.76 m
☐ 不透明度　容差　5%
☐ 混合模式

图 4-43

4. 套索工具

选择【套索工具】，在对象的外围单击，然后按住鼠标左键拖动绘制一个套索圈，鼠标指针经过的对象将同时被选中，如图 4-44 所示。

图 4-44

二、变换对象

对象常见的变换操作有旋转、缩放、镜像、倾斜等。拖动对象控制手柄可以进行变换操作，也可以选择工具箱中的【旋转工具】、【镜像工具】等变换工具进行变换参数的相关设置；还可以利用【变换】调板进行精确的基本变形操作；选取对象后，选择【对象】→【变换】命令或者利用右键菜单同样可以进行变换操作。

1. 移动对象

要移动对象，就要使被移动的对象处于选取状态。在 Illustrator CS6 中可以根据不同的需要灵活地选择多种方式移动对象。

（1）使用工具箱中的工具和键盘方向键移动对象。选择【选择工具】在对象上单击并按住鼠标左键不放，拖动鼠标指针至需要放置对象的位置，松开鼠标左键，即可移动对象，如图 4-45 所示。选取要移动的对象，用键盘上的方向键可以微调对象的位置。

图 4-45

（2）使用菜单命令。选择【对象】→【变换】→【移动】命令，弹出【移动】对话框，如图 4-46 所示。

（3）使用【变换】调板。选择【窗口】→【变换】命令，可以打开【变换】调板，如图 4-47 所示，X 参数栏可以设置对象在 X 轴的位置，Y 参数栏可以设置对象在 Y 轴的位置，改变 X 轴和 Y 轴的值即可移动对象。若要更改参考点的设置，可以在输入值之前单击中的一个参考基准点。

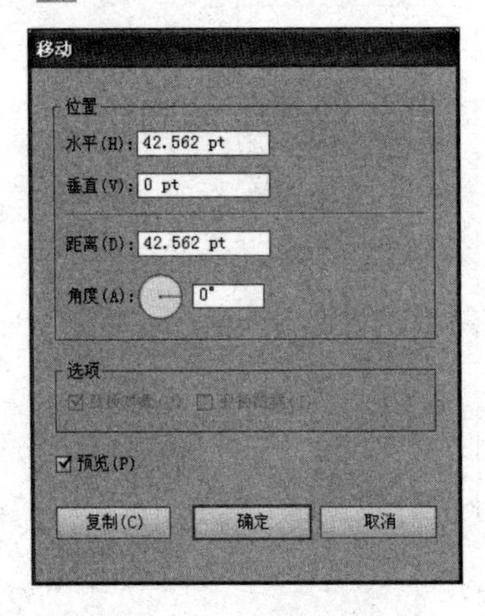

图 4-46

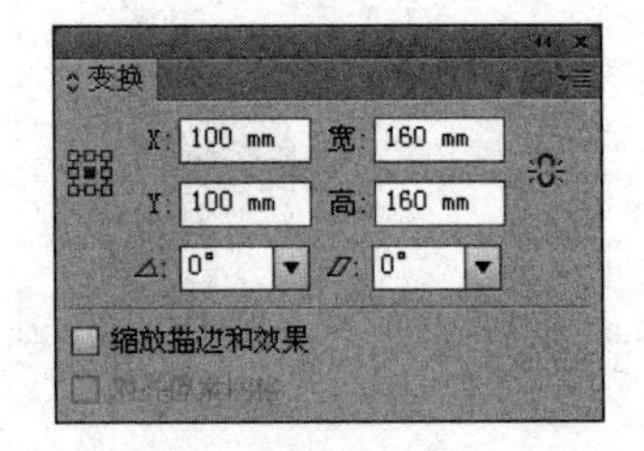

图 4-47

2. 复制对象

在 Illustrator CS6 中，对象的复制是比较常见的操作，当用户需要得到一个与所绘制对象完全相同的对象，或者想要尝试某种效果而不想破坏原对象时，可以创建该对象的副本。

（1）使用复制命令。复制对象时，要先选择所要复制的对象，然后执行【编辑】→【复制】命令，或者按 Ctrl+C 组合键，即可将所选择的信息输送到剪贴板中。

在使用剪贴板时，可根据需要对其进行一些设置，步骤如下。

1）执行【编辑】→【首选项】→【文件处理与剪贴板】命令，将会打开【文件及剪贴板】界面，如图 4-48 所示。

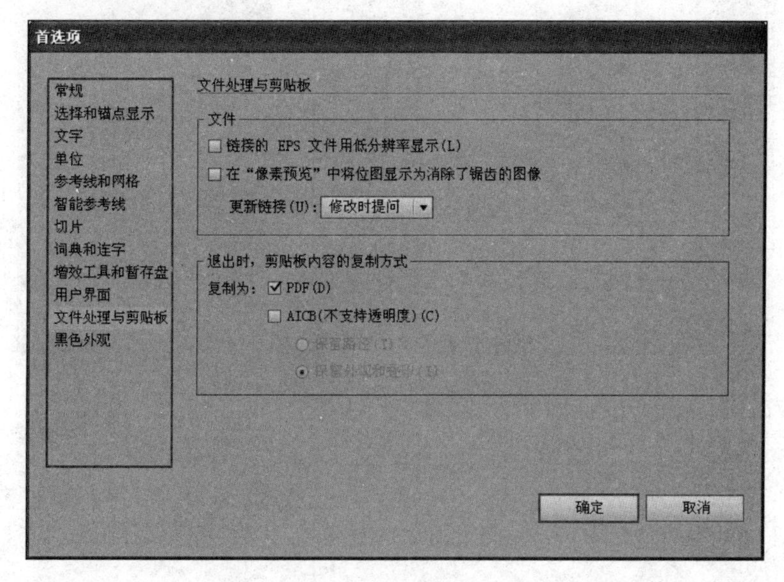

图 4-48

2）在【退出时，剪贴板内容的复制方式】选项组中，可以设置文件复制到剪贴板的格式。

3）设置完成后，单击【确定】按钮，这时再进行复制时，所做的设置就会生效。

（2）使用拖放功能。有些格式的文件不能直接粘贴到 Illustrator 中，但是，可以利用其他应用程序所支持的拖放功能，拖动选定对象然后放置到 Illustrator 中。

当用户在复制一个包含 PSD 数据的 OLE 对象时，可以使用 OLE 剪贴板。从 Illustrator 中或其他应用程序中拖动出的矢量图形，都可转换成位图。

拖动一个图形到 Photoshop 窗口中时，可按下面的步骤进行。

1）先选择要复制的对象，并打开一个 Photoshop 图像文件窗口。

2）在 Illustrator 中的选定对象上按下鼠标左键向 Photoshop 窗口拖动，当出现一个黑色的轮廓线时，再松开鼠标按键。

3）这时可适当调整该对象的位置，按下 Shift 键，可以将该对象放置到图像文件的中心。

用户也可以将 Illustrator 中的图形对象转换成路径，同样是采用拖动的方法，只是要先按下 Ctrl 键再进行拖动，当松开鼠标按键时，所选择的对象会变成一个 Photoshop 路径。默认状态下，复制的选定对象将作为活动图层，如图 4-49 所示。

图 4-49

提 示

也可以从 Photoshop 中拖动一个图像到 Illustrator 文件中，具体操作时只要先打开需要复制的对象，并将其选中，然后使用 Photoshop 中的移动工具拖动图像到 Illustrator 文件中即可，如图 4-50 所示。

图 4-50

3. 缩放对象

在 Illustrator CS6 中可以快速而精确地缩放对象，既能在水平或垂直方向放大和缩小对象，也能在两个方向上对对象整体缩放。

（1）使用边界框。选取对象，对象的周围会出现控制手柄，用鼠标拖动各个控制手柄即可缩放对象，如图 4-51 所示。

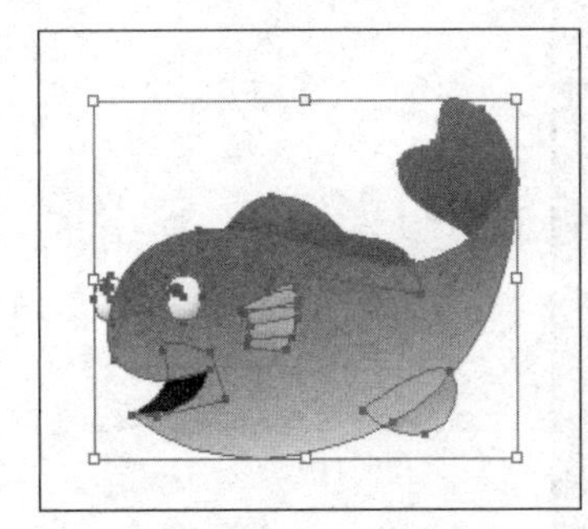
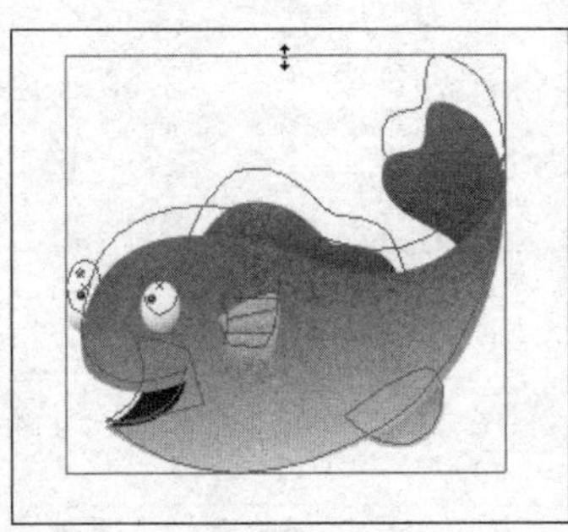

图 4-51

提 示

拖动对象上的控制手柄时，按住 Shift 键，对象会成比例缩放，按住 Shift+Alt 键，对象会成比例地从对象中心缩放。

（2）使用【比例缩放工具】。选取对象，选择【比例缩放工具】，对象的中心出现缩放对象的中心控制点，在中心控制点上单击并拖动鼠标指针可以移动中心控制点的位置，在对象上拖动鼠标指针可以缩放的对象，如图 4-52 所示。

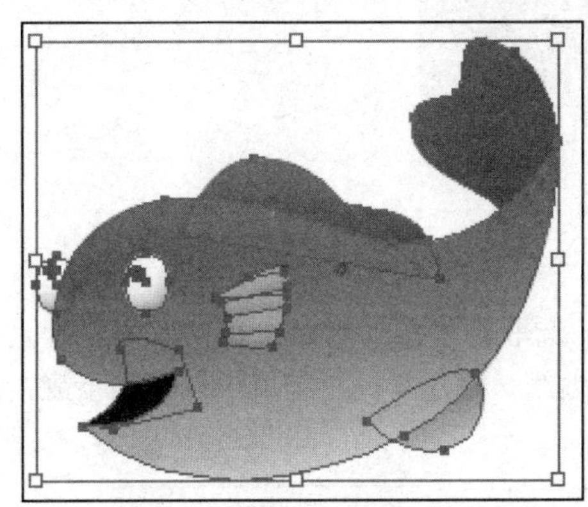

图 4-52

（3）使用菜单命令。选择【对象】→【变换】→【缩放】命令，可以打开【比例缩放】对话框精确设置，如图 4-53 所示。

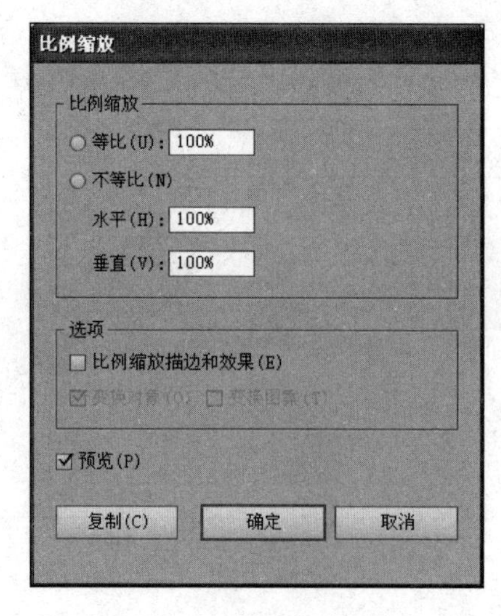

图 4-53

（4）使用【变换】调板。选择【窗口】→【变换】命令，可以打开【变换】调板，如图 4-54 所示。【宽】参数栏可以设置对象的宽度，【高】参数栏可以设置对象的高度，改变宽度和高度值，就可以缩放对象。

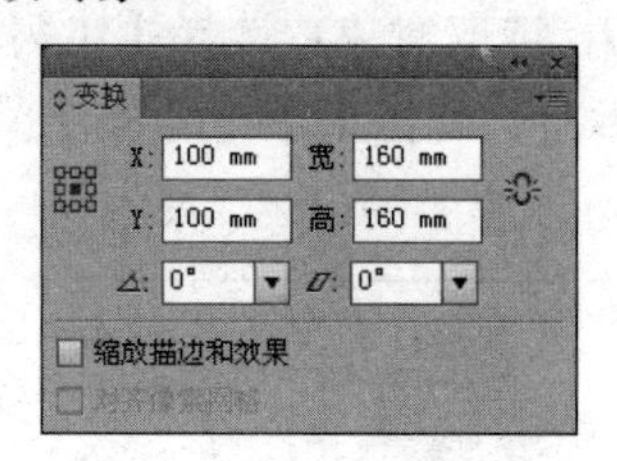

图 4-54

4. 镜像对象

（1）使用边界框。使用【选择工具】选取要镜像的对象，按住鼠标左键直接拖动控制手柄到另一边，直到出现对象的蓝色虚线，松开鼠标左键就可以得到不规则的镜像对象，如图 4-55 所示。

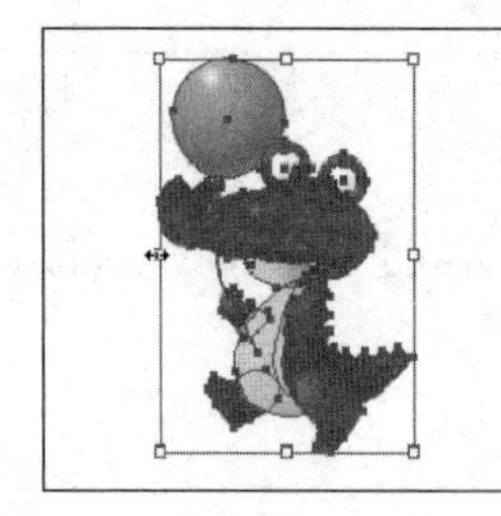

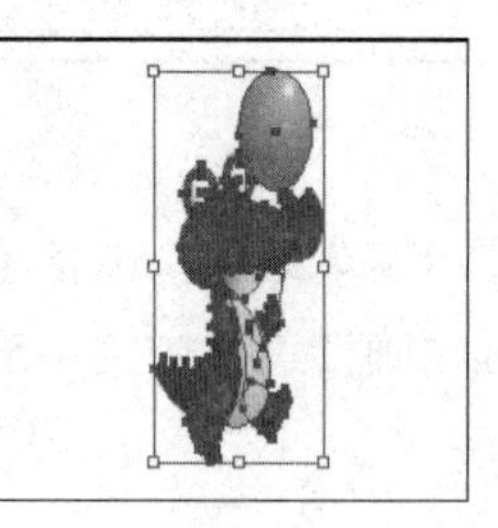

图 4-55

（2）使用镜像工具。选取对象，选择【镜像工具】，用鼠标拖动对象进行旋转，出现蓝色虚线，即可实现图形的旋转变换，也就是围绕对象中心的镜像变换，如图 4-56

所示。

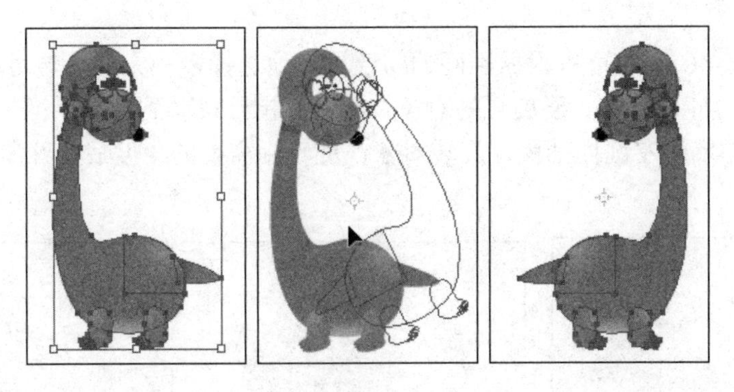

图 4-56

选取对象，选择【镜像工具】，在绘图页面上的任意位置单击，可以确定新的镜像轴标志的位置，在绘图页面上的任意位置再次单击，则单击产生的点与镜像轴标志的连线成为镜像变换的镜像轴，对象在与镜像轴对称的地方生成镜像，如图 4-57 所示。

图 4-57

（3）使用菜单命令。选择【对象】→【变换】→【镜像】命令，可以打开【镜像】对话框，如图 4-58 所示。可选择沿水平轴或垂直轴生成镜像，在【角度】数值框中输入角度，则沿着此倾斜角度的轴进行镜像。单击【复制】按钮可以在镜像时进行复制。

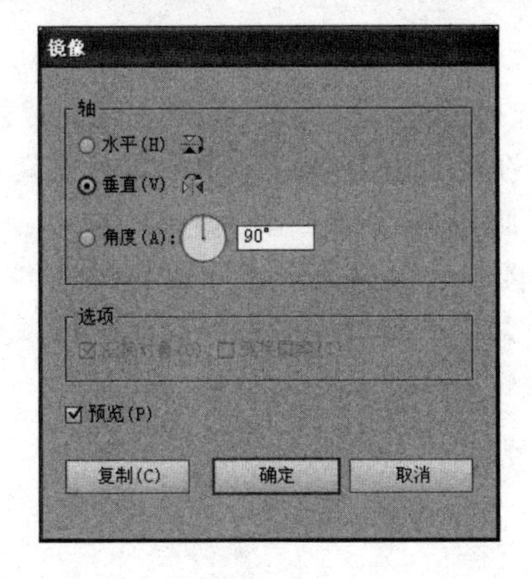

图 4-58

5. 旋转对象

在 Illustrator CS6 中可以根据不同的需要灵活地选择多种方式旋转对象。

（1）使用边界框。选取要旋转的对象，将鼠标指针移动到控制手柄上，当指针变为↻形状时，按住鼠标左键拖动鼠标旋转对象，旋转到需要的角度后松开鼠标，如图 4-59 所示。

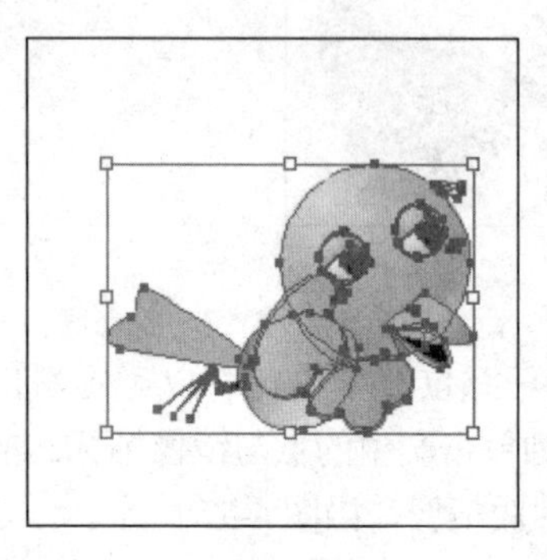
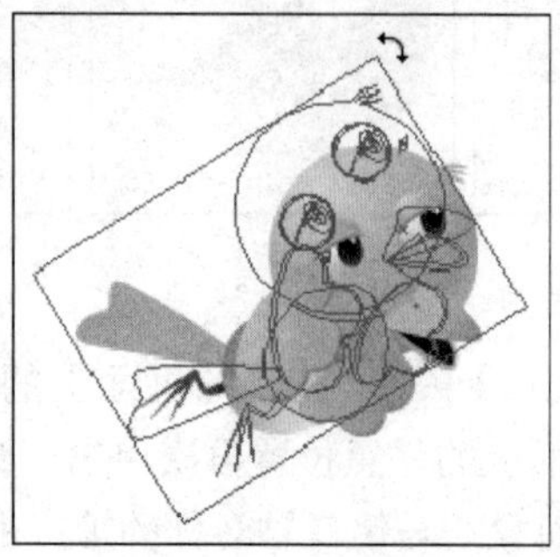
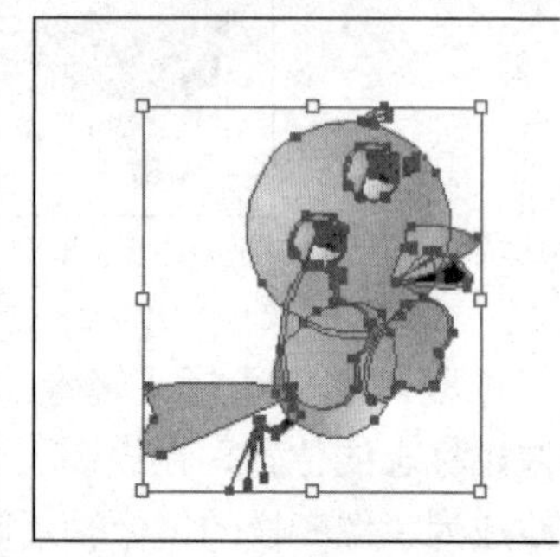

图 4-59

（2）使用旋转工具。选取对象，选择【旋转工具】，对象的四周会出现控制手柄，用鼠标拖动控制手柄即可旋转对象，对象围绕旋转中心旋转。Illustrator CS6 默认的旋转中心是对象的中心点，将鼠标指针移动到旋转中心上，按住鼠标左键拖动旋转中心到需要的位置，可以改变旋转中心，通过旋转中心使对象旋转到新的位置，如图 4-60 所示。

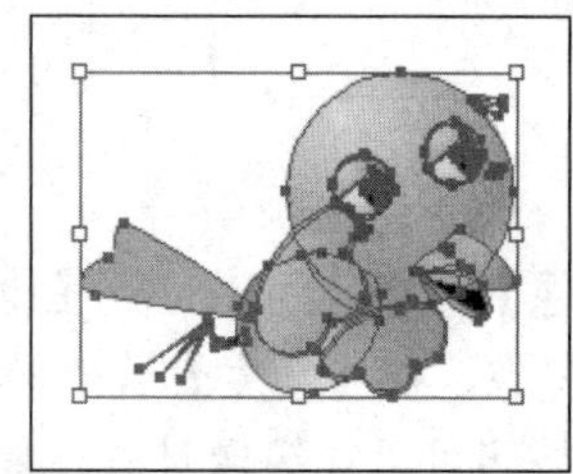
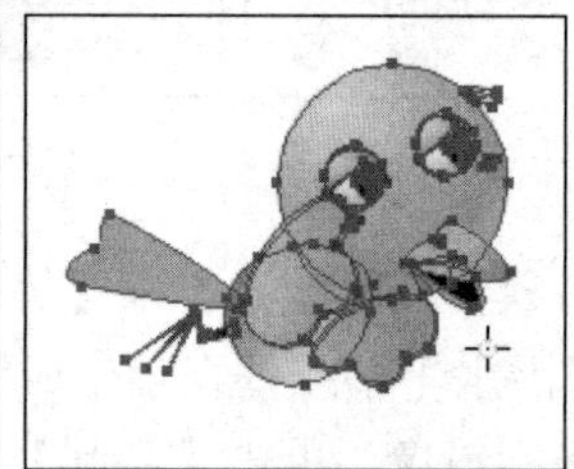
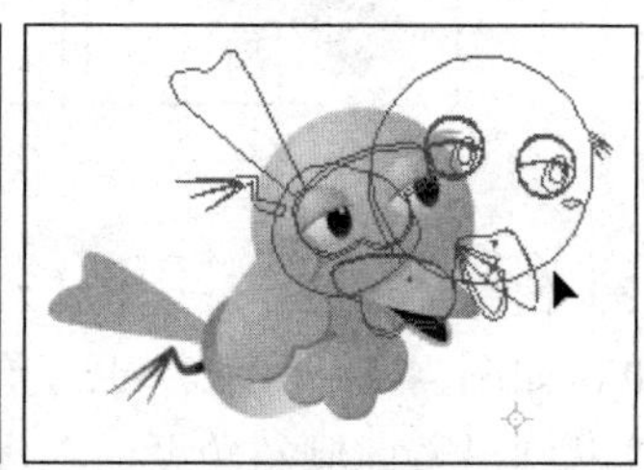

图 4-60

（3）使用菜单命令。选择【对象】→【变换】→【旋转】命令，可以打开【旋转】对话框，如图 4-61 所示。在【角度】数值框中输入对象旋转的角度。单击【复制】按钮即可在镜像时进行复制。

（4）使用变换调板。选择【窗口】→【变换】命令，可以打开【变换】调板，如图 4-62 所示，在【旋转】下拉列表框中选择旋转角度或在文本框中输入数值后按 Enter 键，即可完成旋转操作。

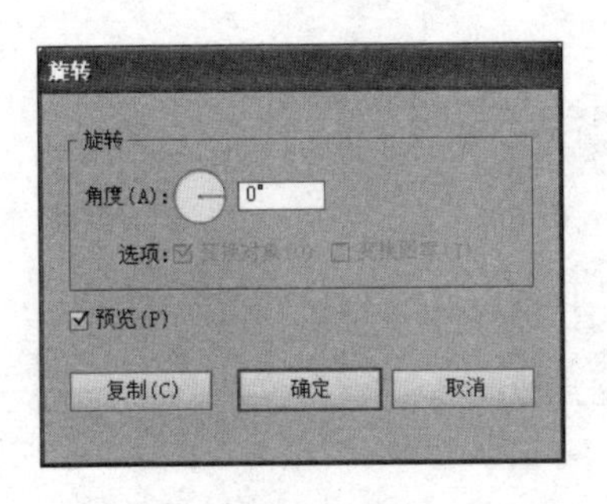

图 4-61

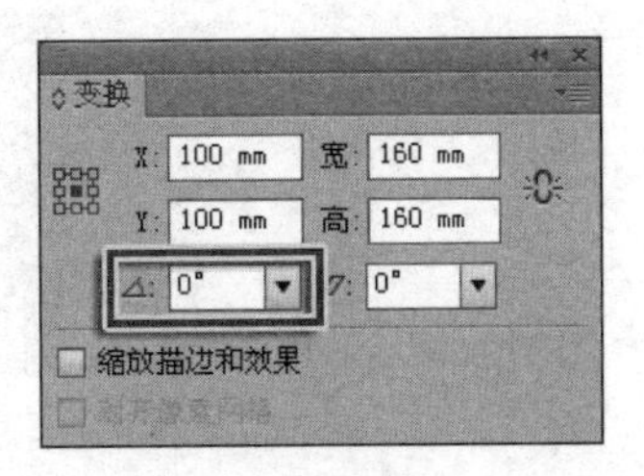

图 4-62

6. 倾斜对象

在 Illustrator CS6 中可以根据不同的需要灵活地选择多种方式倾斜对象。

（1）使用倾斜工具。选取对象，选择【倾斜工具】，对象的四周出现控制手柄，用鼠标拖动控制手柄或对象即可倾斜对象，如图 4-63 所示。

图 4-63

（2）使用菜单命令。选择【对象】→【变换】→【倾斜】命令，可以打开【倾斜】对话框，如图 4-64 所示。可选择水平或垂直倾斜，在【角度】数值框中可以输入对象倾斜的角度。单击【复制】按钮可以在倾斜时进行复制。

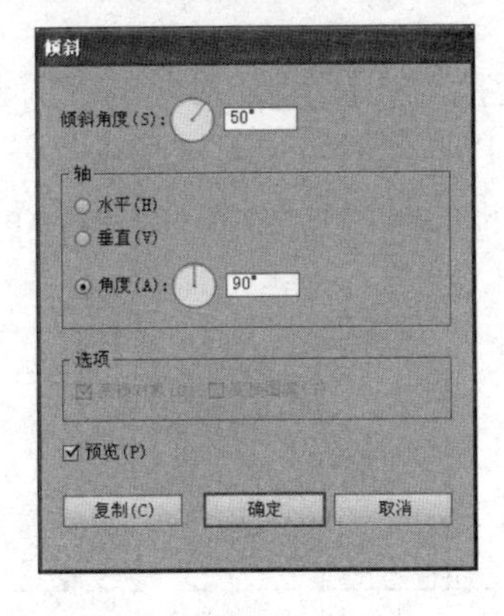

图 4-64

（3）使用【变换】调板。选择【窗口】→【变换】命令，可以打开【变换】调板，在【倾斜】下拉列表框中选择倾斜角度或在文本框中输入数值后，按 Enter 键即可完成

倾斜操作，如图 4-65 所示。

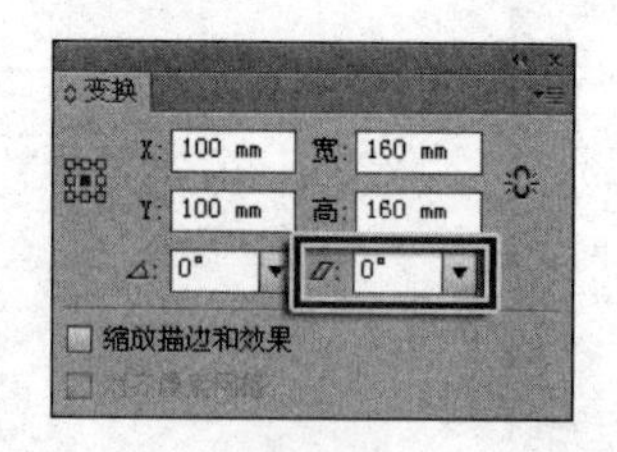

图 4-65

7. 再次变换对象

在某些情况下，需要对同一变换操作重复数次，在复制对象时尤其如此。利用【对象】→【变换】→【再次变换】命令，或按 Ctrl+D 快捷键，可以根据需要重复执行移动、缩放、旋转、镜像或倾斜操作，直至执行下一变换操作。

应用【再次变换】命令制作图案的操作步骤如下。

（1）选取对象，选择【旋转工具】，将鼠标指针移动到中心上，按住鼠标左键拖动中心点到心形下端控制点位置，如图 4-66 所示。

（2）按住 Alt+Shift 键，90°旋转复制对象，如图 4-67 所示。

（3）连续按两次 Ctrl+D 快捷键，90°旋转复制两个心形，如图 4-68 所示。

图 4-66

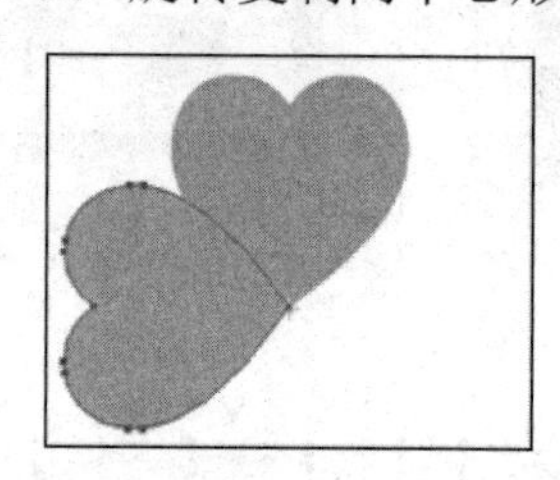

图 4-67

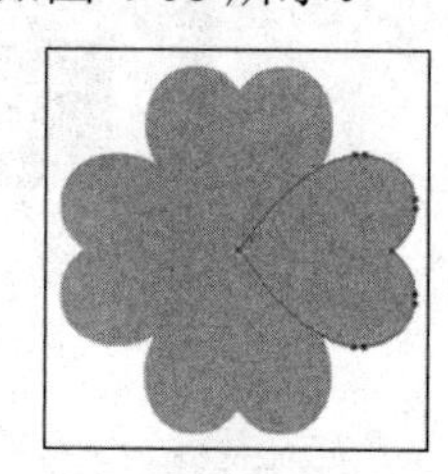

图 4-68

8. 自由变换对象

选取对象，选择【自由变换工具】，对象的四周会出现控制手柄，在控制点上按住鼠标左键不放，然后按 Ctrl 键，此时可以对图形进行任意变形调整。同时按住Ctrl+Alt 快捷键可以对图形进行两边对称的斜切变形。按住 Ctrl+Alt+Shift 快捷键可以进行透视变形调整，如图 4-69 右图所示。

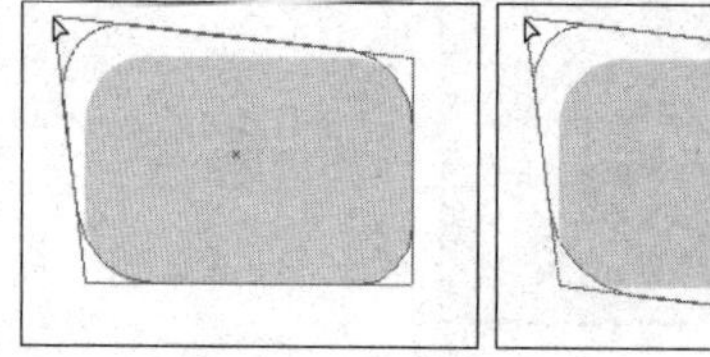

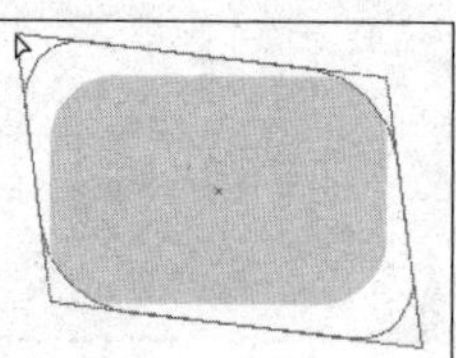

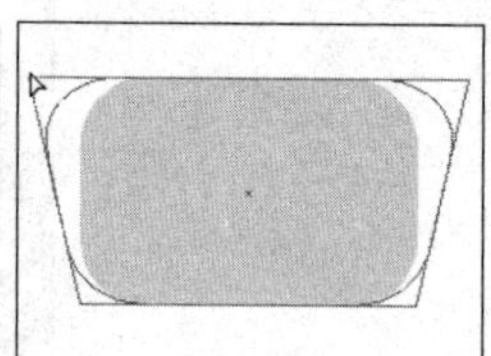

图 4-69

三、对象的隐藏和显示

使用【隐藏】子菜单中的命令可以隐藏对象。

（1）选取对象，选择【对象】→【隐藏】→【所选对象】命令或按 Ctrl+3 快捷键，可以将所选对象隐藏起来，如图 4-70 所示。

图 4-70

（2）选取当前对象，执行【对象】→【隐藏】→【上方所有图稿】命令，可以将当前对象之上的所有对象隐藏，如图 4-71 所示。

图 4-71

四、锁定和群组对象

锁定和群组功能是一种辅助设计功能，在编辑拥有众多对象的图形中，可以很好地管理对象内容。

1. 锁定与解锁

锁定对象可以防止误操作的发生，也可以防止当多个对象重叠时，选择一个对象会连带选取其他对象。

选取要锁定的对象，选择【对象】→【锁定】→【所选对象】命令或按 Ctrl+2 快捷键，可以将所选对象锁定，当其他图形移动时，锁定了的对象不会被移动，如图 4-72 所示。

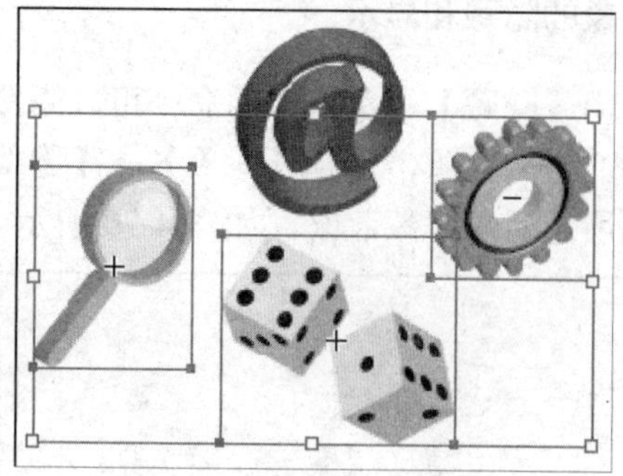

图 4-72

选取黄色多边形，选择【对象】→【锁定】→【上方所有图稿】命令，可以将黄色多边形之上的绿色和湖蓝色这两个多边形锁定，当其他图形移动时，锁定了的对象不会被移动，如图 4-73 所示。

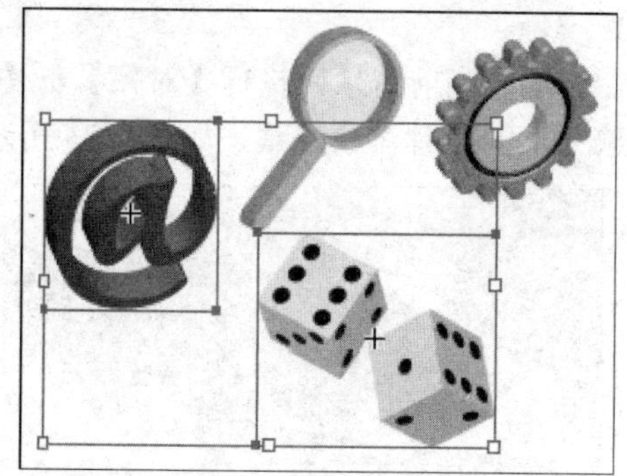

图 4-73

2. 群组对象与取消群组

使用【编组】命令可以将多个对象绑定在一起作为一个整体来处理，这对于保持对象间的位置和空间关系非常有用，【编组】命令还可以创建嵌套的群组。使用【取消编组】命令可以把一个群组对象拆分成其组件对象。

选取要群组的对象，选择【对象】→【编组】命令或按 Ctrl+G 快捷键，即可将选取的对象群组，单击群组中的任何一个对象，都将选中该群组，如图 4-74 所示。将几个组合进行进一步的组合，或者组合与对象再进行组合，可以创建嵌套的群组。

选取要解组的对象组合，选择【对象】→【取消编组】命令或按 Ctrl+Shift+G 快捷键，即可将选取的组合对象解组，解组后可以单独选取任意一个对象，如图 4-75 所示。如果是嵌套群组可以将解组的过程重复执行，直到全部解组为止。

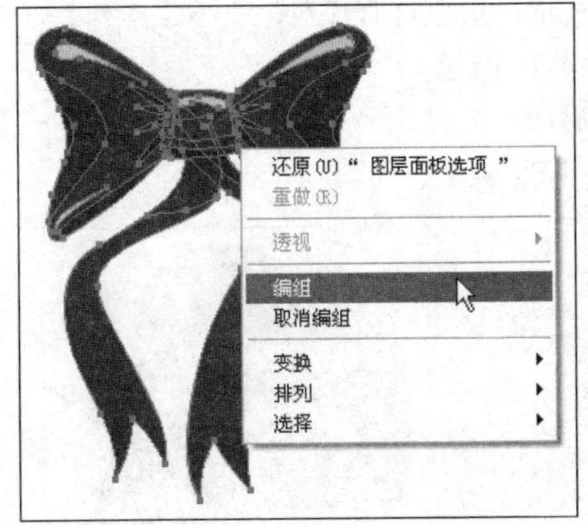

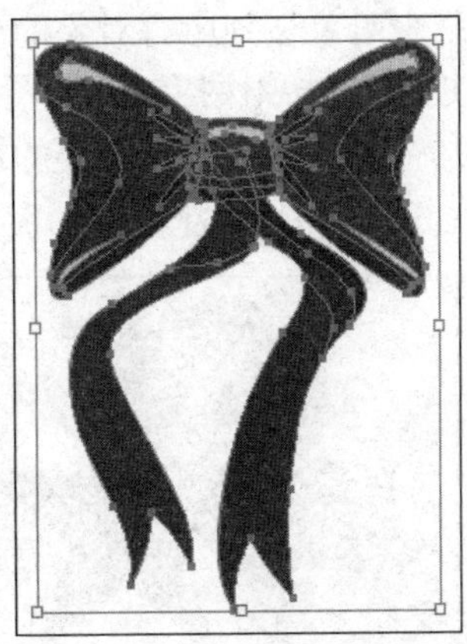

图 4-74

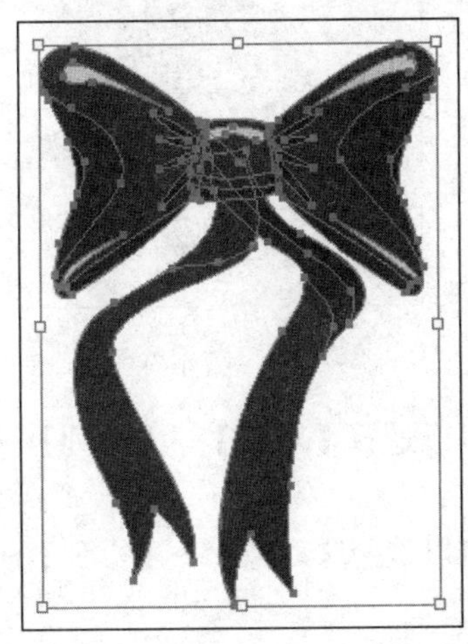

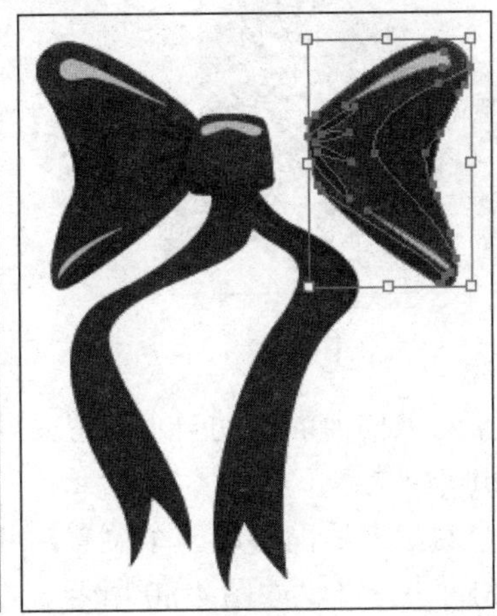

图 4-75

五、对象的次序

复杂的绘图是由一系列相互重叠的对象组成的，而这些对象的排列顺序决定了图形的外观。

【对象】→【排列】子菜单包括 5 个命令，如图 4-76 所示，使用这些命令可以改变对象的排序。应用快捷键也可以对对象进行排序，熟记快捷键可以提高工作效率。

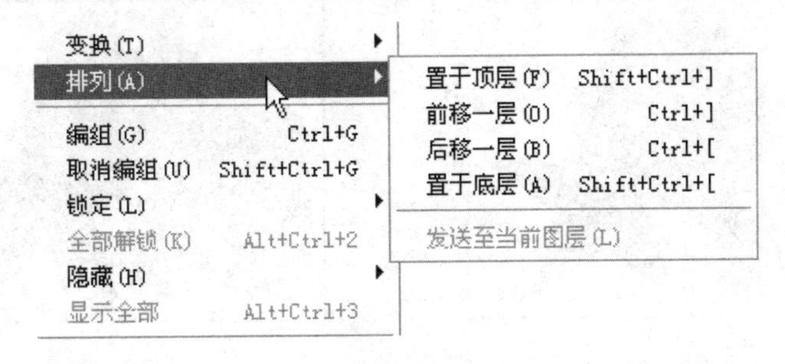

图 4-76

若要把某个对象移到所有对象的前面，可以选择【对象】→【排列】→【置于顶层】命令，或按 Ctrl+Shift+]快捷键，如图 4-77 所示。

若要把某个对象移到所有对象的后面，可以选择【对象】→【排列】→【置于底层】命令，或按 Ctrl+Shift+[快捷键，如图 4-78 所示。

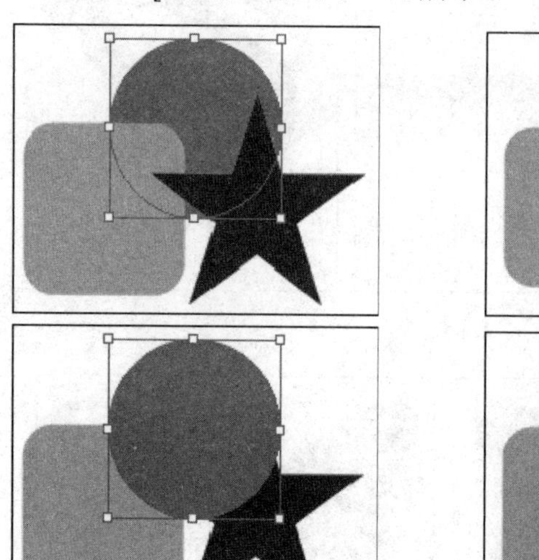

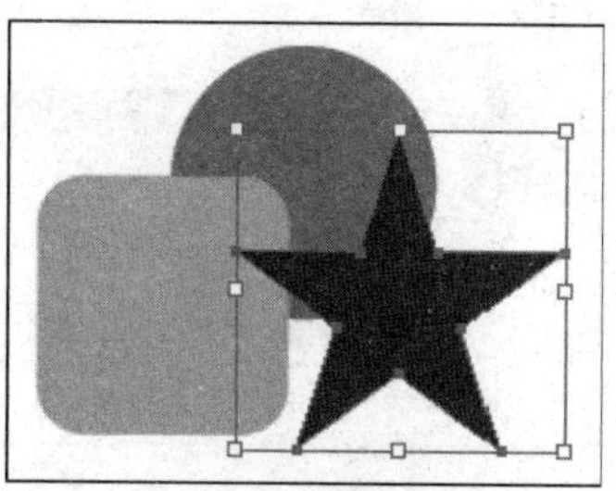

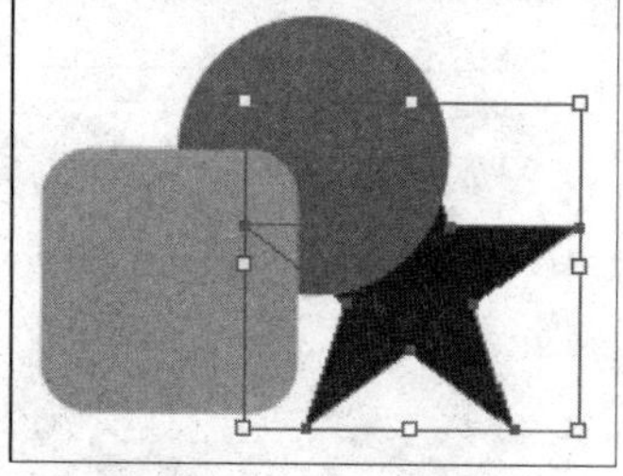

图 4-77　　图 4-78

若要把某个对象向前面移动一个位置，可以选择【对象】→【排列】→【前移一层】命令，或按 Ctrl+]快捷键，如图 4-79 所示。

若要把某个对象向后面移动一个位置，可以选择【对象】→【排列】→【后移一层】命令，或按 Ctrl+[快捷键，如图 4-80 所示。

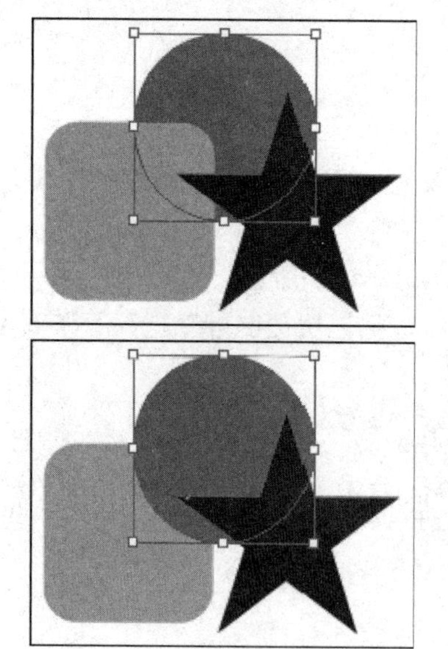

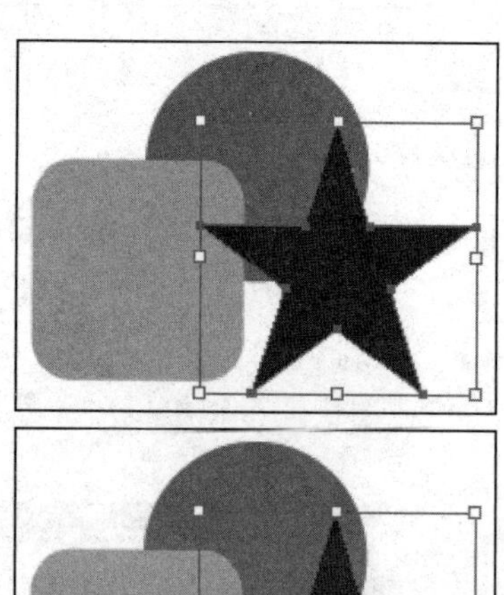

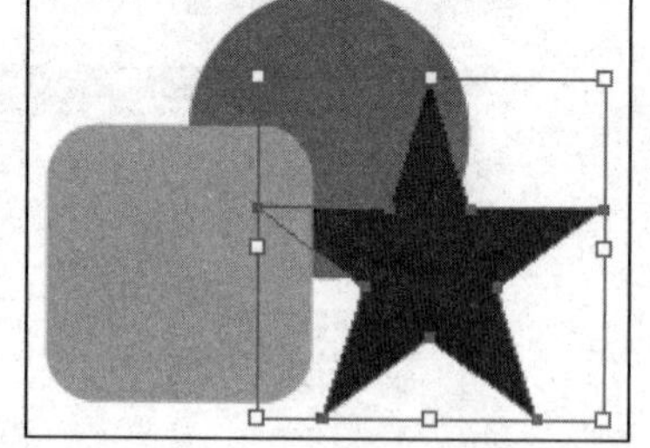

图 4-79　　图 4-80

六、对象的对齐与分布

有时为了达到特定的效果，需要精确对齐和分布对象。选择【窗口】→【对齐】命令，打开【对齐】调板，如图 4-81（a）所示。单击调板右上方的三角形按钮，在弹出的菜单中选择【显示选项】命令，可以打开【分布间距】命令组，如图 4-81（b）所示。

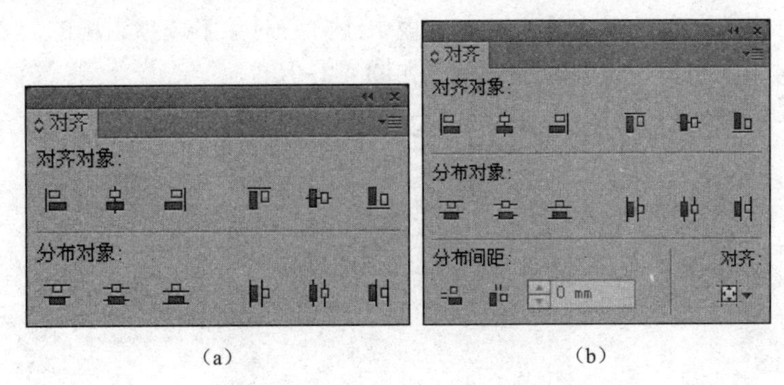

（a）　　　　（b）

图 4-81

1. 对象的对齐

【对齐】调板中的【对齐对象】选项组包含 6 个对齐命令按钮：【水平左对齐】按钮、【水平居中对齐】按钮、【水平右对齐】按钮、【垂直顶对齐】按钮、【垂直居中对齐】按钮、【垂直底对齐】按钮。

选取要对齐的对象，单击【对齐】调板中【对齐对象】选项组中的对齐命令按钮，所有选取的对象就会互相对齐，如图 4-82 所示。

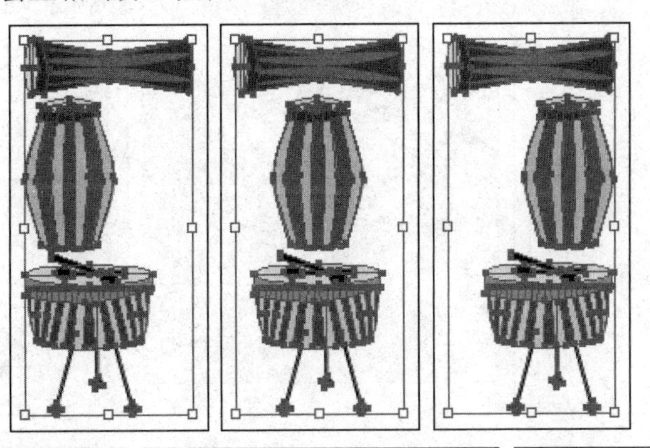

图 4-82

2. 对象的分布

【对齐】调板中的【分布对象】选项组包含 6 个分布命令按钮：【垂直顶分布】按钮、【垂直居中分布】按钮、【垂直底分布】按钮、【水平左分布】按钮、【水平居中分布】按钮、【水平右分布】按钮。

选取要分布的对象，单击【对齐】调板中【分布对象】选项组中的分布命令按钮，所有选取的对象之间按相等的间距分布，如图 4-83 所示。

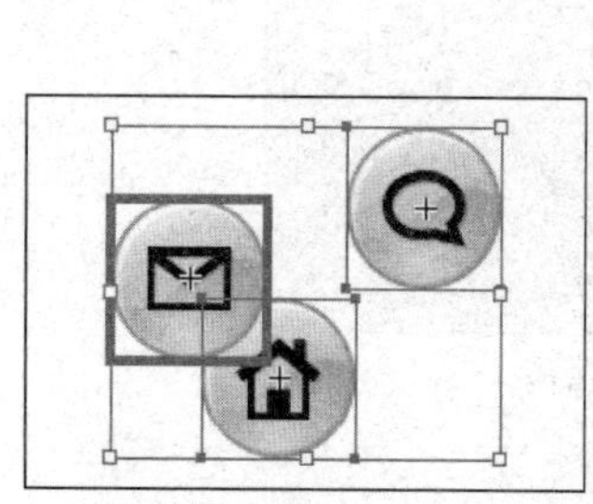

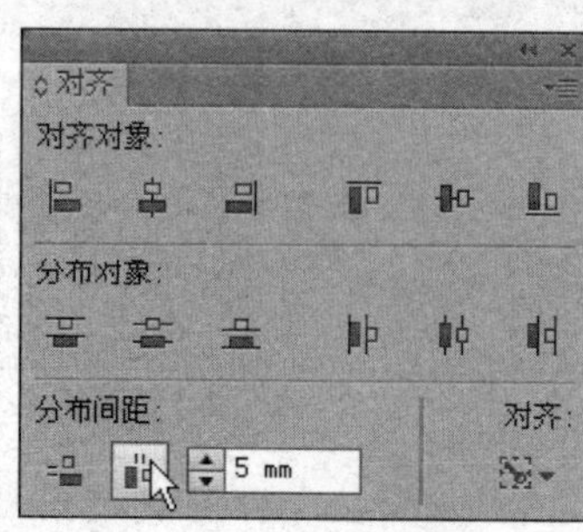

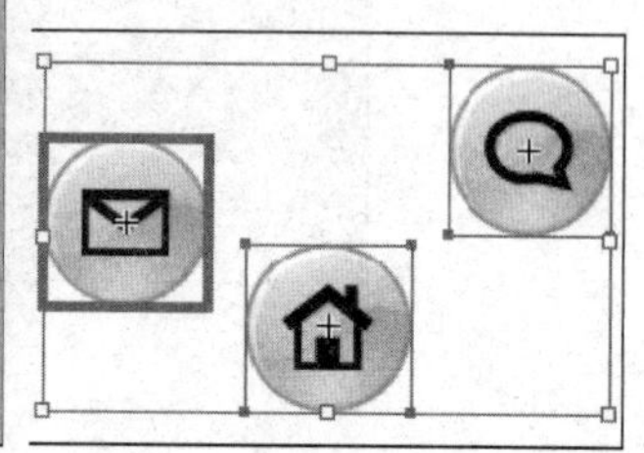

图 4-83

如果需要指定对象间固定的分布距离，选择【对齐】调板【分布间距】选项组中的【垂直分布间距】按钮和【水平分布间距】按钮。

在【对齐】调板右下方的数值框中可以设定固定的分布距离。选取要分布的多个对象，再单击被选取对象中的任意一个对象（中间对象），该对象将作为其他对象进行分布时的参照，如图 4-84 左图所示；单击【垂直分布间距】按钮，所有被选取的对象将以参照对象为参照，按设置的数值等距离垂直分布，如图 4-84 右图所示。

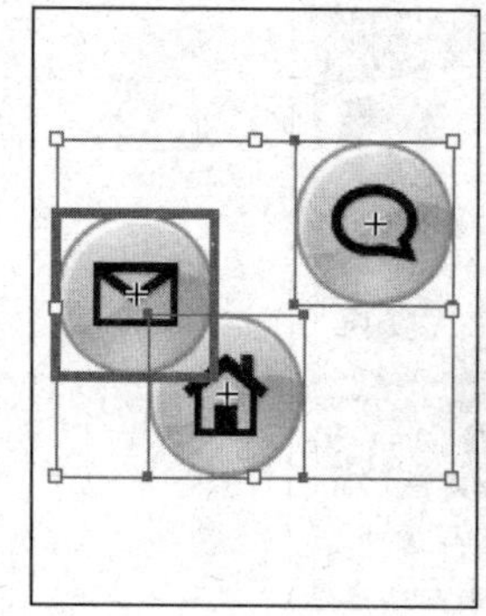

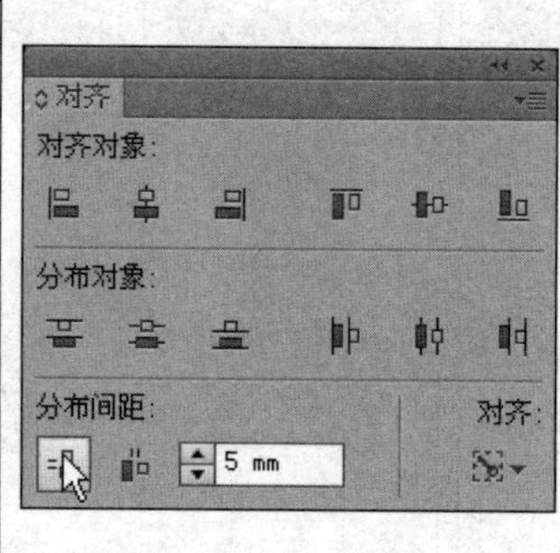

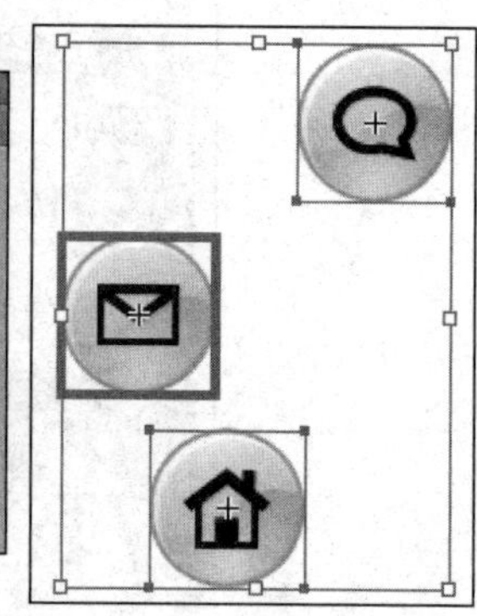

图 4-84

实践任务——设计制作入场券

为庆祝“六一”儿童节，某市环保局举办雨伞创意秀活动，委托本公司制作该活动入场券。

要求：画面为入场券标准尺寸，围绕字体设计这一主题，扩展思维将字体以点线面的形式表现出来。参考效果图如图 4-85 所示。

图 4-85

项目五　设计与制作电脑桌面壁纸
——设置填充与描边

知识目标

1. 掌握为图形填充颜色的方法。
2. 掌握图形轮廓的设置方法。
3. 掌握使用符号工具的方法。

能力目标

1. 学会创建颜色、渐变、图案、网格填充。
2. 学会自己设计制作计算机桌面壁纸。

制作任务

任务背景

在设计计算机桌面壁纸之前首先要了解计算机屏幕的大小，根据计算机屏幕的大小设计出合适的壁纸。例如，17 英寸（1 英寸=2.54 厘米）液晶显示器的最佳分辨率壁纸尺寸为 1280×1024 像素。苹果公司近期推出一款儿童学习使用的计算机，为了配合计算机的销售、吸引儿童的目光，委托某公司为该系列计算机设计制作计算机桌面壁纸。

任务要求

设计画面简单、具有一定的故事情节，能够体现儿童的活泼可爱；画面以卡通风格为主，使用的卡通形象要简单、富有情趣，可以单独提炼出来制作成公仔作为礼品发放。

任务分析

从该公司的名称出发，联想到牛顿和苹果的故事，通过对该故事情节的提炼和再加工，制作出在蓝天白云和绿草坪的大背景下，一个小蘑菇在长满心形果子的大树下被果实打中，流露出吃惊的表情，在云端的太阳看到了正坏坏地笑，整个画面清新自然。计算机本身是一种发光体，长时间看对儿童眼睛不好，所以整体画面以绿色为主，来降低视觉疲劳。通过绘制小蘑菇和小太阳拟人化的形象，展现儿童天真活泼的天性。

任务参考效果图

操作步骤

1. 新建文件并创建背景图像

（1）执行【文件】→【新建】命令，创建一个新文件，如图 5-1 所示。

（2）使用【矩形工具】绘制一个与页面大小相同的矩形，如图 5-2 所示，设置其与页面中心对齐。

（3）参照图 5-3 所示，使用【椭圆工具】绘制椭圆。

（4）复制前面创建的矩形，并同时选中矩形和椭圆，执行【窗口】→【路径查找器】命令，在弹出的调板中单击【交集】按钮新建图形，效果如图 5-4 所示。

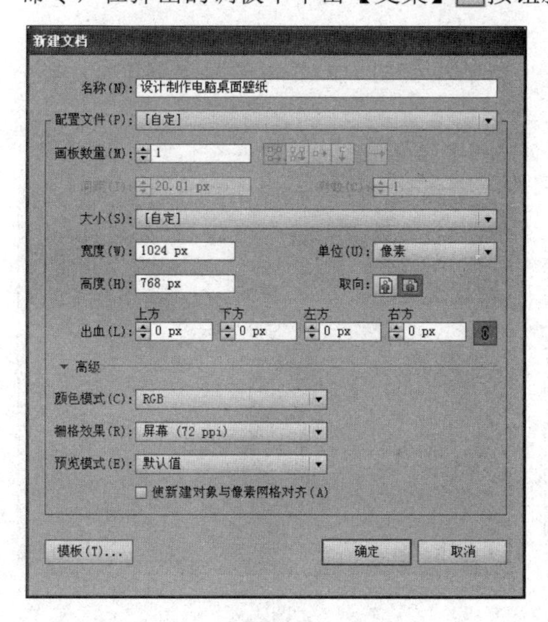

图 5-1

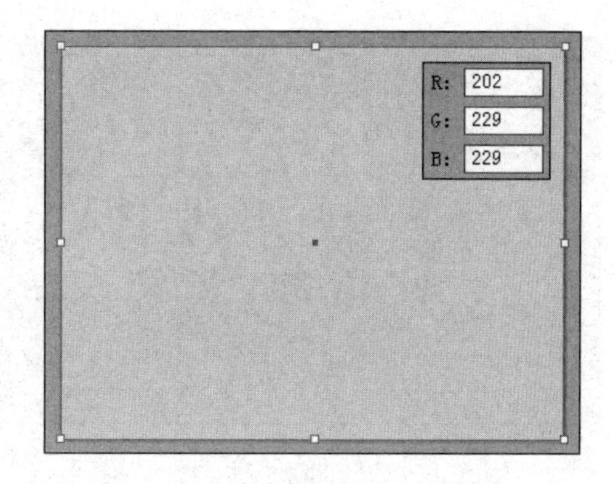

图 5-2

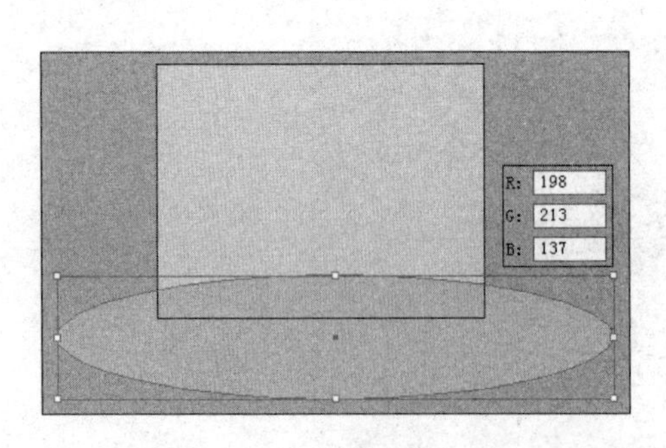

图 5-3

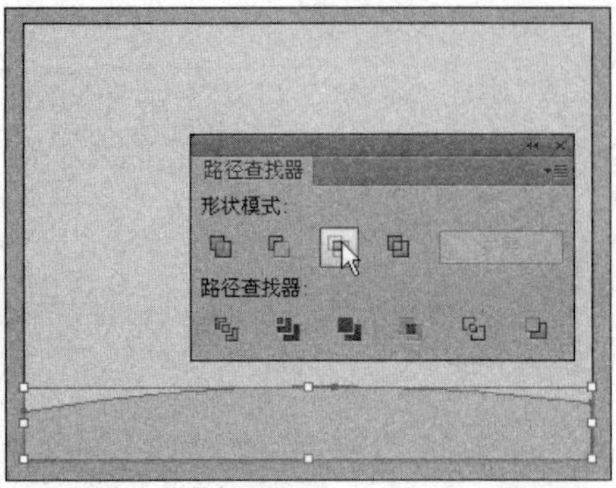

图 5-4

（5）继续使用【椭圆工具】绘制正圆，并将其进行编组，效果如图 5-5 所示。

（6）继续绘制正圆，如图 5-6 所示。

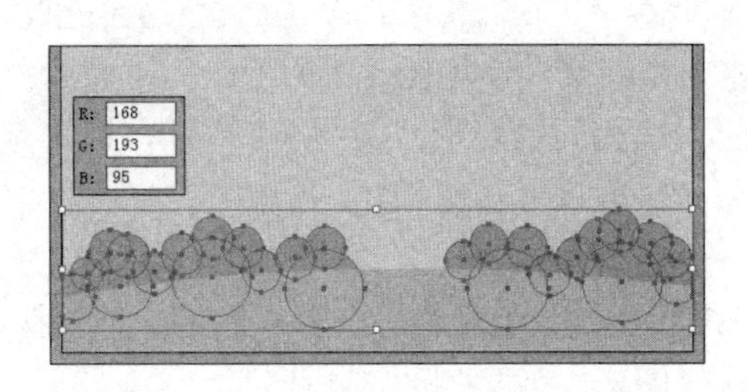

图 5-5

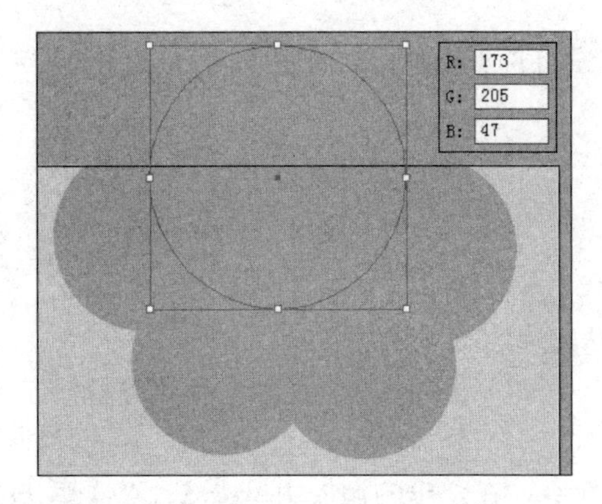

图 5-6

（7）使用前面介绍的方法创建正圆与矩形的相交图形，并将正圆图形进行编组，如图 5-7 所示。

（8）使用【钢笔工具】绘制树干，如图 5-8 所示。

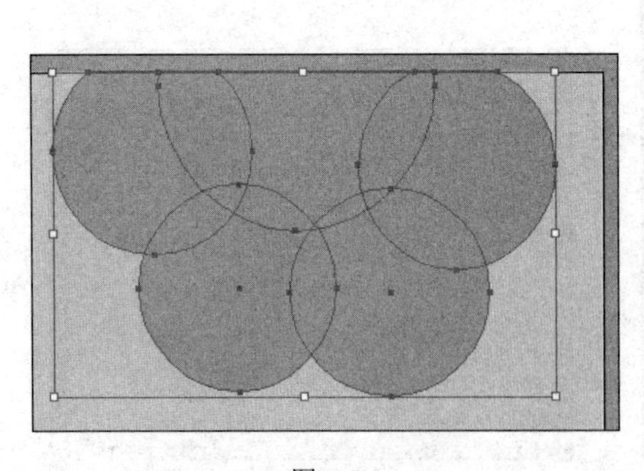

图 5-7

图 5-8

（9）复制树干，然后单击【色板】调板底部的【“色板库”菜单】按钮，在弹出的菜单中选择【图案】→【基本图形】→【基本图形-线条】命令，如图 5-9 所示，在弹出的调板中设置图案填充。

（10）继续上一步的操作，在【透明度】调板中更改图形的混合模式，如图 5-10 所示。

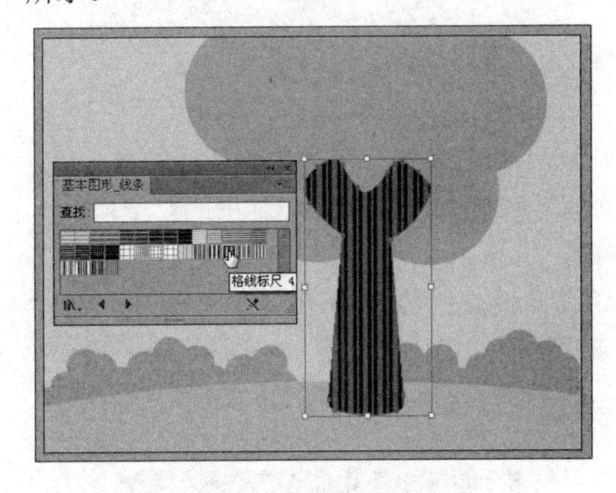

图 5-9

图 5-10

（11）使用【椭圆工具】绘制椭圆，作为大树的阴影，如图 5-11 所示。

（12）执行【图像】→【调整】→【曲线】命令，如图 5-12 所示，在弹出的【曲线】对话框中进行设置，单击【确定】按钮，提亮图像。

2. 绘制太阳

（1）如图 5-13 所示，使用【椭圆工具】绘制正圆。

（2）复制并放大上一步创建的正圆并取消填充色，效果如图 5-14 所示。

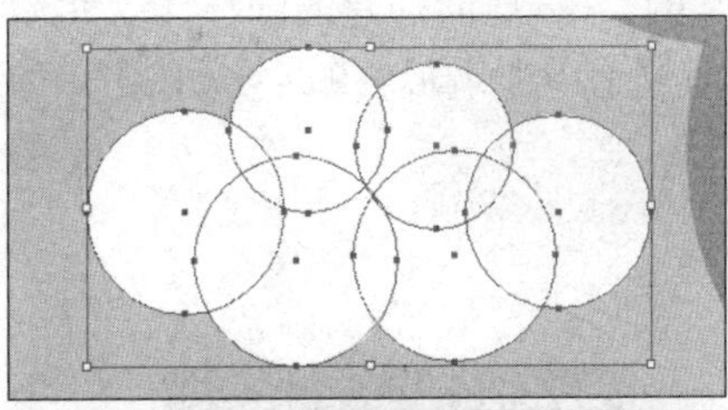

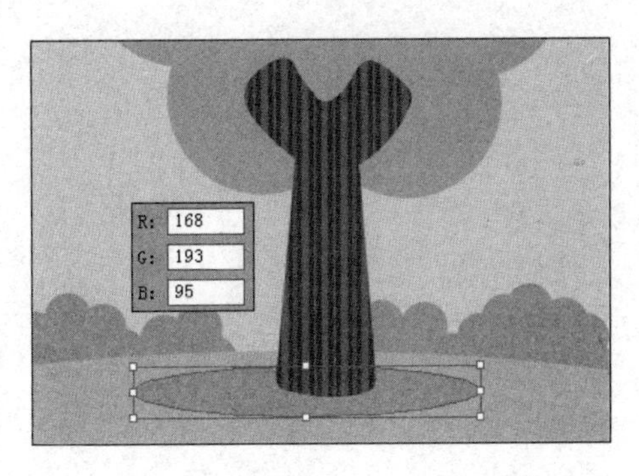

图 5-11

图 5-12

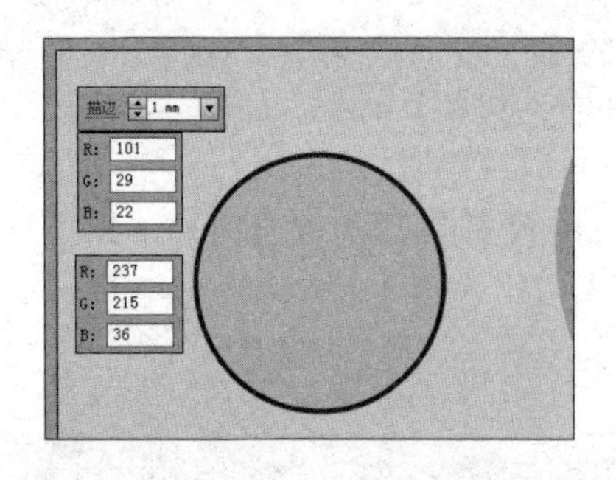

图 5-13

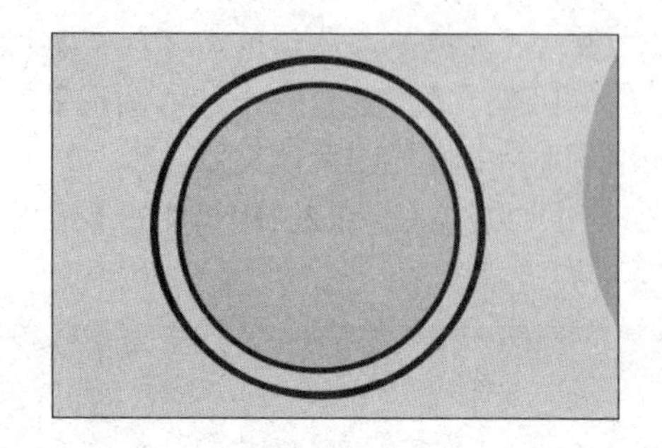

图 5-14

（3）选择【星形工具】并在视图中单击，如图 5-15 所示，在弹出的对话框中进行设置，然后单击【确定】按钮，创建三角形。

（4）执行【效果】→【风格化】→【圆角】命令，如图 5-16 所示，在弹出的对话框中进行设置，然后单击【确定】按钮，调整图像的尖角。

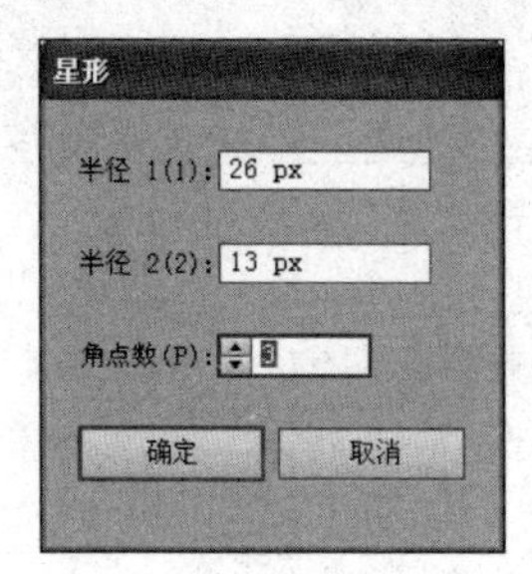

图 5-15

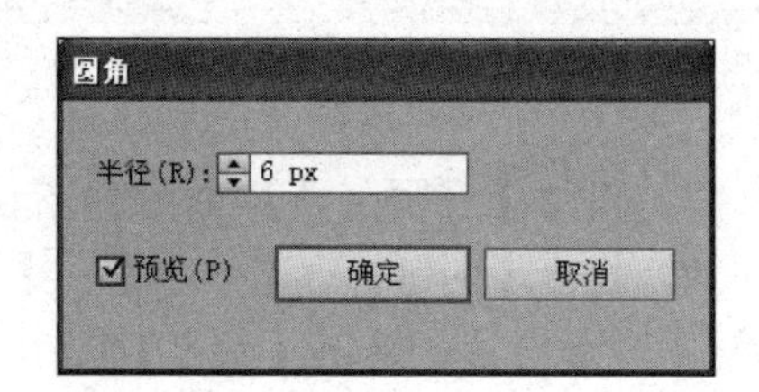

图 5-16

（5）单击【画笔】调板右侧的按钮，在弹出的菜单中选择【新建画笔】命令，如图 5-17 所示，创建画笔。

（6）选择前面创建的圆环图像然后单击【画笔】调板中我们创建好的画笔，最后单击单击【画笔】调板右侧的按钮，如图 5-18 所示，在弹出的对话框中设置描边效果。

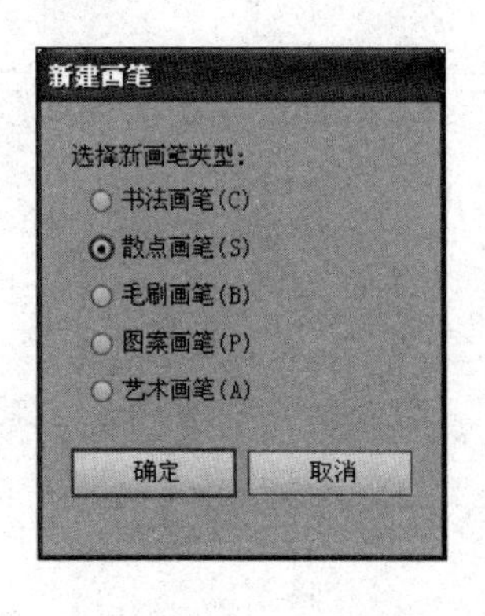

图 5-17

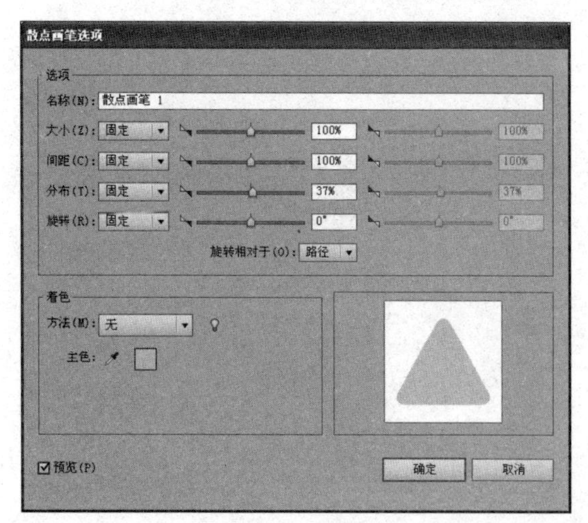

图 5-18

（7）执行【对象】→【扩展外观】命令，扩展描边效果，如图 5-19 所示。

（8）使用【编组选择工具】配合键盘上的 Shift 键选择图形并更改颜色，如图 5-20 所示。

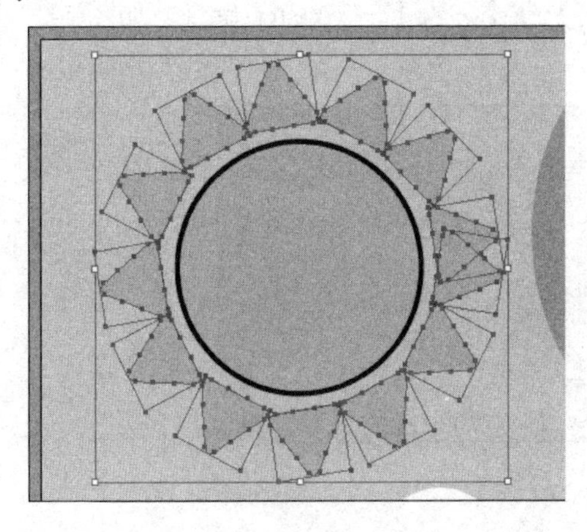

图 5-19

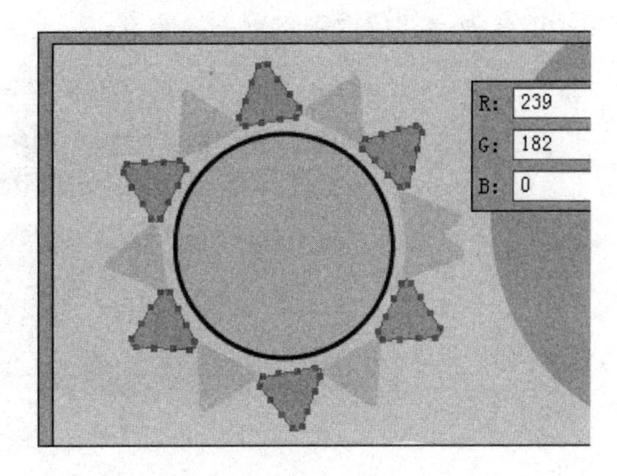

图 5-20

（9）如图 5-21 所示，使用【椭圆工具】和【圆角矩形工具】创建太阳的五官。

（10）选中嘴巴图形，执行【对象】→【封套扭曲】→【用变形建立】命令，如图 5-22 所示，在弹出的对话框中进行设置，然后单击【确定】按钮应用封套效果。

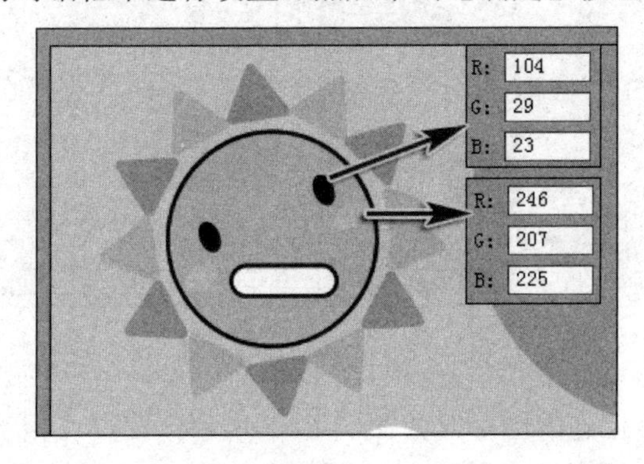

图 5-21

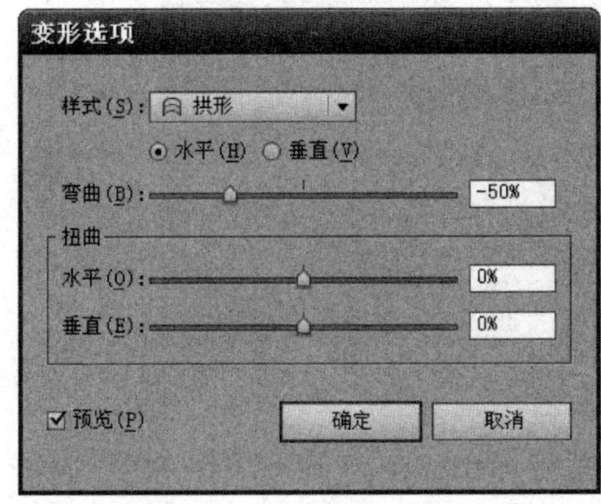

图 5-22

3. 绘制小蘑菇

（1）使用【钢笔工具】绘制小蘑菇的头部，单击【色板】调板底部的【色板库菜单】按钮，在弹出的菜单中选择【图案】→【装饰】→Vonster 命令，如图 5-23 所示，在弹出的调板中设置图案填充。

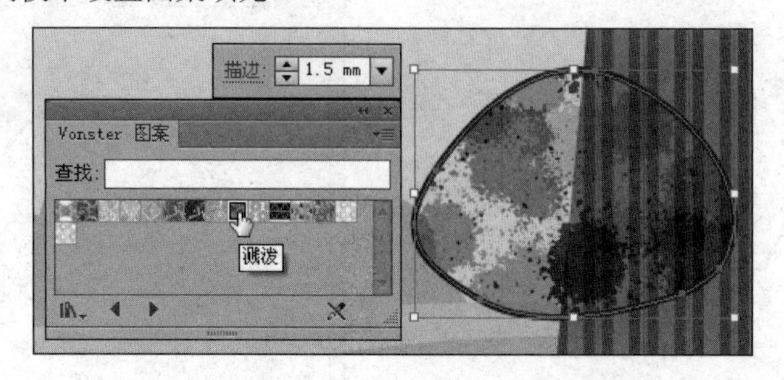

图 5-23

（2）在【外观】调板中选中填色选项，然后单击调板底部的【复制所选项目】按钮，复制填充并更改为白色，效果如图 5-24 所示。

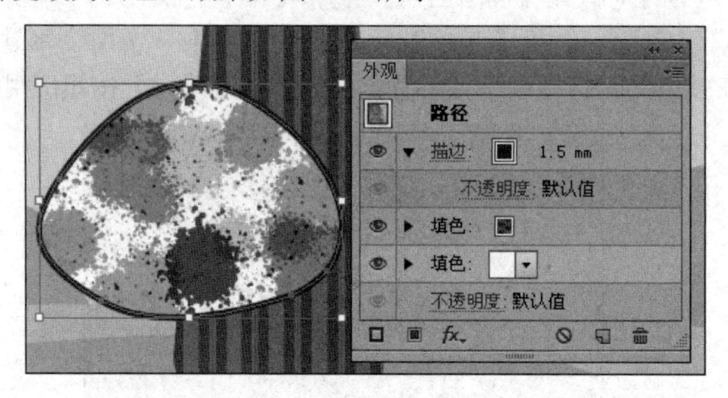

图 5-24

（3）复制上一步创建的图形，并如图 5-25 所示，使用【钢笔工具】绘制图形，通过【路径查找器】调板的应用创建相交图形。

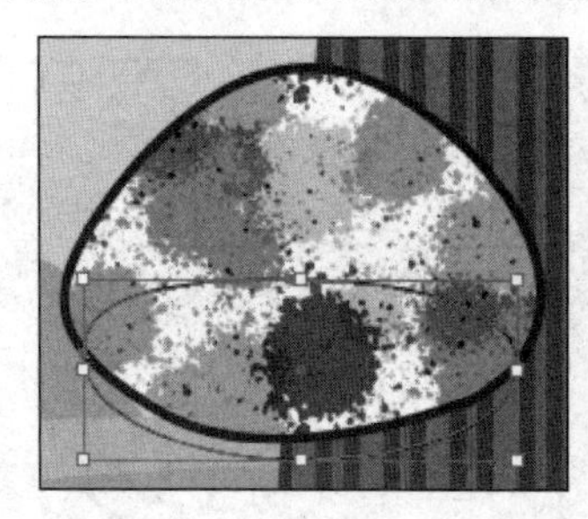
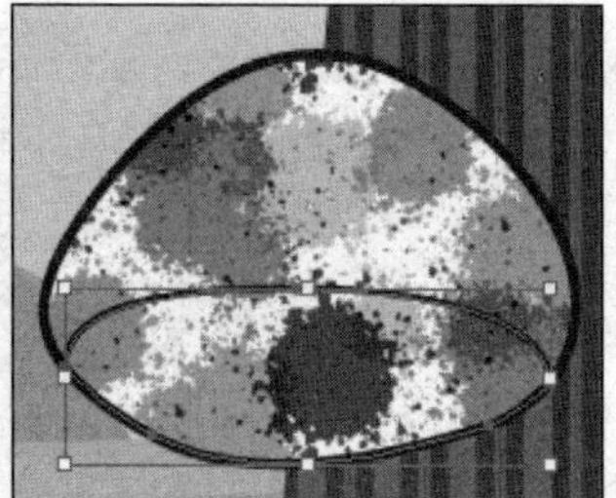

图 5-25

（4）如图 5-26 所示，在【渐变】调板中设置渐变颜色。

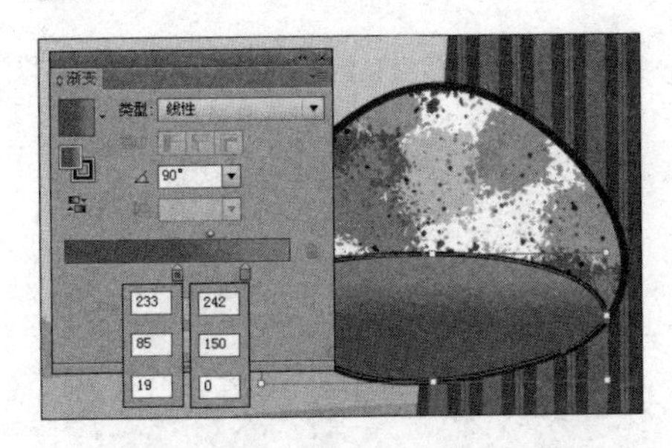

图 5-26

（5）继续使用【钢笔工具】绘制蘑菇的身体，如图 5-27 所示。

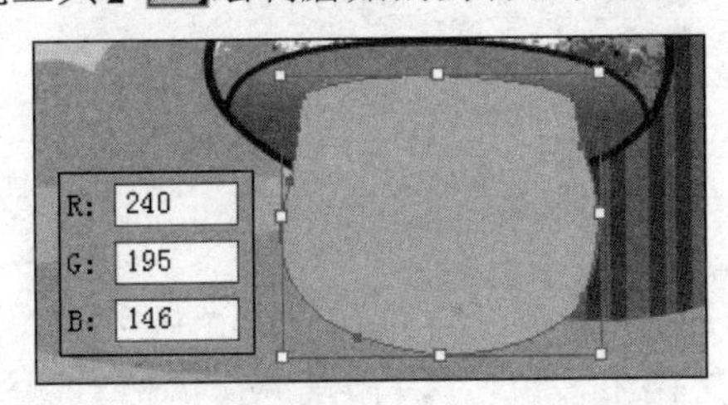

图 5-27

（6）复制上一步创建的图形，取消填充色并如图 5-28 所示，设置轮廓大小。

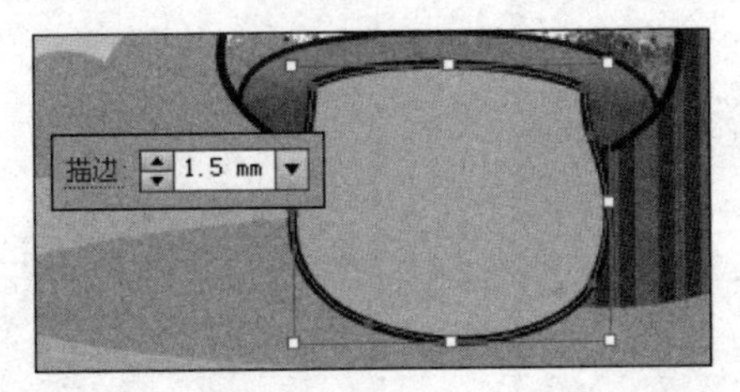

图 5-28

（7）隐藏上一步创建的图形，选中蘑菇身体图形，如图 5-29 所示，使用【网格工具】在图形上添加锚点并设置颜色。

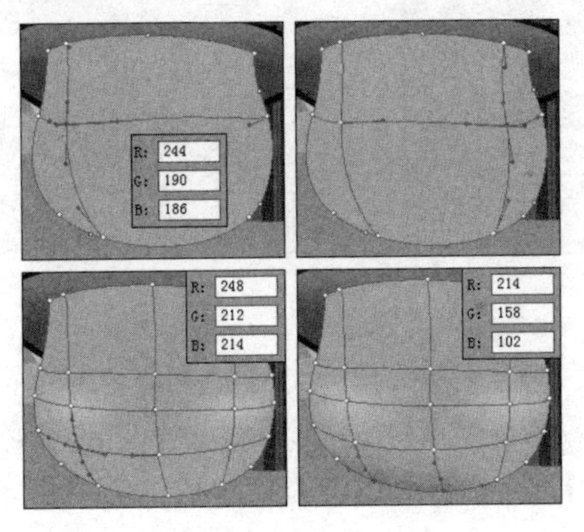

图 5-29

（8）如图 5-30 所示，使用【椭圆工具】绘制眼睛与嘴巴图形。

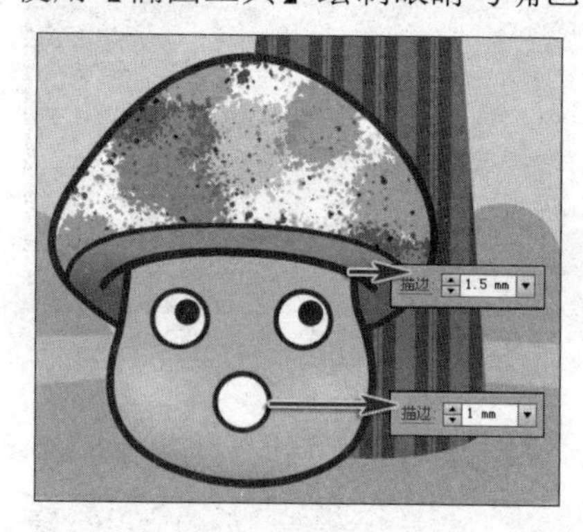

图 5-30

4. 绘制心形

（1）执行【文件】→【打开】命令，打开附带光盘中的“模块 05\心形.AI”文件，将其拖入当前正在编辑的文档中，单击【符号】调板右侧的按钮，在弹出的菜单中选择【新建符号】命令，在弹出的对话框中单击【确定】按钮，创建符号，如图 5-31 所示。

（2）使用【符号喷枪工具】在视图中单击，绘制图形，效果如图 5-32 所示。

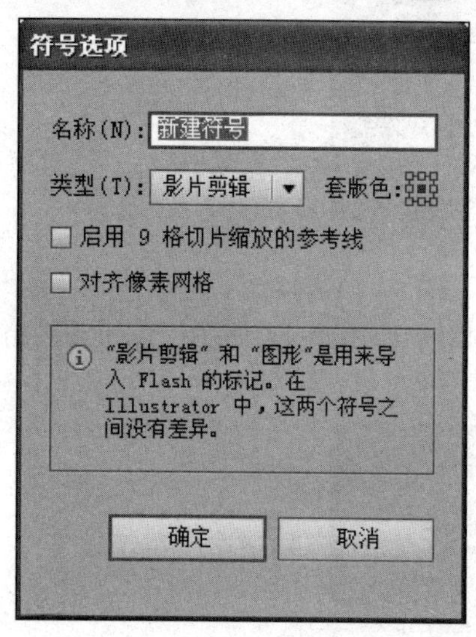

图 5-31

图 5-32

（3）使用【符号缩放工具】在部分符号上单击，缩小符号，如图 5-33 所示。

（4）继续使用【符号旋转工具】在部分符号上单击，旋转符号，如图 5-34 所示。

（5）使用【钢笔工具】绘制虚线，完成本实例的制作，如图 5-35 所示。

图 5-33

图 5-34

图 5-35

相关知识

一、颜色基础

对于整个艺术造型来讲，颜色是最重要的组成部分，可使设计和绘制的美术作品更具表现力和艺术性。丰富多彩的颜色存在着一定的差异，如果需要精确地划分色彩之间的区别，就要用到色彩模式了。

所谓的色彩模式，是将色彩表示成数据的一种方法。在图形设计领域，统一把色彩模式用数值表示。简单一点说，就是把色彩中的颜色分成几个基本的颜色组件，然后根据组件的不同，定义出各种不同的颜色。同时，对颜色组件不同的归类，就形成了不同的色彩模式。

Illustrator CS6 支持很多种色彩模式，其中包括 RGB 模式、HSB 模式、CMYK 模式和灰度模式。在 Illustrator CS6 中，最常用的是 CMYK 模式和 RGB 模式，其中 CMYK

是默认的色彩模式。

1. HSB 模式

在 HSB 模式中，H 代表色相（Hue），S 代表饱和度（Saturation），B 代表亮度（Brightness）。HSB 模式是以人们对颜色的感觉为基础，描述了颜色的 3 种基本特性，如图 5-36 所示。

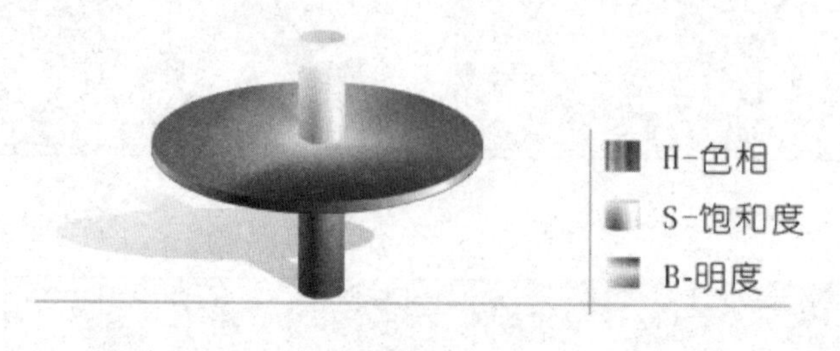

图 5-36

2. RGB 模式

RGB 模式是最基本、使用最广泛的一种色彩模式。绝大多数可视性光谱，都是通过红色、绿色和蓝色这 3 种色光的不同比例和强度的混合来表示的。

在 RGB 模式中，R 代表红色（Red），G 代表绿色（Green），而 B 代表蓝色（Blue）。在这 3 种颜色的重叠处可以产生青色、洋红、黄色和白色，如图 5-37 所示。每一种颜色都有 256 种不同的亮度值，也就是说，从理论上讲，RGB 模式有 256×256×256 共约 1600 多万种颜色，这就是用户常常听到的“真彩色”一词的来源。

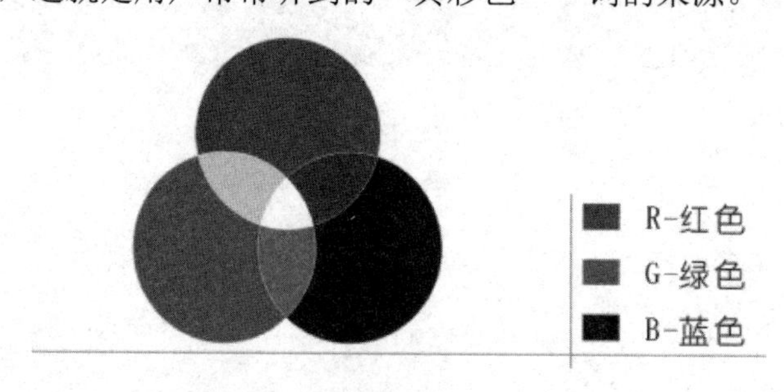

图 5-37

由于 RGB 模式是由红、绿、蓝 3 种基本的颜色混合来产生各种颜色的，所以也称它为加色模式。当 RGB 的 3 种色彩的数值均为最小值 0 时，就会生成黑色；当三种色彩的数值均为最大值 255 时，就生成了白色。而当这三个色彩的值为其他数值时，所生成的颜色则介于这两种颜色之间。

在 Illustrator 中，还包含一个修改 RGB 的模式，即网页安全模式，该模式可以在网络上适当地使用。在后面几节将会讲到它的使用方法。

3. CMYK 模式

CMYK 模式为一种减色模式，也是 Illustrator CS6 默认的色彩模式。在 CMYK 模式中，C 代表青色（Cyan），M 代表洋红色（Magenta），Y 代表黄色（Yellow），K 代表黑色（Black）。CMYK 模式通过反射某些颜色的光并吸收另外颜色的光，来产生各种不同的颜色。在 RGB 模式中，由于字母 B 代表了蓝色，为了不与之相混淆，所以，在单词 Black 中使用字母 K 代表黑色，如图 5-38 所示。

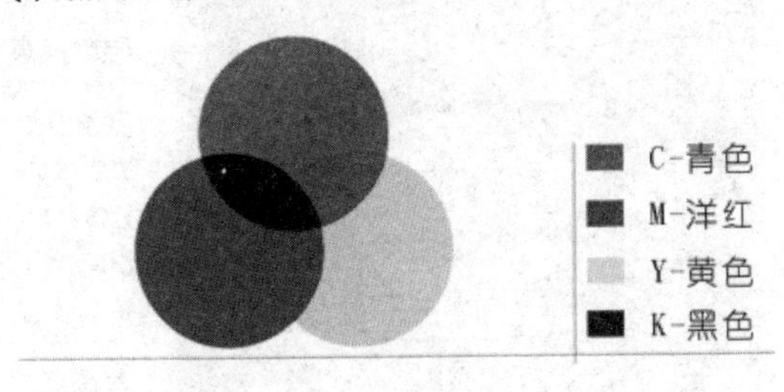

图 5-38

设置 CMYK 模式中各种颜色的参数值，可以改变印刷的效果。在 CMYK 模式中，每一种印刷油墨都有 0%到 100%之间百分比值。最亮颜色指定的印刷油墨颜色百分比较低，而较暗颜色指定的百分比较高。例如，一个亮红色可能包括 2%青色、93%的洋红色、90%的黄色和 0%的黑色。在 CMYK 的印刷对象中，百分比较低的油墨将产生一种接近白色的颜色，而百分比较高的油墨将产生接近黑色的颜色。

4. 灰度模式

灰度模式（Grayscale）中只存在颜色的灰度，而没有色度、饱和度等彩色的信息。灰度模式可以使用 256 种不同浓度的灰度级，灰度值也可以使用 0%的白色到 100%的黑色之间百分比来度量。使用黑白或灰度扫描仪生成的图像通常以灰度模式显示。

在灰度模式中，可以将彩色的图形转换为高品质的灰度图形。在这种情况下，Illustrator 会放弃原有图形的所有彩色信息，转换后的图形的色度表示原图形的亮度。

从灰度模式向 RGB 模式转换时，图形的颜色值取决于其转换图形的灰度值。灰度图形也可转换为 CMYK 图形。

5. 色域

色域是颜色系统中可以显示或打印的颜色范围，人眼看到的色谱比任何颜色模式中的色域都宽。

CMYK 的色域较窄，只包含使用油墨色打印的颜色范围。当在屏幕中无法显示出打印颜色时，这些颜色可能是超出了打印的 CMYK 色域的范围，此情况称之为溢色。

二、颜色填充

给图形添加不同的颜色，会产生不同的感觉，可以通过使用 Illustrator 中的各种工

具、调板和对话框为图形选择颜色。

1.【颜色】调板

选择【窗口】→【颜色】命令，弹出【颜色】调板，可以设置填充颜色和描边颜色，单击【颜色】调板右上角的三角形按钮，在弹出的菜单中可以选择当前取色时使用的颜色模式，如图 5-39 所示。

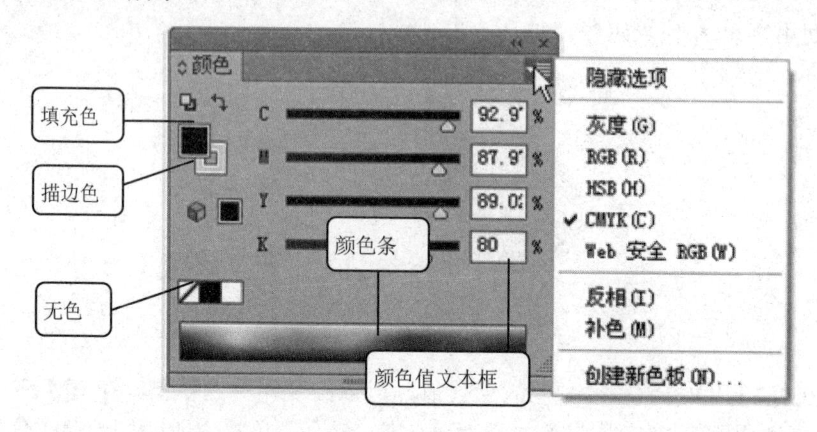

图 5-39

单击【颜色】调板上的按钮可以在填充颜色和描边颜色之间切换，与工具箱中按钮的操作方法相同。

将鼠标指针移动到【颜色】调板下方的渐变条上，当指针变为吸管形状时，单击可以选取颜色。拖动【颜色】调板各个颜色滑块或在各个数值框中输入颜色值，可以设置出更精确的颜色。

更改图形的描边颜色，操作步骤如下。

（1）选取需要更改描边的图形。

（2）在工具箱或【颜色】调板中单击【描边】按钮，选取或调配出新颜色，这时新选的颜色被应用到当前选定图形的描边中，如图 5-40 所示。

图 5-40

2.【色板】调板

选择【窗口】→【色板】命令，可以打开【色板】调板，【色板】调板提供了多种颜色、渐变和图案，并且可以添加并存储自定义的颜色、渐变和图案，如图 5-41 所示。

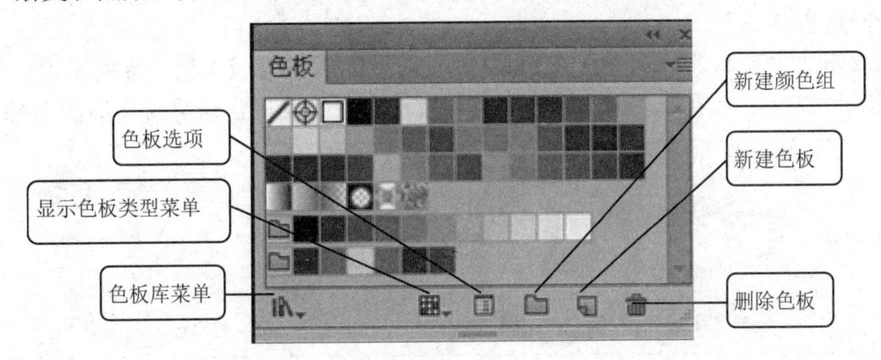

图 5-41

色板库是预设颜色的集合，选择【窗口】→【色板库】命令或单击【色板库菜单】按钮，可以打开色板库。打开一个色板库时，该色板库将显示在新调板中。选择【窗口】→【色板库】→【其他库】命令，在弹出的对话框中可以将其他文件中的色板样本、渐变样本和图案样本导入【色板】调板中。

注 意

在【色板】调板中单击【显示“色板类型”菜单】按钮，并选择一个选项。选择【显示所有色板】命令，可以使所有的样本显示出来；选择【显示颜色色板】命令，仅显示颜色样本；选择【显示渐变色板】命令，仅显示渐变样本；选择【显示图案色板】命令，仅显示图案样本；选择【显示颜色组】命令，仅显示颜色组。

双击【色板】调板中的颜色缩略图■会弹出【色板选项】对话框，可以设置其颜色属性，如图 5-42 所示。

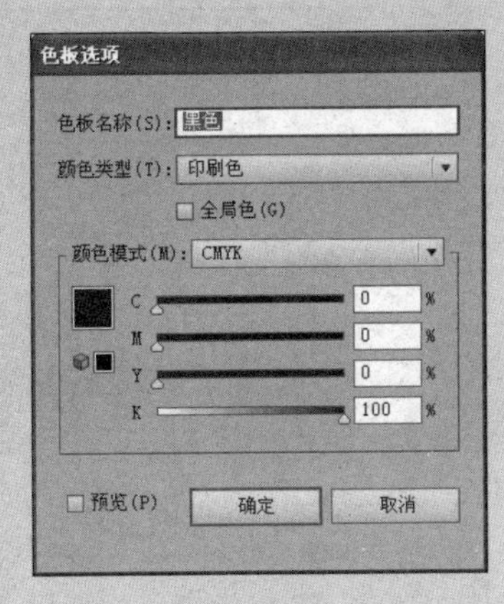

图 5-42

3. 吸管工具

在 Illustrator CS6 软件中，应用【吸管工具】可以吸取颜色，还可以用来更新对象的属性。

利用【吸管工具】可以方便地将一个对象的属性按照另外一个对象的属性进行更新，操作步骤如下。

选取需要更新属性的对象，在工具箱中选择【吸管工具】，将鼠标指针移动到要复制属性的对象上单击，则选取的对象会按此对象的属性自动更新，如图 5-43 所示。

图 5-43

三、渐变填充

前面几节中，讲到了如何对选定的对象进行单色填充，除了单色的填充外，用户还可为对象填充渐变色，渐变填充是指在同一个对象中，产生一种颜色或多种颜色向另一种或多种颜色逐渐过渡的特殊效果。

在 Illustrator CS6 中，创建渐变效果有两种方法：一种是使用工具箱中的【渐变】工具，另一种是使用【渐变】调板，并结合【颜色】调板，设置选定对象的渐变颜色。另外，还可以直接使用【样本】调板中的渐变样本。

1.【渐变】调板

选择【窗口】→【渐变】命令，弹出【渐变】调板，如图 5-44 所示。

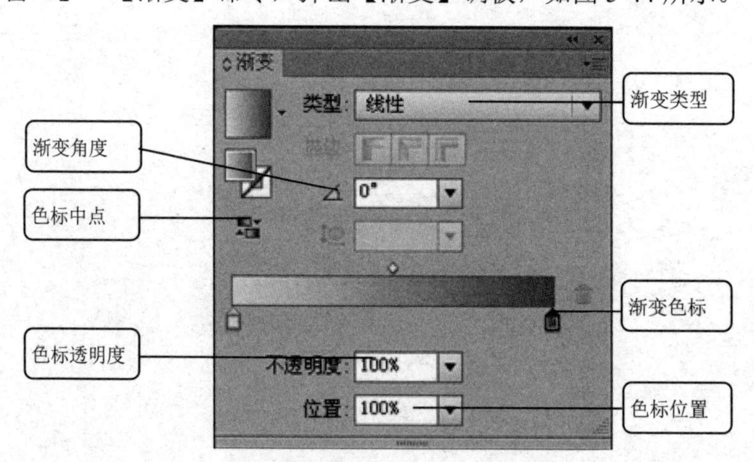

图 5-44

渐变颜色由渐变条中的一系列色标决定，色标是渐变从一种颜色到另一种颜色的转换点。渐变类型可以选择【线性】或【径向】;【角度】参数显示当前的渐变角度，重新输入数值后按 Enter 键可以改变渐变的角度；单击渐变条下方的渐变色标，在【位置】参数栏中会显示该色标的位置，拖动色标可以改变该色标的位置，如图 5-45 所示；调整渐变色标的中点（使两种色标各占 50%的点），可以调整相邻两色之间的混合程度，具体操作时可以拖动位于渐变条上方的菱形图标，或选择图标并在【位置】参数栏中输入 0～100 的值。

2. 渐变类型

如果需要精确地控制渐变颜色的属性，就需要使用【渐变】调板。在【渐变】调板中，有两种不同的渐变类型，即线性渐变和径向渐变。

（1）线性渐变。选取图形后，在工具箱中双击【渐变工具】或选择【窗口】→【渐变】命令，打开【渐变】调板，即可为图形填充渐变颜色，如图 5-46 所示。

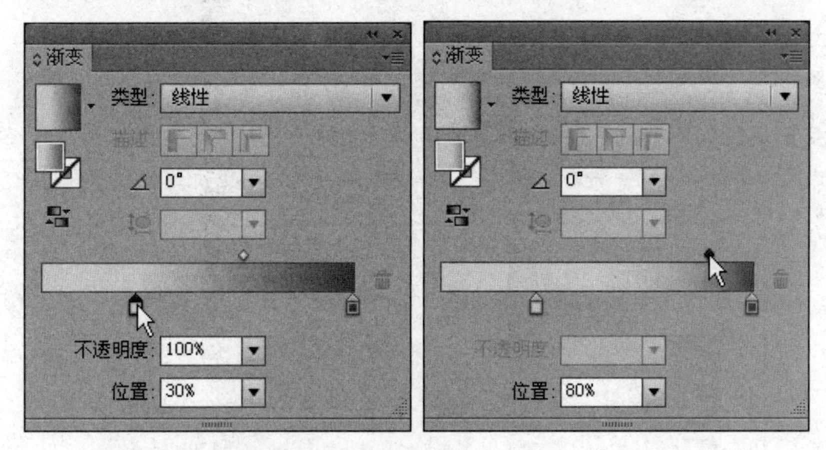

图 5-45

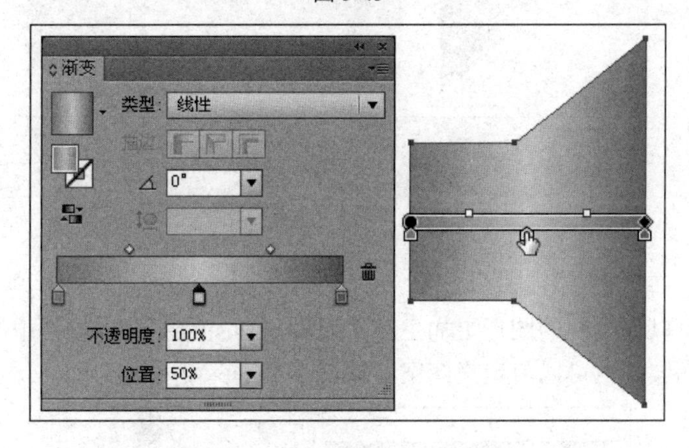

图 5-46

（2）径向渐变。在【渐变】调板中的【类型】下拉列表框中选择【径向】选项，可以设置径向渐变，如图 5-47 所示。

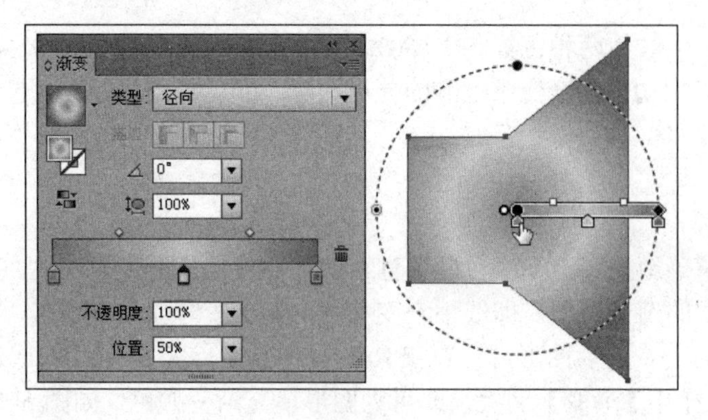

图 5-47

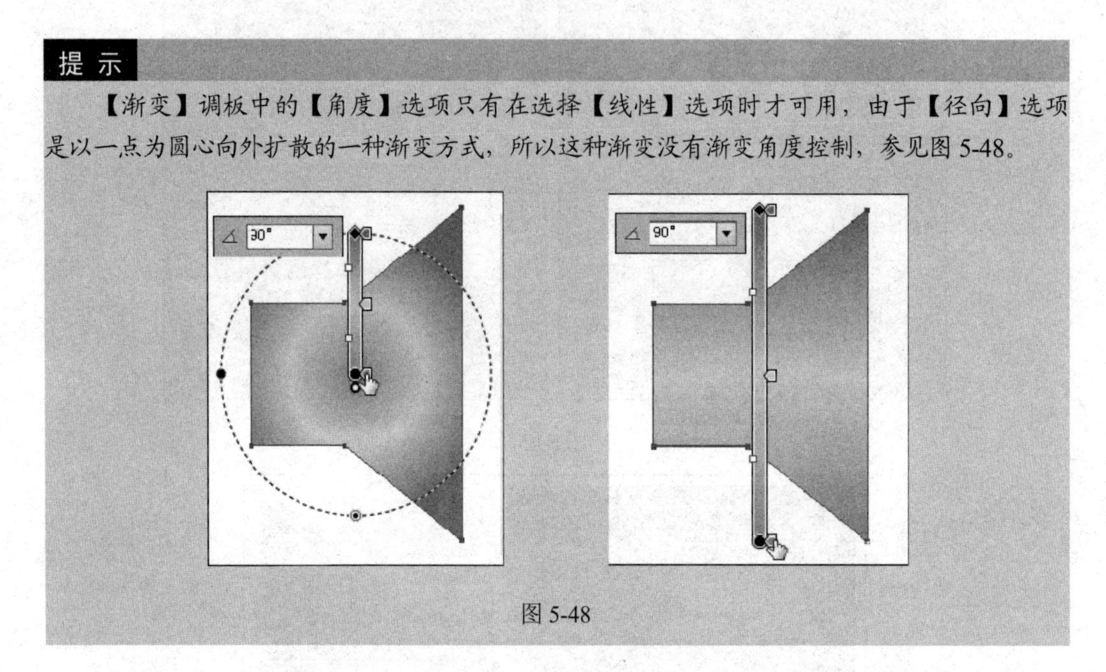

提 示

【渐变】调板中的【角度】选项只有在选择【线性】选项时才可用，由于【径向】选项是以一点为圆心向外扩散的一种渐变方式，所以这种渐变没有渐变角度控制，参见图 5-48。

图 5-48

四、图案填充

填充图案可以使绘制的图形更加生动、形象。Illustrator CS6 软件中的【色板】调板中提供了很多图案，也可以自定义图案，如图 5-49 所示。

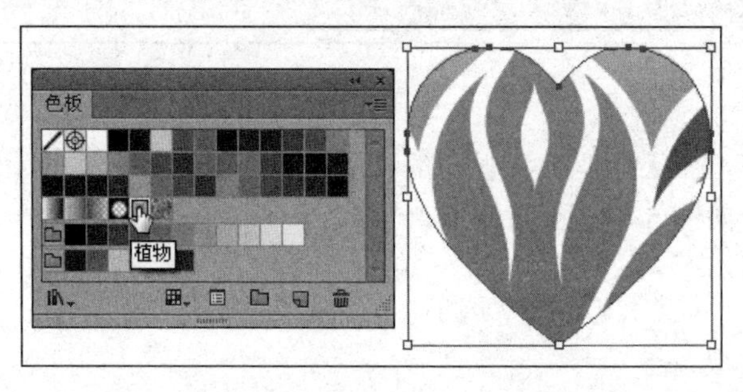

图 5-49

五、渐变网格填充

渐变网格将网格和渐变填充完美地结合在一起，可以对图形应用多个方向、多种颜色的渐变填充，使色彩渐变更加丰富、光滑。

1. 创建渐变网格

首先选取用【钢笔工具】绘制的图形，然后选择【网格工具】，在图形中单击，将图形建立为渐变网格对象，图形中将出现横竖两条线交叉形成的网格，如图 5-50 所示。

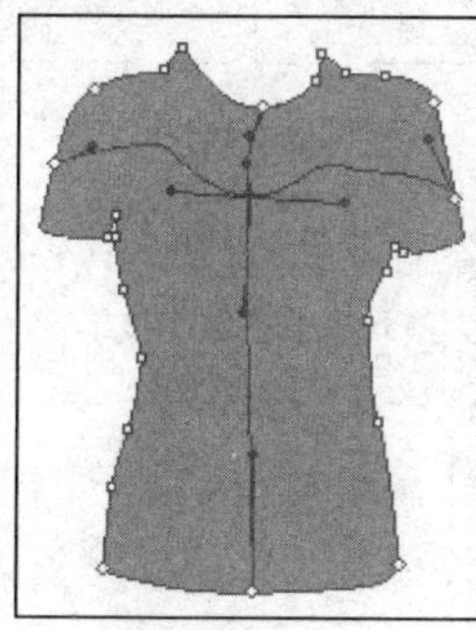
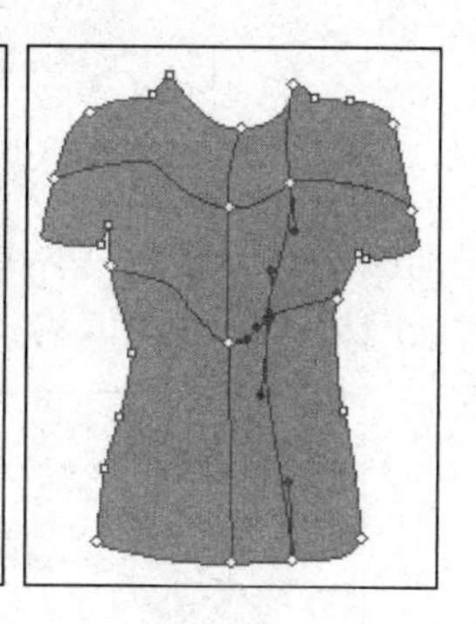

图 5-50

继续在图形中单击，可以增加新的网格。在网格中横竖两条线交叉形成的点就是网格点，而横、竖线就是网格线。

创建渐变网格的操作步骤如下。

首先选取【钢笔工具】绘制的图形。然后选择【对象】→【创建渐变网格】命令，可以打开【创建渐变网格】对话框。

在【创建渐变网格】对话框中设置好参数以后，单击【确定】按钮，可以为图形创建渐变网格的填充，如图 5-51 所示。

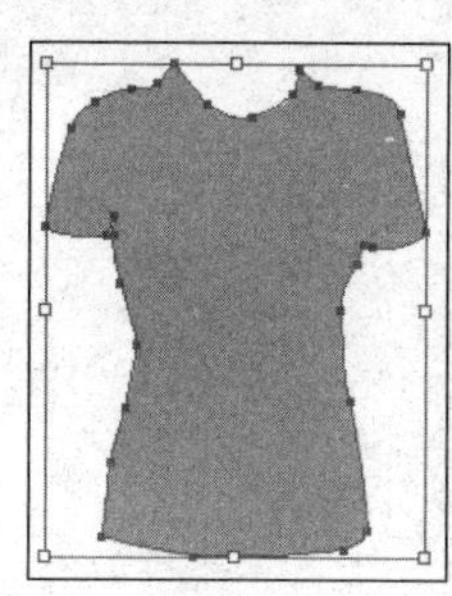
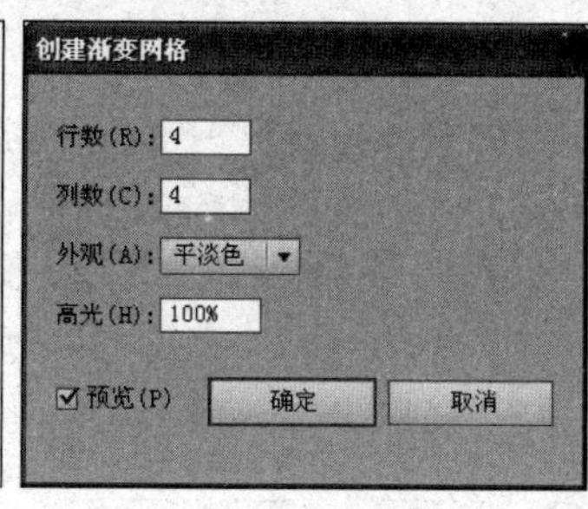

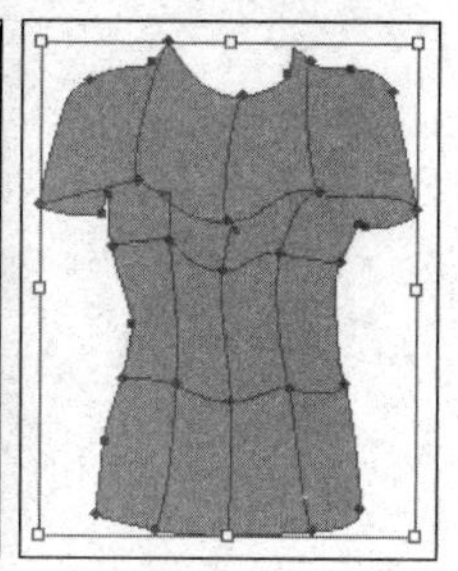

图 5-51

2. 编辑渐变网格

（1）删除网格点。可以使用【网格工具】或【直接选择工具】选中网格点，然后按 Delete 键将网格点删除。

（2）编辑网格颜色。使用【直接选择工具】选中网格点，然后在【色板】调板中单击需要的颜色块，可以为网格点填充颜色，如图 5-52 所示。

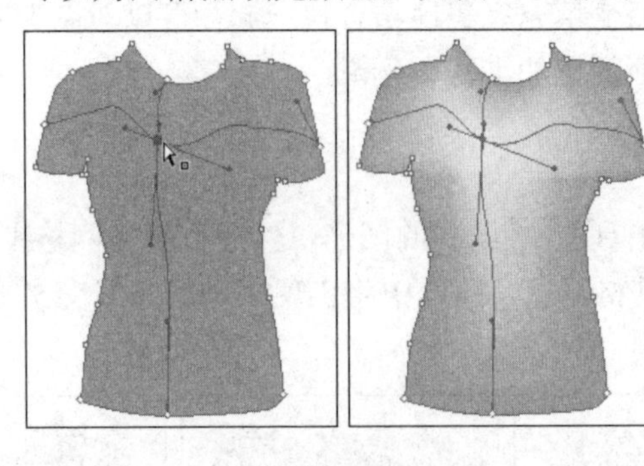

图 5-52

（3）移动网格点。使用【网格工具】在网格点上单击并按住鼠标左键拖动网格点，可以移动网格点，拖动网格点的控制手柄可以调节网格线，如图 5-53 所示。

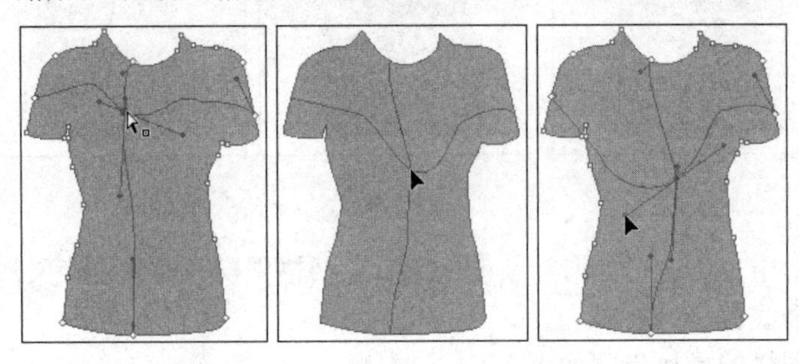

图 5-53

提 示

按住 Shift 键使用【直接选择工具】选中多个网格点，在【颜色】调板中调配出所需的颜色，可以一次为多个网格点填充颜色，如图 5-54 所示。

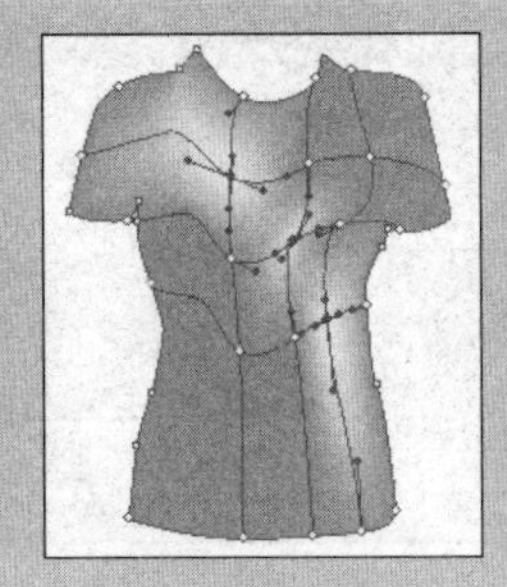

图 5-54

六、图形的轮廓与风格

在填充对象时，还包括对其轮廓线的填充，并可以对其进行设置，如更改轮廓线的宽度、形状，以及设置为虚线轮廓等。这些操作都可以在 Illustrator CS6 所提供的【描边】调板中实现。

【图层样式】调板是 Illustrator CS6 中新增的调板，该调板中提供了多种预设的填充和轮廓线填充图案，用户可以直接从中选择，为图形填充一种装饰性风格的图案，这样就无须用户花费时间与精力进行设置了。

七、使用符号进行工作

符号可以产生类似于 Photoshop 中的喷枪工具所产生的效果，可以完整地绘制一个预设的图案。在默认状态下，【符号】调板中提供了 18 种漂亮的符号样本，可以在同一个文件中多次使用这些符号。

用户还可以创建出所需要的图形，并将其定义为【符号】调板中的新样本符号。用户还可以对【符号】调板中预设的符号进行一些修改，当重新定义时，修改过的符号样本将替换原来的符号样本，如果不希望原符号被替换，可以将其定义为新符号样本，以增加【符号】调板中的符号样本的数量。

1. 符号工具

使用工具箱中的符号工具组可以在页面中喷绘出多个无序排列的符号，并可对其进行编辑。Illustrator CS6 工具箱中的符号工具组提供了 8 个符号工具，展开的符号工具组如图 5-55 所示。

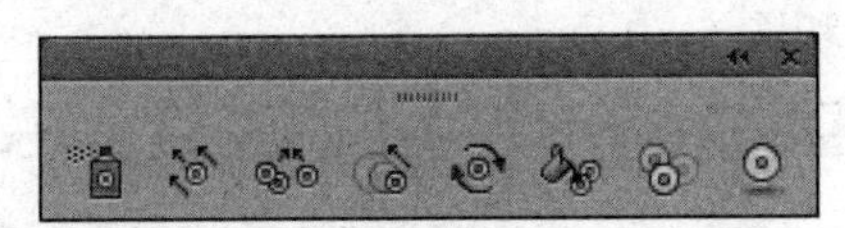

图 5-55

双击任意一个符号工具都可以弹出【符号工具选项】对话框，如图 5-56 所示，从中可以设置符号工具的属性。

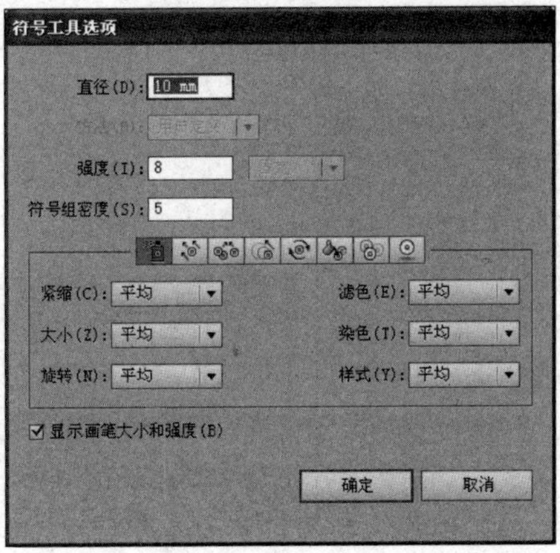

图 5-56

2. 符号调板的命令按钮

【符号】调板底部的命令按钮，分别用来对选取的符号进行不同的编辑，如图 5-57 所示。

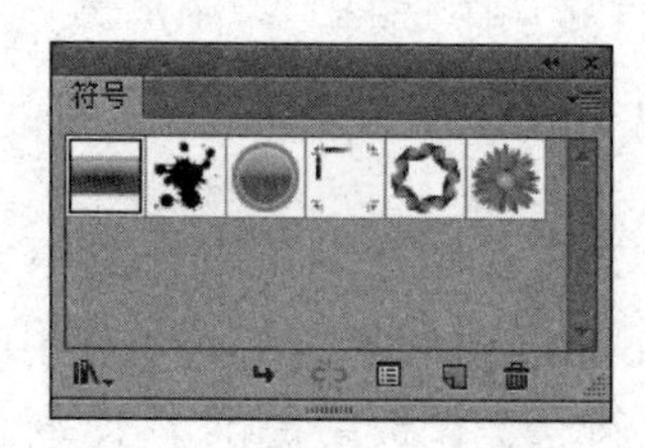

图 5-57

3. 符号的创建与应用

下面介绍如何创建并应用符号。

（1）创建符号。创建符号主要有以下 3 种方法。

1）在页面中选择需要定义为符号的对象，再单击调板右上角的三角形按钮，在弹出菜单中选择【新建符号】命令。

2）在页面中选择需要定义为符号的对象，再单击调板下方的【新建符号】按钮。

3）在页面中选择需要定义为符号的对象，直接拖动到【符号】调板中，在弹出的【符号选项】对话框中可定义名称，单击【确定】按钮，关闭对话框，图形就添加进【符号】调板中了，如图 5-58 和图 5-59 所示。

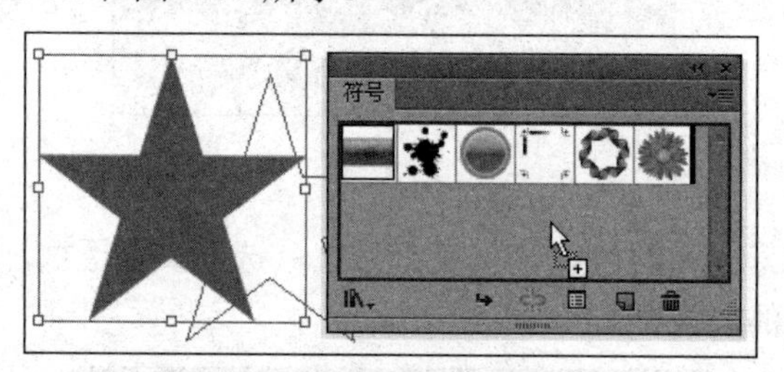

图 5-58

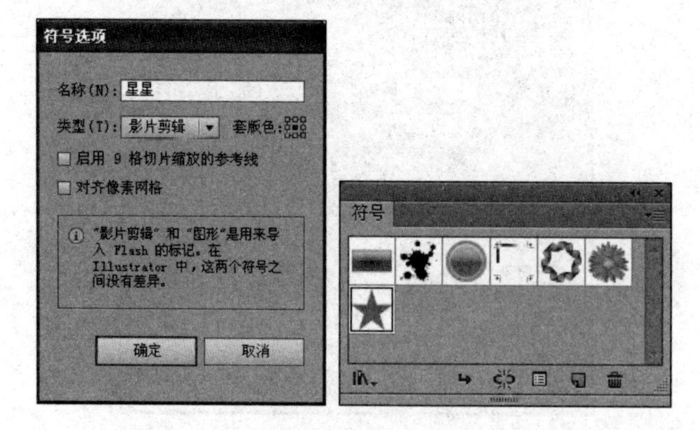

图 5-59

（2）应用符号。要将【符号】调板中的图形应用于页面中，主要有以下 4 种方法。

1）在【符号】调板中选择需要的符号图形，再单击调板下方的【置入符号实例】按钮。

2）直接将选择的符号图形拖动到页面中。

3）在【符号】调板中选择需要的符号图形，再单击调板右上角的三角形按钮，在弹出的菜单中选择【放置符号实例】命令。

提 示

选取拖动到页面中的符号，然后选择【对象】→【扩展】命令，将选择的符号分割为若干个图形对象，如图 5-60 所示。扩展可用来将单一对象分割为若干个对象，这些对象共同组成其外观。

图 5-60

4）在【符号】调板中选择需要的符号图形，选择【符号喷枪工具】，在页面中单击或拖动鼠标可以同时创建多个符号范例，并且可以将多个符号范例作为一个符号集合，如图 5-61 所示。

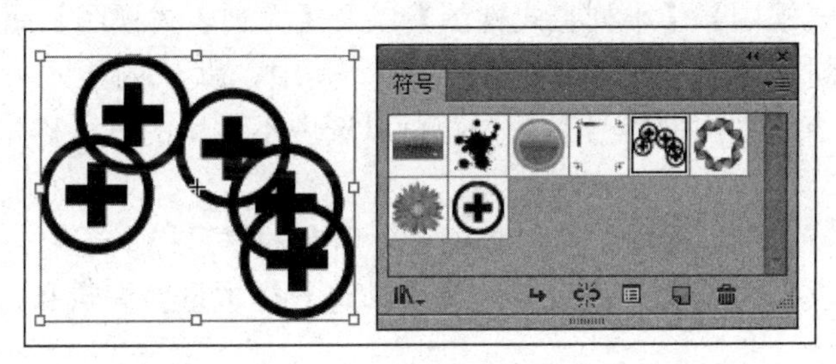

图 5-61

4. 符号调板菜单

当用户需要对【符号】调板进行一些编辑时，如更改其显示方式、复制样本等，可通过调板菜单中的命令来完成，单击调板右上角的三角按钮，就会弹出该调板的菜单，如图 5-62 所示。

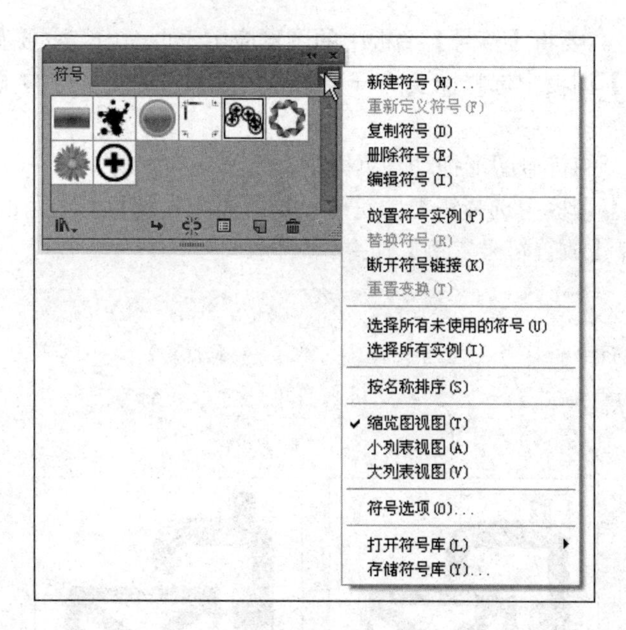

图 5-62

常用的有下面几个命令。

（1）【新建符号】命令：将所选择的图形定义为符号样本。

（2）【删除符号】命令：可删除选取的符号样本。

（3）【编辑符号】命令：可重新更改符号的颜色、旋转方向等属性。

（4）【断开符号链接】命令：可取消符号样本的群组，以便对原符号样本进行一些修改。

（5）【缩略图式视图】、【小列表式视图】以及【大列表式视图】命令：执行这 3 个命令，可以在不同的显示方式之间进行切换。其中，默认的显示方式为缩略图式。

（6）【选择所有未使用的符号】命令：可以选中不常用的符号样本，而隐藏常用的符号样本。

（7）【选择所有实例】命令：可以将调板中所有的符号样本选中。

（8）【重新定义符号】命令：可以对预设的符号样本重新编辑和定义，使之生成新的符号样本。

（9）【复制符号】命令：可以复制当前所选择的符号样本。

课后实践——设计制作计算机壁纸

某游戏公司近期推出一款千年江湖网络游戏，为配合游戏的宣传工作，委托另一公司设计制作以该游戏主人公为主的计算机桌面壁纸。

要求：画面大气、色彩温馨浪漫，且具备时尚气息。参考效果图如图 5-63 所示。

图 5-63

项目六　设计与制作汽车销售报表
——文字与图表的应用

知识目标

1. 掌握字符格式和段落格式的设置。
2. 掌握图文混排的方法。
3. 掌握字符样式与段落样式。

能力目标

1. 掌握文字的基本操作和精确调整。
2. 学会制作图表。

制作任务

任务背景

现在很多企业都利用报表这种管理工具来进行营销管理。例如，促销员有促销日报表、库存报表、商品检测报表等；业务员有经销商 /大超商的拜访报表、出差行程表等；区域经理有出差行程表、销售月度报表等。运用报表这种管理工具可以掌握一线市场信息，培养营销人员精细化营销的意识和习惯等。

任务要求

利用文字工具和图表工具给奥迪汽车制作一张销售报表。

任务分析

报表要体现严谨、和谐的企业文化；报表及标题为视觉主体，说明文字和汽车图像为辅助元素；在布局设计上，要简单明快。

任务参考效果图

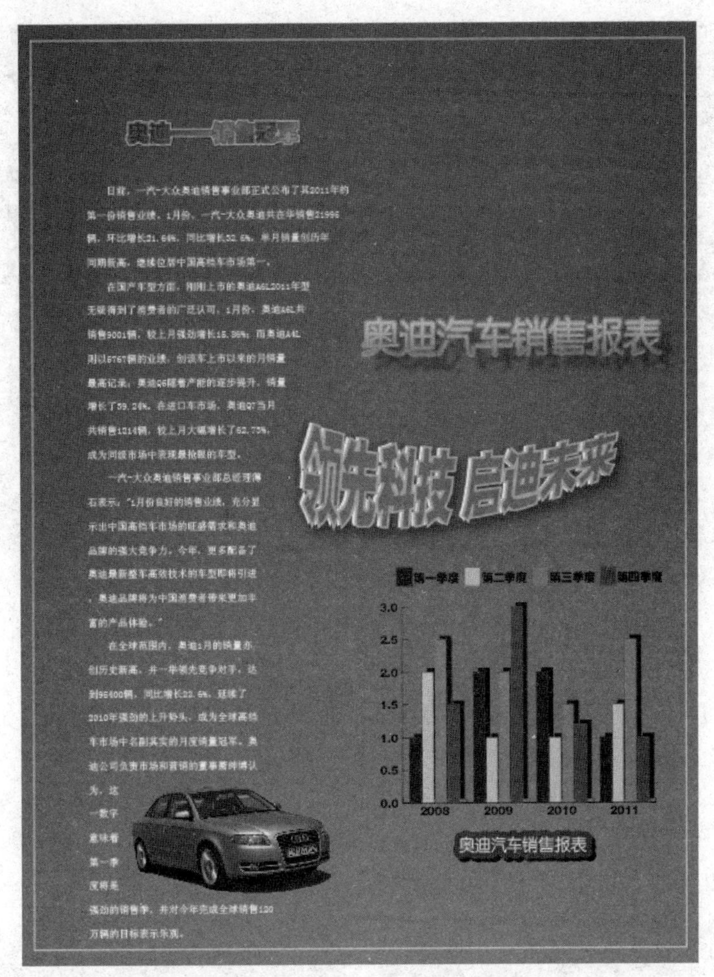

操作步骤

1. 新建文件并创建背景图像

（1）执行【文件】→【新建】命令，创建一个新文件，大小为 216mm×291mm，颜色模式为 CMYK，名称为“奥迪汽车销售报表.ai”。

（2）绘制一个大小为 216mm×291mm 和页面相同大小的矩形，设置选项栏中的 X 轴、Y 轴坐标值均为 0，使矩形对齐画板；填充 CMYK 值从“63，60，58，6”到“43，35，33，0”的渐变，如图 6-1 所示。

2. 处理并置入图片

在 Photoshop 中打开“素材 1.jpg”文件，将汽车图像去除背景，将处理好的图像

置入“奥迪汽车销售报表.ai”文件中，调整图像的大小和位置，如图 6-2 所示。

图 6-1

图 6-2

3. 制作左侧文字

（1）选择【钢笔工具】，在页面中绘制一个路径，填充任意颜色，如图 6-3 所示。

（2）选择【区域文字工具】，将光标放置在路径的边缘上单击，路径变为无色并出现闪动的光标；使用记事本打开“素材 2.txt”文件，将文件中的第一部分文字复制到当前文件的路径区域中，改变颜色为白色并调整路径形状，在【字符】调板中设置【行距】文本框为 21pt，如图 6-4 所示。

图 6-3

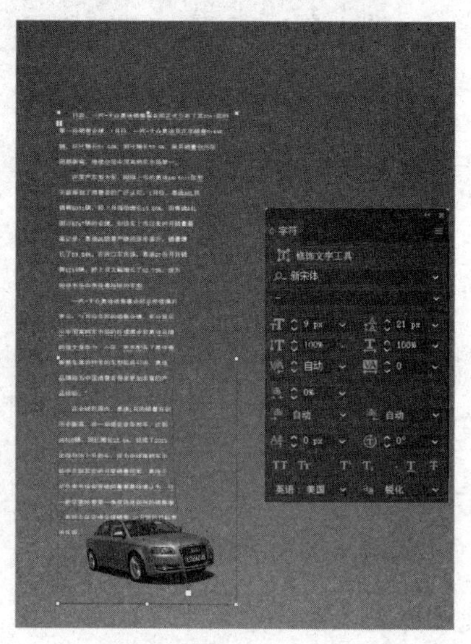

图 6-4

（3）打开【图层】调板，将“素材 1.psd”子图层拖动到文字层之上，汽车图形就移到了文字的上方，如图 6-5 所示。

（4）同时选中文字和汽车图形，然后选择菜单【对象】→【文本绕排】→【建立】命令，使文字围绕图片进行排版；调整文字定界框的大小，在【字符】调板中单击【设置所选字符的字距调整】逐行调整字距，使段落中的文字右对齐，如图 6-6 所示。

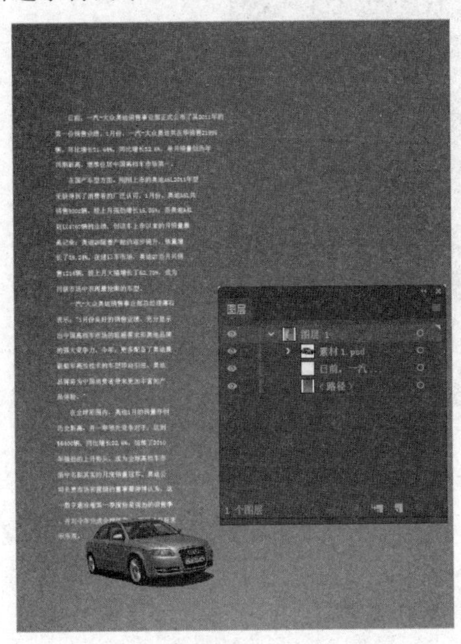

图 6-5

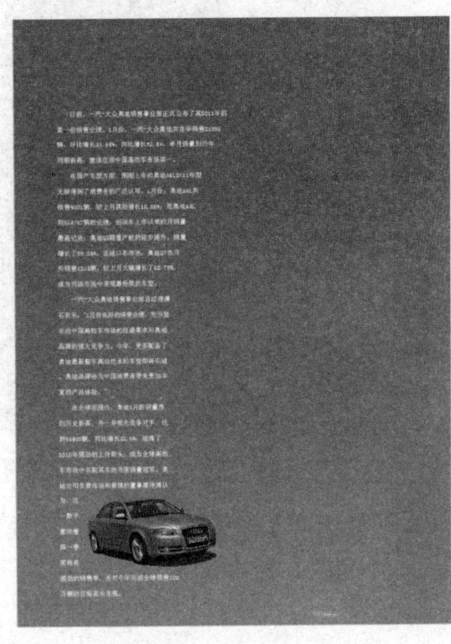

图 6-6

4. 制作左侧顶部标题

（1）选择【文字工具】，在页面左上方输入文字“奥迪——销售冠军”，填充色为黑色，字体为“方正超粗黑”，字号为 20pt。

（2）选择菜单【窗口】→【图形样式库】→【图像效果】命令，打开【图像效果】调板，选择【金属金】，设置描边为白色，粗细为 4pt，调整文字位置，效果如图 6-7 所示。

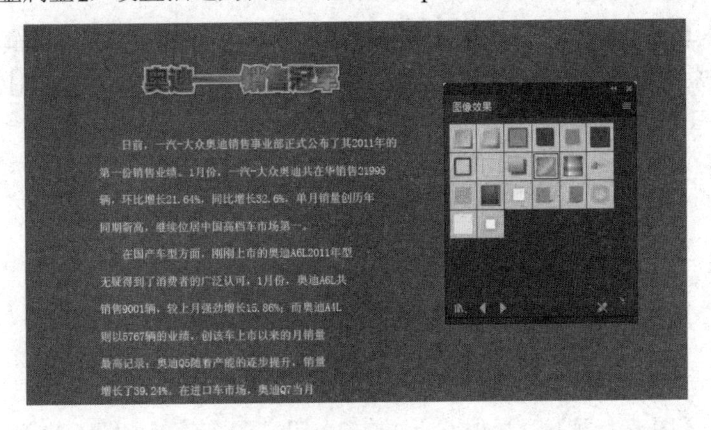

图 6-7

5. 制作柱形报表

（1）双击【柱形图工具】，弹出【图表类型】对话框，在【类型】选项组中选择【柱形图工具】，如图 6-8 所示，单击【确定】按钮。

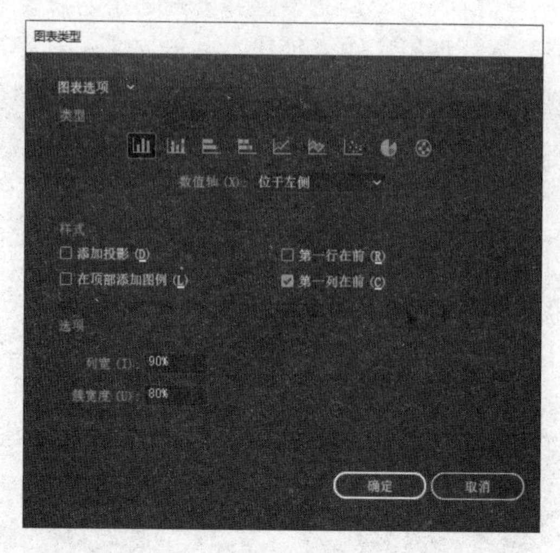

图 6-8

（2）保持选择【柱形图工具】，在画面中单击，弹出【图表】对话框，设置【宽度】为 80mm、【高度】为 60mm，如图 6-9 所示。

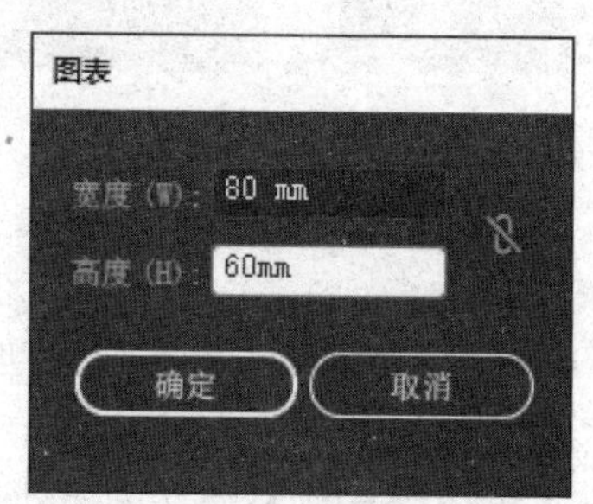

图 6-9

（3）单击【确定】按钮，页面中出现图表并弹出【图表数据】对话框；打开“素材 2.txt”文件，将文件中第二部分文字中提供的数据输入。【图表数据】对话框输入数据后效果如图 6-10 所示。

	第一季度	第二季度	第三季度	第四季度
"2018"	1.00	2.00	2.50	1.50
"2019"	2.00	1.00	2.00	3.00
"2020"	2.00	1.00	1.50	1.20
"2021"	1.00	1.50	2.50	1.00

图 6-10

（4）单击【图表数据】对话框右上方的 按钮，图表效果如图 6-11 所示，将柱形图

表调整到合适的位置。

6. 编辑美化报表

（1）双击【柱形图工具】，弹出【图表类型】对话框，在【样式】选项组中勾选【在顶部添加图例】复选框，单击【确定】按钮，效果如图 6-12 所示。

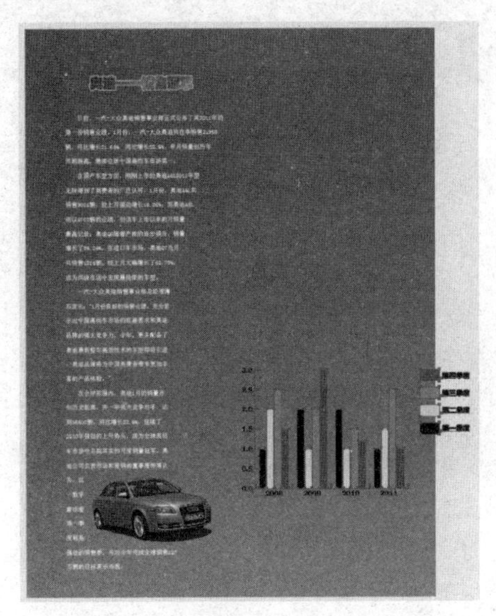

图 6-11

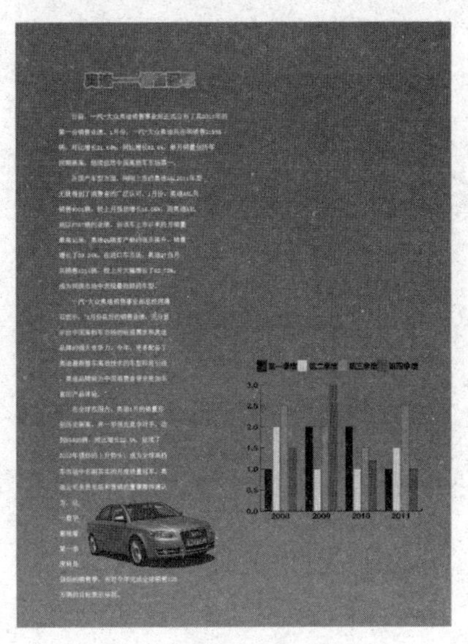

图 6-12

（2）选择【选择工具】，两次单击【第一季度】前面的图例，此时选中第一季度的图例和数据列，通过【颜色】调板设置选择对象的填充色，效果如图 6-13 所示。

（3）用同样的方法更改其他图例和数据列的颜色，效果如图 6-14 所示。

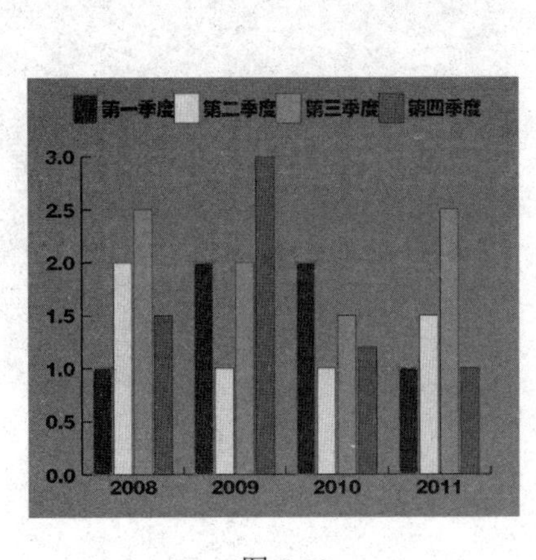

图 6-13

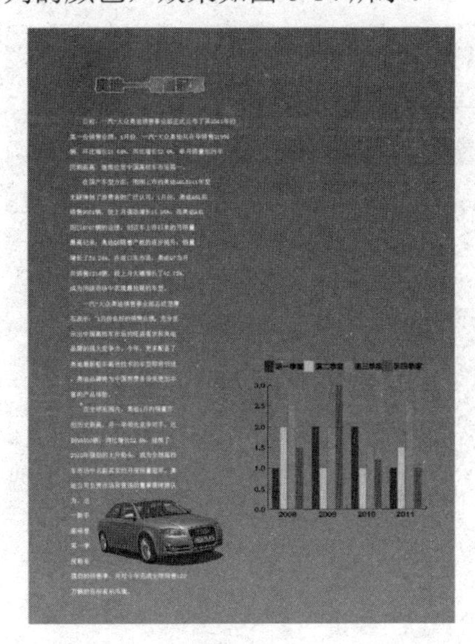

图 6-14

（4）双击【柱形图工具】，弹出【图表类型】对话框，在【样式】选项组中勾选【添加投影】复选框，单击【确定】按钮，效果如图 6-15 所示。

（5）选择【直接选择工具】，选择【第一季度】【第二季度】【第三季度】【第四季度】，调整它们的位置，如图 6-16 所示。

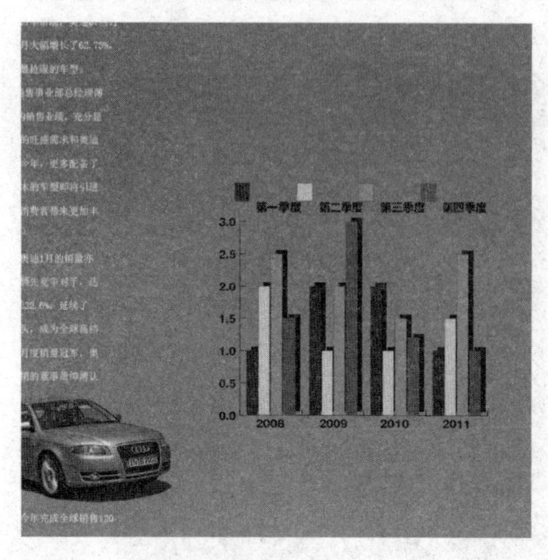

图 6-15

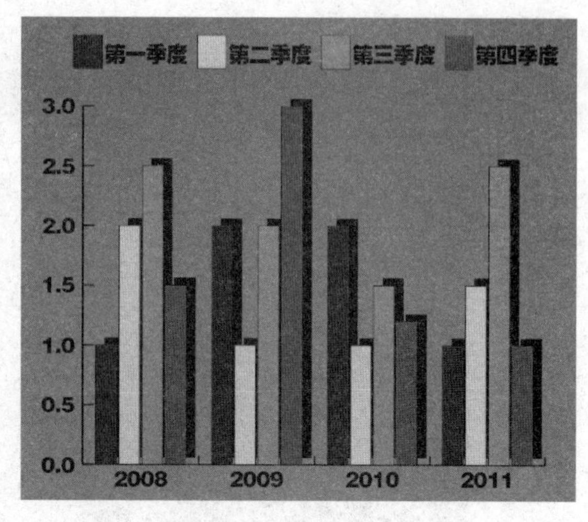

图 6-16

7. 制作图表标题

（1）选择【文字工具】，输入文字“奥迪汽车销售报表”，设置填充色为黑色，字体为“方正准圆简体”，字号为 15pt，放置在如图 6-17 所示的位置。

（2）选择菜单【窗口】→【图形样式库】→【文字效果】命令，打开【文字效果】调板，选择【边缘效果 1】，实现效果如图 6-18 所示。

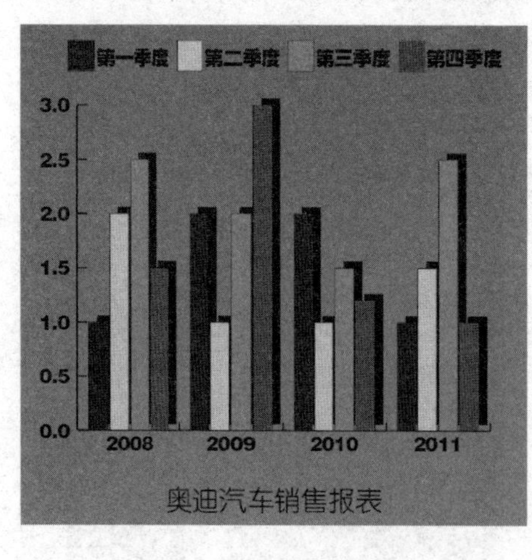

图 6-17

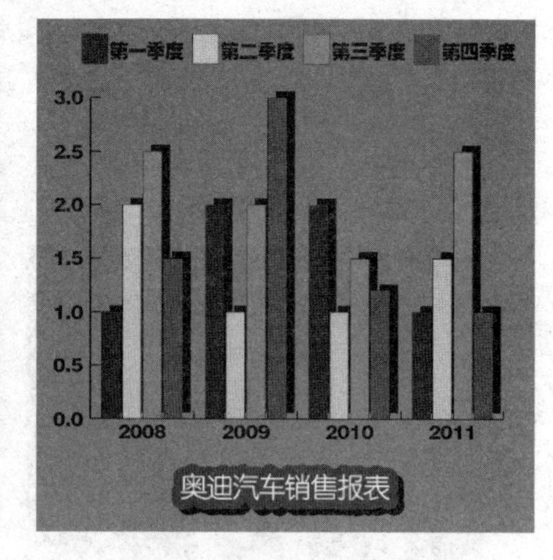

图 6-18

8. 制作广告语

（1）选择【文字工具】，输入文字“领先科技 启迪未来”，设置填充色为黑色，字体为“方正超粗黑体”，字号为 32pt，放置在如图 6-19 所示的位置。

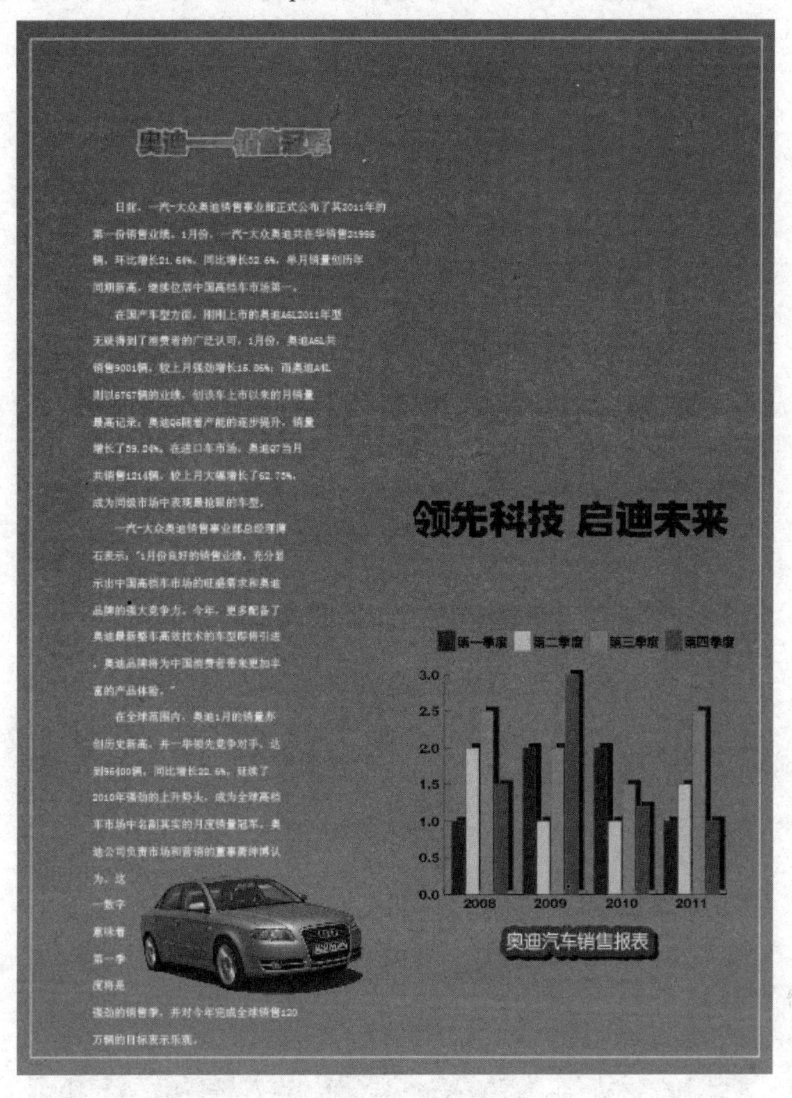

图 6-19　输入广告语

（2）选择菜单【窗口】→【图形样式库】→【文字效果】命令，打开【文字效果】调板，选择【扭曲】样式，效果如图 6-20 所示。

图 6-20　添加文字效果

（3）选择【移动工具】，选择文字“领先科技 启迪未来”，旋转文字周围的定界框，效果如图 6-21 所示。

图 6-21　旋转文字

（4）选择【文字工具】，输入文字“奥迪汽车销售报表”，设置填充色为黑色，字体为“方正准圆简体”，字号为 35pt，放置在如图 6-22 所示的位置。

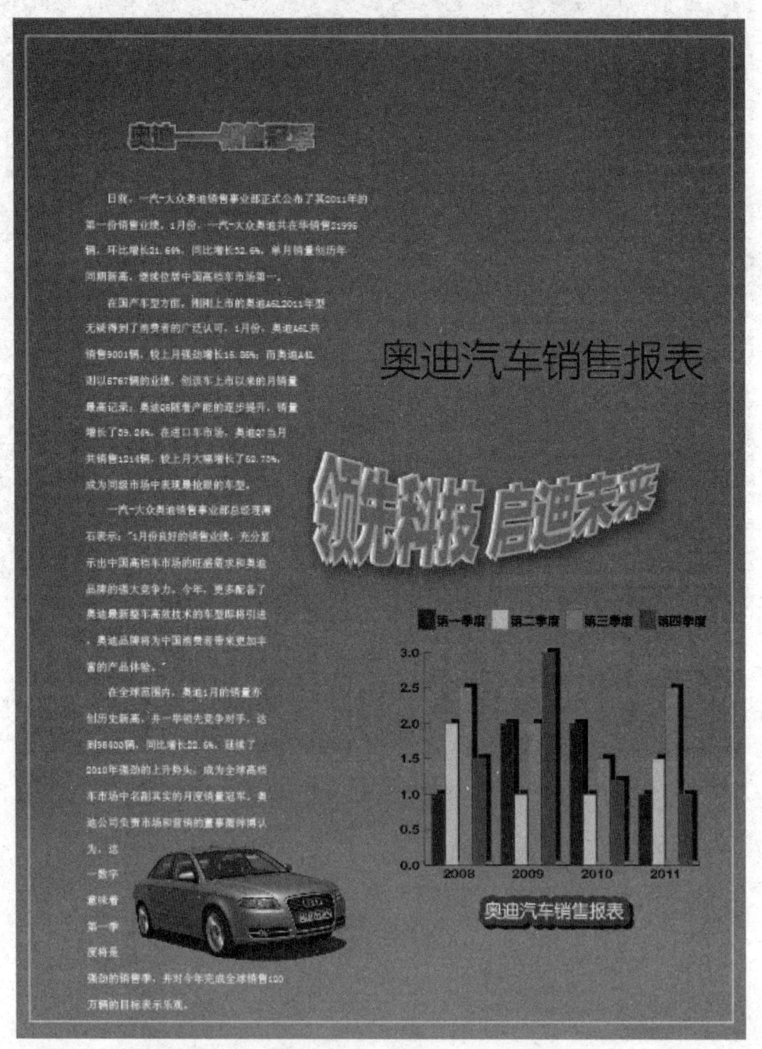

图 6-22

（5）选择菜单【窗口】→【图形样式库】→【图像效果】命令，打开【图像效果】调板，选择【带阴影的浮雕】样式，效果如图 6-23 所示。

图 6-23　添加图像效果

9. 添加细节并最终完成

（1）绘制一个大小为 208mm×281mm 的矩形，设置填充色为“无”，描边为白色，粗细为 1pt，与底色矩形【水平居中对齐】和【垂直居中对齐】。

（2）微调页面中各元素的大小和位置，完成效果如图 6-24 所示。

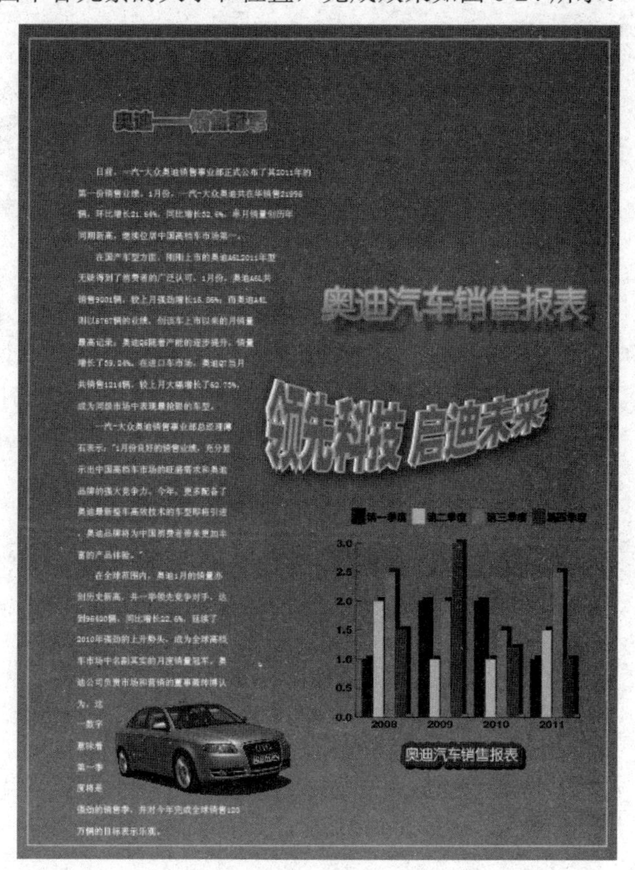

图 6-24

注意：在给文字添加效果时，可以根据画面的色彩搭配和个人的审美喜好来选择文字效果和图像效果。

相关知识

一、创建文本和段落文本

在 Illustrator CS6 中创建文本时，可以使用工具箱中提供的文本工具，在其展开式工具栏中提供了 6 种文本工具，应用这些不同的工具，可以在工作区域中的任意位置创建横排或竖排的点文本，或者是区域文本。

将鼠标指针移至工具箱中的【文本】按钮，按下左键并停留片刻，就会出现其展开式工具栏，单击最后的黑三角按钮，就可以使文本的展开式工具栏从工具箱中分离出来，如图 6-25 所示。

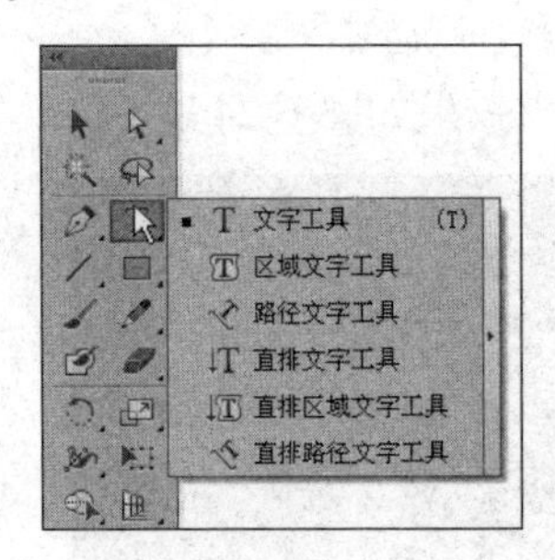

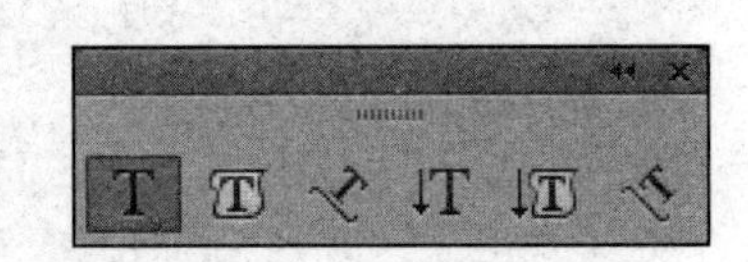

图 6-25

展开的文字工具组共有 6 个文字工具，分别是【文字工具】、【区域文字工具】、【路径文字工具】、【直排文字工具】、【直排区域文字工具】、【直排路径文字工具】。在这些工具中，前 3 个工具可以创建水平的，即横排的文本；而后 3 个工具可以创建垂直的，即竖排的文本，这主要是针对汉语、日语和韩语等双字节语言设置的。

1. 文字工具的使用

选择【文字工具】或【直排文字工具】可以直接输入沿水平方向或垂直方向排列的文本，如图 6-26 所示。

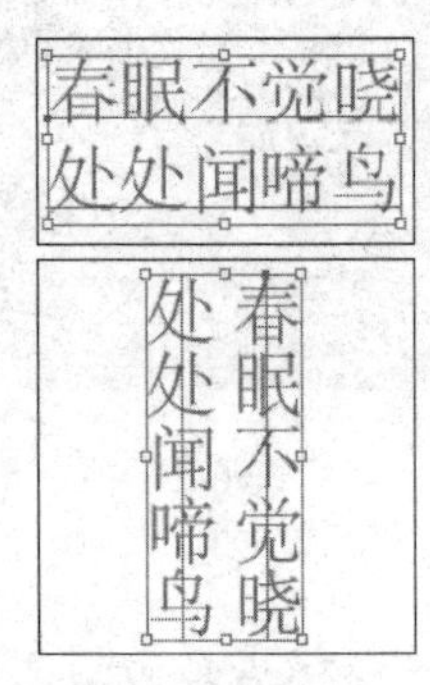

图 6-26

（1）输入点文本。当需要输入少量文字时，选择【文字工具】[T]或【直排文字工具】[IT]后可以直接在绘图页面单击，当出现插入文本光标后就可以输入文字了。这样输入的文字独立成行，不会自动换行，当需要换行时，可以按 Enter 键。

（2）输入段落文本。如果有大段的文字输入，选择【文字工具】[T]或【直排文字工具】[IT]后可以在页面中按住鼠标左键拖动，此时将出现一个文本框，拖动文本框到适当大小后释放鼠标左键，形成矩形的范围框，出现插入文本光标，此时即可输入文字，如图 6-27 所示。

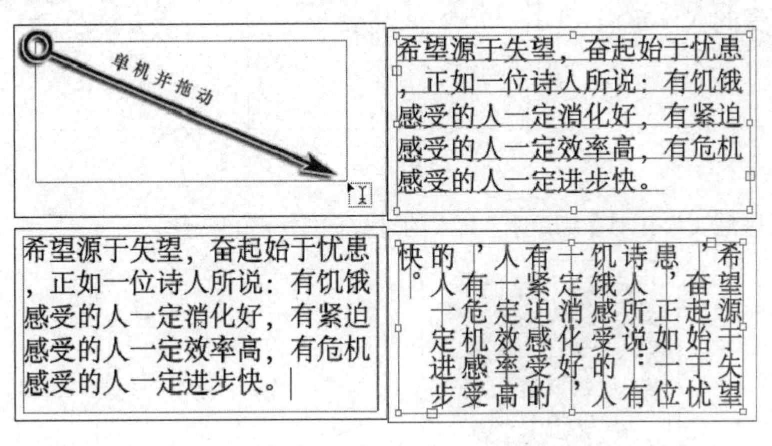

图 6-27

在文字的输入过程中，输入的文字到达文本框边界时会自动换行，框内的文字会根据文本框的大小自动调整。如果文本框无法容纳所有的文本，文本框会显示⊞标记，如图 6-28 所示。

希望源于失望，奋起始于
忧患，正如一位诗人所说
：有饥饿感受的人一定消
化好，有紧迫感受的人一
定效率高，有危机感受的

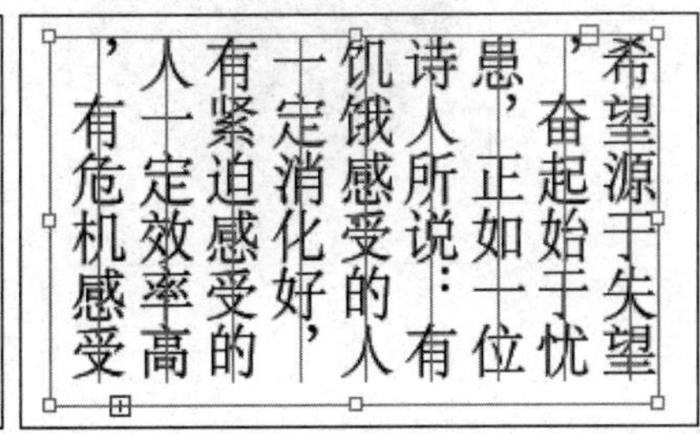

图 6-28

2. 区域文字工具的使用

选取一个具有描边和填充颜色的路径图形对象，选择【文字工具】[T]或【区域文字工具】[T]，将鼠标指针移动到路径的边线上，在路径图形对象上单击，此时路径图形中将出现闪动的光标，而且带有描边色和填充色的路径将变为无色，图形对象转换为文本路径。

如果输入的文字超出了文本路径所能容纳的范围，会出现文本溢出的现象，并显示⊞标记。使用【选择工具】[▶]和【直接选择工具】[▷]选中文本路径，调整文本路径周

围的控制点可以调整文本路径的大小，以显示所有文字。使用【直排文字工具】或【直排区域文字工具】与使用【区域文字工具】的方法相同，在文本路径中可以创建竖排的文字，如图 6-29 所示。

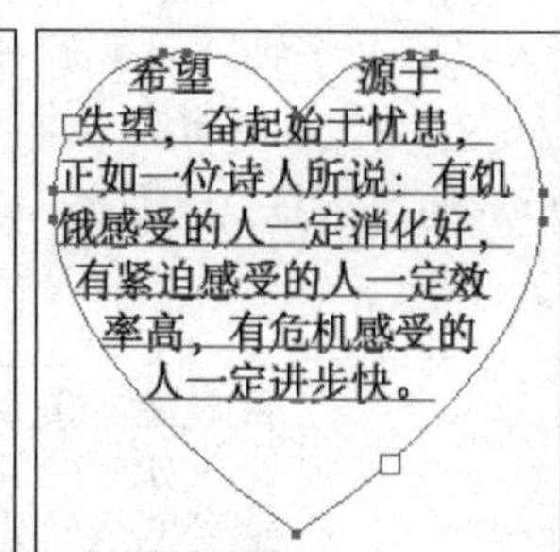

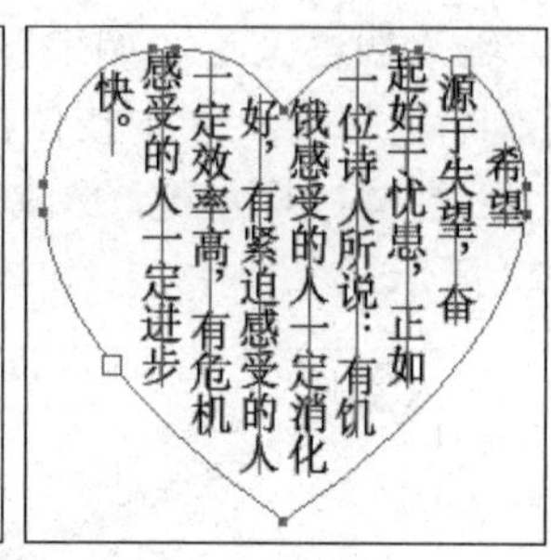

图 6-29

使用【区域文字工具】创建文本的过程如图 6-30 所示。

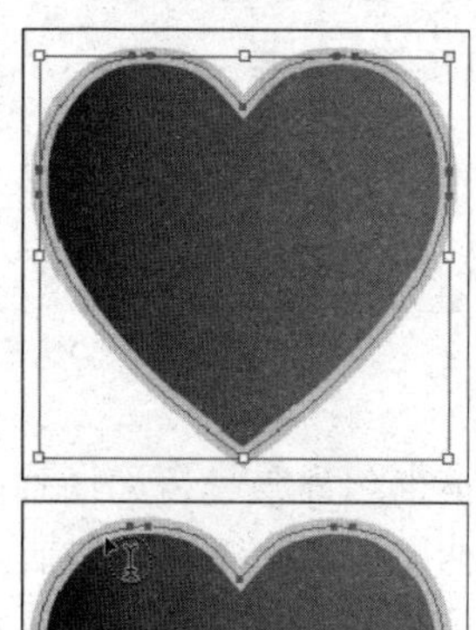

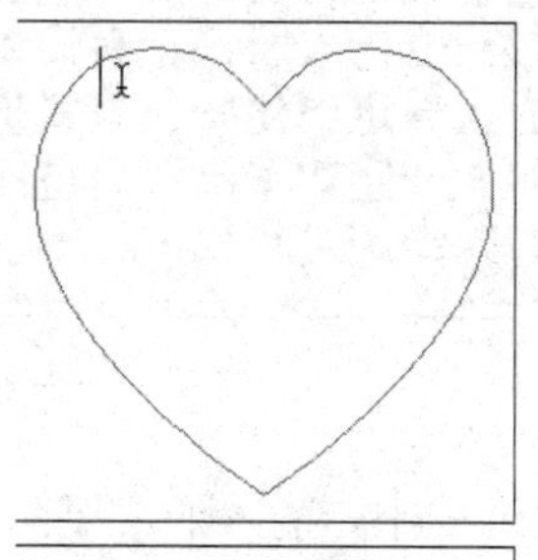

图 6-30

3. 路径文字工具的使用

使用【路径文字工具】和【直排路径文字工具】可以在页面中输入沿开放或闭合路径的边缘排列的文字。在使用这两种工具时，必须在当前页面中先选择一个路径，然后再进行文字的输入。

使用【钢笔工具】在页面中绘制一个路径，如图 6-31 左图所示。选择【路径文字工具】，将鼠标指针放置在曲线路径的边缘处单击，将出现闪动的光标，此时表示路径转换为文本路径，原来的路径将不再具有描边或填充的属性，如图 6-31 中图所示，此时即可输入文字。输入的文字将按照路径排列，文字的基线与路径是平行的，如图 6-31 右图所示。

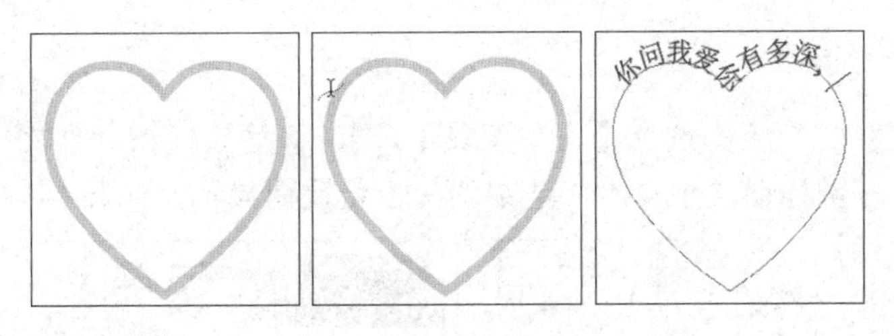

图 6-31

如果输入的文字超出了文本路径所能容纳的范围，会出现文本溢出的现象，并显示“+”标记。如果对创建的路径文本不满意，可以对其进行编辑，使用【选择工具】或【直接选择工具】，选取要编辑的路径文本，文本中会出现“|”形符号。拖动文字开始处和中部的“|”形符号，可沿路径移动文本，效果如图 6-32 所示。

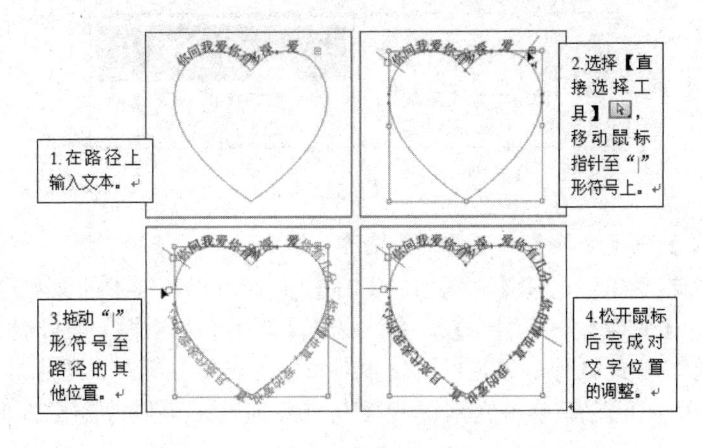

图 6-32

使用【直排路径文字工具】与使用【路径文字工具】的方法相同，只是文字与路径呈 90°，如图 6-33 所示。

使用路径文字工具创建文字的效果

使用直排路径文字工具创建的文字效果

图 6-33

4. 编辑文本

编辑部分文字时，应先选择【文字工具】T，移动鼠标指针到文本上，单击插入光标并按住鼠标左键拖动选中文本，选中的文本将反白显示，如图 6-34 所示。

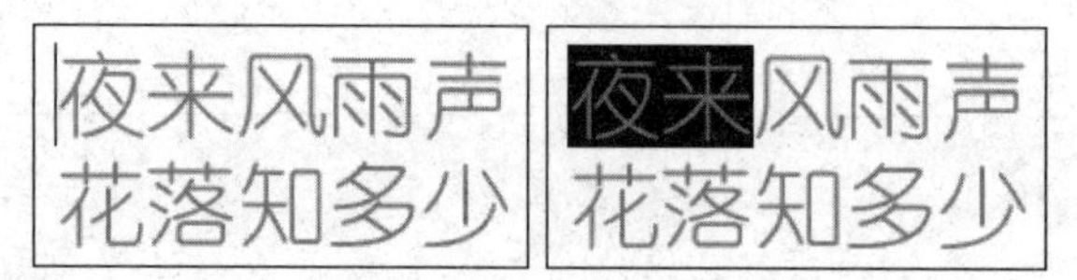

图 6-34

使用【选择工具】在文本区域双击，进入文本编辑状态，再双击可以选中文字，如图 6-35 所示。

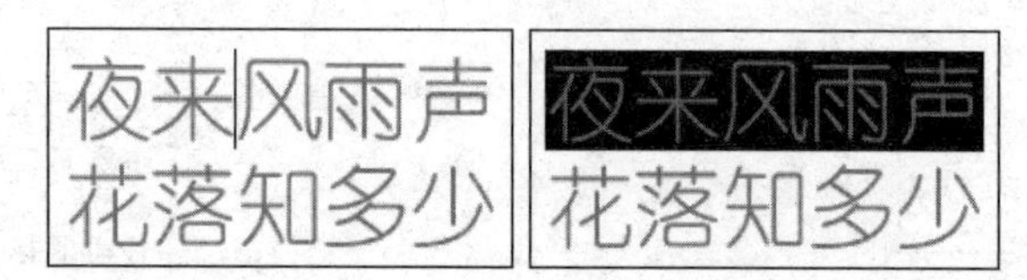

图 6-35

选择【对象】→【变换】→【移动】命令，打开【移动】对话框，可以通过设置数值来精确移动文本对象。选择【比例缩放工具】，可以对选中的文本对象进行缩放。选择【对象】→【变换】→【缩放】命令，打开【比例】对话框，可以通过设置数值精确缩放文本对象。除此之外，还可以对文本对象进行旋转、倾斜、对称等操作。

使用【选择工具】单击文本框的控制点并拖动，可以改变文本框的大小，如图 6-36 所示。

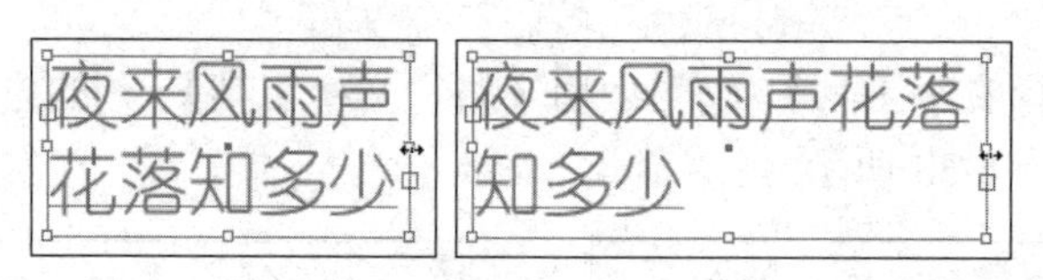

图 6-36

利用【选择工具】和【直接选择工具】可以将文本框调整为各种各样的形状，其方法与使用【选择工具】和【直接选择工具】调整路径的方法相同，在调整过程中可以利用【添加锚点工具】和【删除锚点工具】在文本框上添加或删除锚点，也可以利用【转换锚点工具】转换节点的属性，如图 6-37 所示。

图 6-37

二、设置字符格式和段落格式

文本输入后，需要设置字符的格式，如文字的字体、大小、字距、行距等，字符格式决定了文本在页面上的外观。可以在菜单中设置字符格式，也可以在【字符】调板中设置字符格式。

1. 字符格式

使用【文字工具】选中要设置字符格式的文字，选择【窗口】→【文字】→【字符】命令，或按 Ctrl+T 快捷键，打开【字符】调板，如图 6-38 所示。

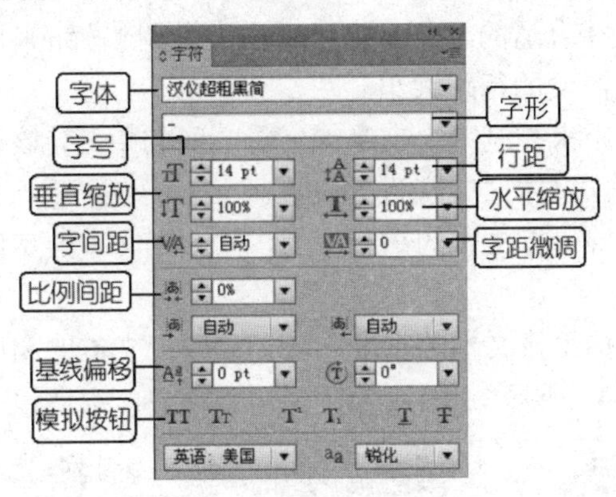

图 6-38

提 示

选择【对象】→【路径】→【清理】命令，打开【清理】对话框，选中【空文本路径】复选框可以删除空的文本路径，如图 6-39 所示。

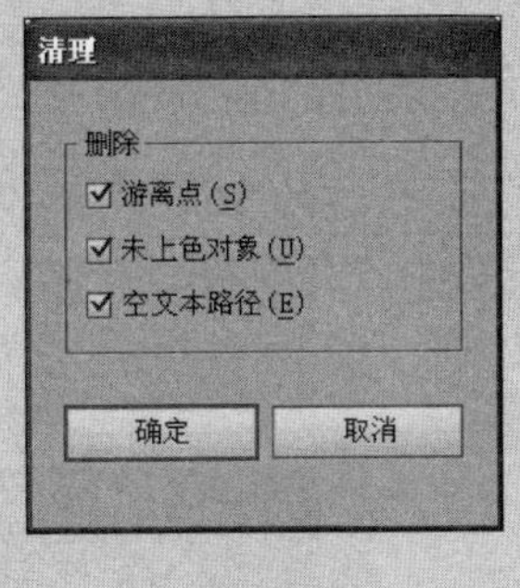

图 6-39

（1）字体：在下拉列表框中选择一种字体，即可将选中的字体应用到所选的文本上。

（2）字号：在下拉列表框中选择合适的字号，也可以通过微调▾按钮来调整字号大小，还可以在输入框中直接输入所需要的字号大小，如图 6-40 所示。

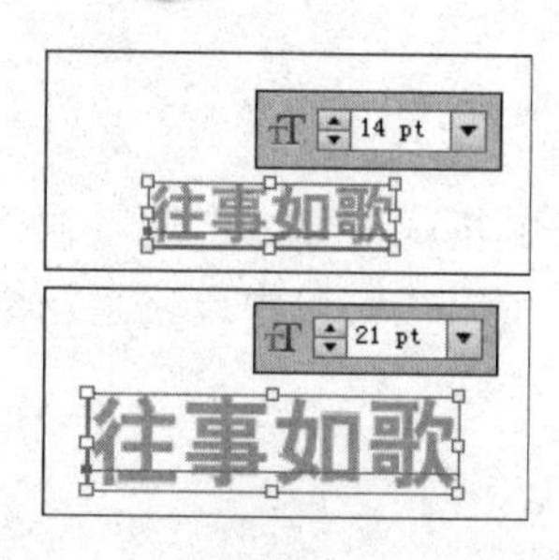

图 6-40

（3）行距：文本行间的垂直距离，如果没有自定义行距值，系统将使用自动行距。可以在下拉列表框中选择合适的行距，也可以通过微调按钮来调整行距大小，还可以在输入框中直接输入所需要的行距大小。

（4）字距：选项用来控制两个文字或字母之间的距离，该选项只有在两个文字或字符之间插入光标或选中文本时才能进行设置。

（5）水平缩放：保持平排文本的高度不变，只改变文本的宽度，对于竖排文字会产生相反的效果。

（6）垂直缩放：保持平排文本的宽度不变，只改变文本的高度，对于竖排文字会产生相反的效果，如图 6-41 所示。

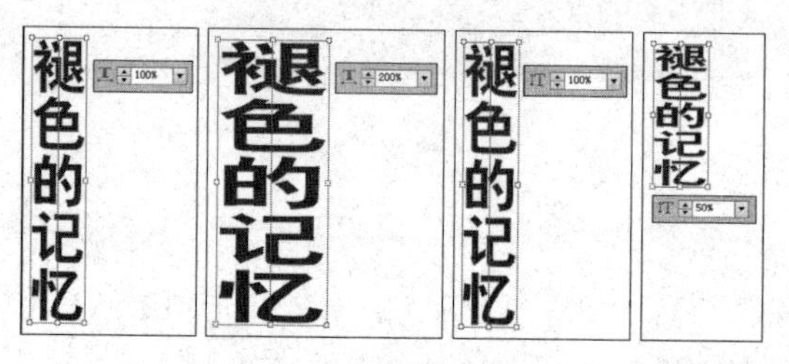

图 6-41

（7）基线偏移：改变文字与基线的距离，使用基线偏移可以创建上标或下标，如图 6-42 所示；或者在不改变文本方向的情况下，更改路径文本在路径上的排列位置。

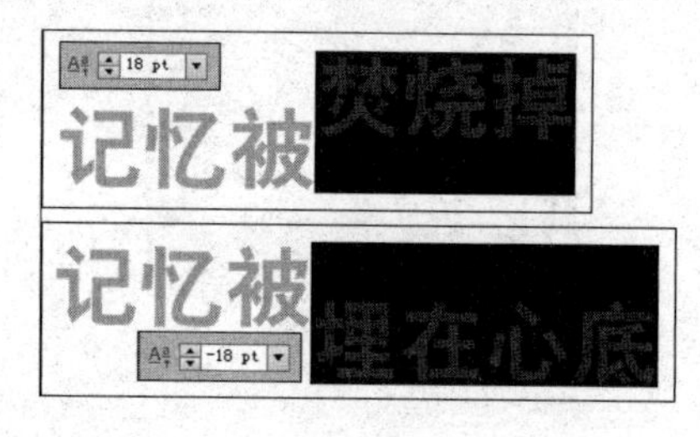

图 6-42

2. 段落格式

段落是指位于一个段落回车符之前的所有相邻的文本。段落格式是指为段落在页面上定义的外观格式，包括对齐方式、段落缩进、段落间距、制表符的位置等。

先用【文字工具】选取要设定段落格式的段落，然后选择【窗口】→【文字】→【段落】命令，或按 Ctrl+Alt+T 快捷键，打开【段落】调板，如图 6-43 所示，从中设置段落的对齐方式、左右缩进、段间距和连字符等。

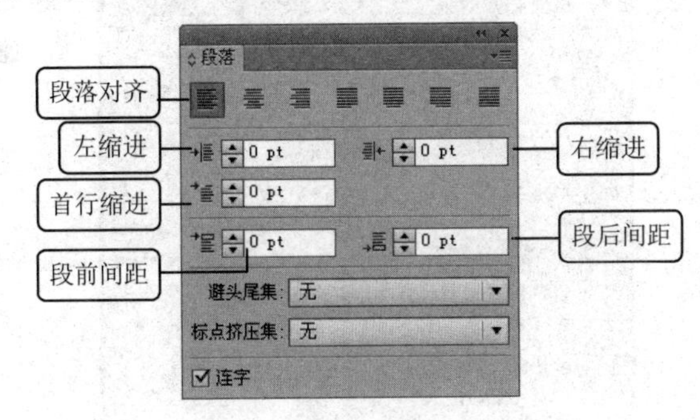

图 6-43

（1）段落缩进。段落缩进是指从文本对象的左、右边缘向内移动文本。其中【首行缩进】只应用于段落的首行，并且是相对于左侧缩进进行定位的。在【左缩进】和【右缩进】参数栏中，可以通过输入数值分别设定段落的左、右边界向内缩排的距离。输入正值时，表示文本框和文本之间的距离拉大；输入负值时，表示文本框和文本之间的距离缩小。

（2）段落间距。为了阅读方便，经常需要将段落之间的距离设定得大一些，以便于更加清楚地区分段落。在【段前间距】和【段后间距】参数栏中，可以通过输入数值来设定所选段落与前一段或后一段之间的距离。

（3）对齐方式。Illustrator CS6 中的对齐方式包含【左对齐】、【居中对齐】、【右对齐】、【两端对齐，末行左对齐】、【两端对齐，末行居中对齐】、【两端对齐，末行右对齐】、【全部两端对齐】。各种段落对齐方式的效果如图 6-44 所示。

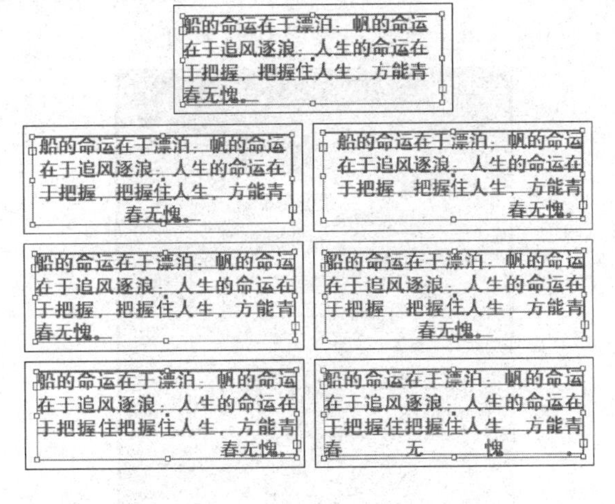

图 6-44

（4）智能标点。选择【文字】→【智能标点】命令，会打开【智能标点】对话框，如图 6-45 所示。利用【智能标点】对话框可搜索键盘标点字符，并将其替换为相同的

印刷体标点字符。

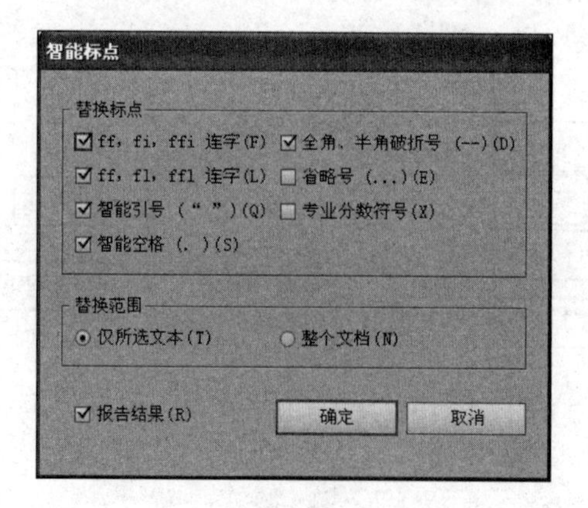

图 6-45

（5）连字。连字是针对罗马字符而言的。当行尾的单词不能容纳在同一行时，如果不设置连字，则整个单词就会转到下一行；如果使用了连字，可以用连字符使单词分开在两行，这样就不会出现字距过大或过小的情况了，如图 6-46 所示。

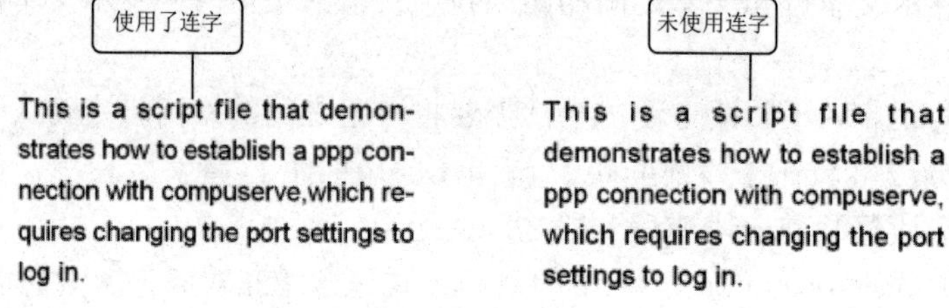

图 6-46

单击【段落】调板右上角的三角形按钮，在弹出的菜单中选择【连字】命令，可以打开【连字】对话框，详细设置各选项，如图 6-47 所示。

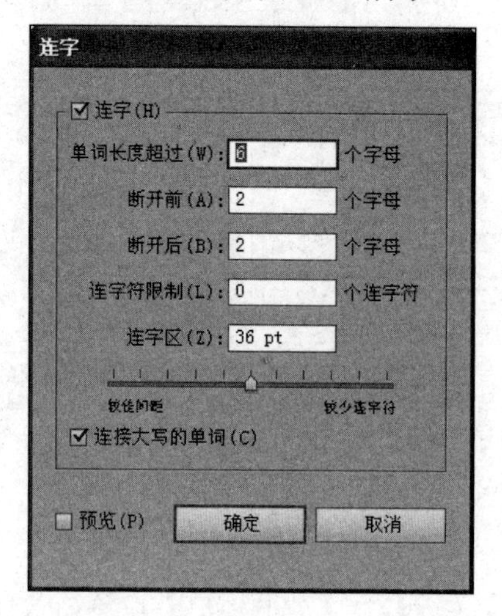

图 6-47

三、设置图文混排

Illustrator CS6 还有图文混排的功能，即在文本中插入多个图形对象，并使所有的文本围绕着图形对象的轮廓线的边缘进行排列。在进行图文混排时，必须是文本块中的文本或区域文本，而不能是点文本或路径文本。在文本中插入的图形可以是任意形状的图形，如自由形状的路径或混合对象，或者是置入的位图，但用画笔工具创建的对象除外。

在进行图文混排时，必须使图形在文本的前面，如果是在创建图形后才输入文本，可以执行【排列】→【前移一层】命令或【排列】→【置于顶层】命令将图形对象放置在文本的前面。然后用选择工具同时选中文本和图形对象，再执行【对象】→【文本绕排】→【建立】命令即可实现图文混排的效果，如图 6-48 所示。

图 6-48

四、字符样式与段落样式

选择【窗口】→【文字】→【字符样式】或【段落样式】命令，可以打开【字符样式】和【段落样式】调板来创建、应用和管理字符和段落样式，如图 6-49 所示。

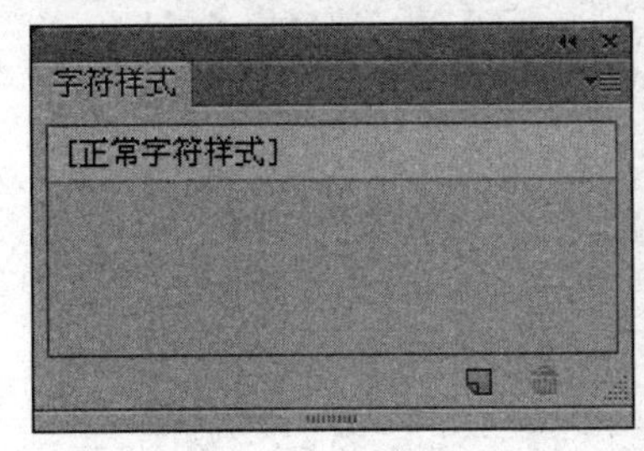

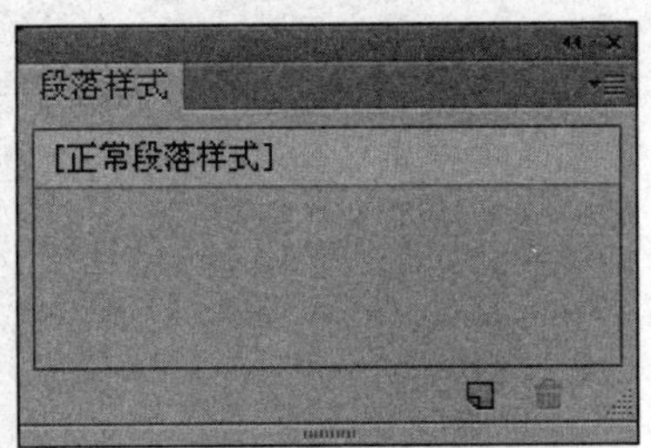

图 6-49

1. 创建字符或段落样式

单击调板右上角的三角形按钮，在弹出的菜单中选择【新建字符样式】或【新建段落样式】命令，打开【新建字符样式】或【新建段落样式】对话框，输入样式名称，如图 6-50 所示，单击【确定】按钮，可以创建新样式。或者单击调板上的【创建新样式】

按钮也可创建新样式。如果要在现有文本的基础上创建新样式，可以先选择文本，然后在【字符样式】调板或【段落样式】调板中单击【创建新样式】按钮。也可以将调板中现有的样式拖到【创建新样式】按钮上，复制现有样式，在现有样式的基础上创建新样式。

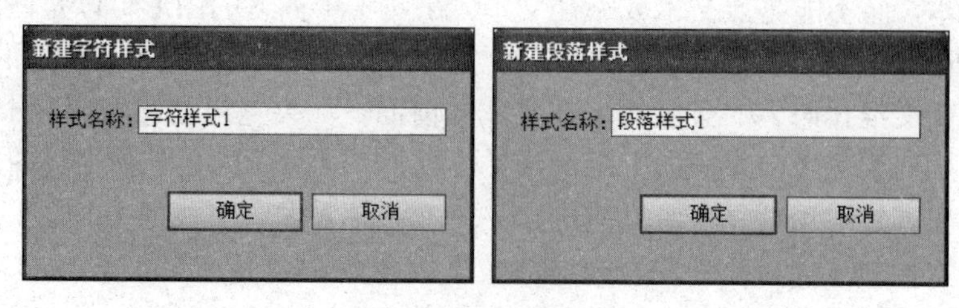

图 6-50

2. 编辑字符或段落样式

在编辑修改样式时，应用该样式的所有文本都会发生改变。双击样式名称，将弹出【字符样式选项】或【段落样式选项】对话框，如图 6-51 所示，在对话框的左侧，可以选择格式类别并设置选项。

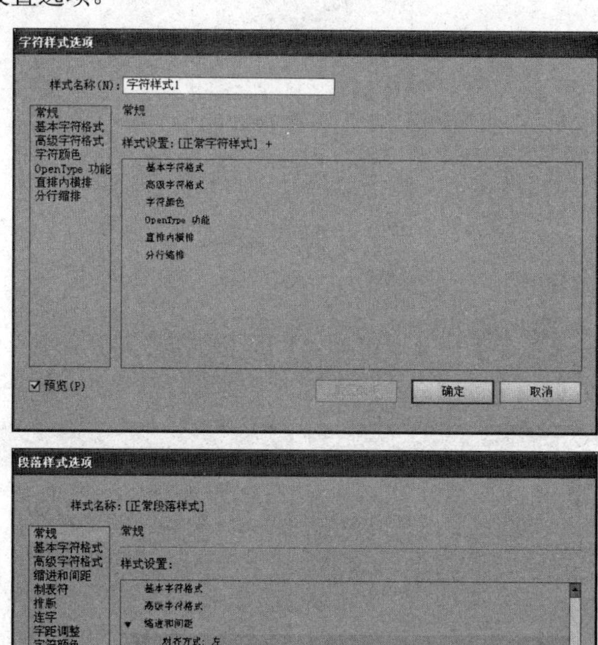

图 6-51

提 示

【字符样式】调板或【段落样式】调板中的样式名称旁边若出现“+”，则表示文本与样式所定义的属性不匹配，如图 6-52 所示。

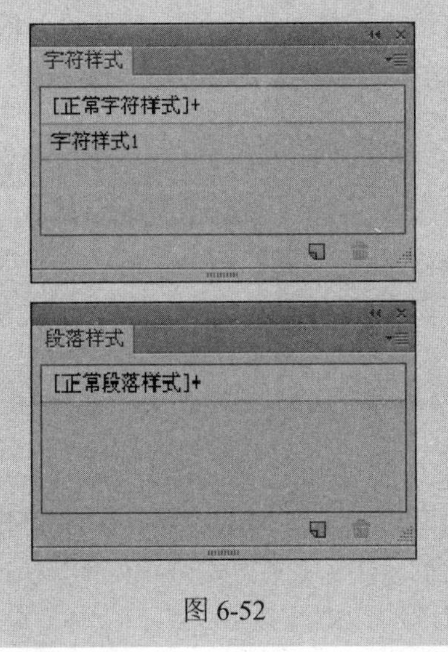

图 6-52

3. 载入字符和段落样式

从调板弹出菜单中选择【载入字符样式】或【载入段落样式】命令，或者选择【载入所有样式】命令，然后双击包含要导入样式的 Illustrator 文档便可以从其他 Illustrator 文档中载入字符和段落样式。

五、创建图表

在对各种数据进行统计和比较时，为了获得更加精确、直观的效果，可以用图表的方式来表述。Illustrator CS6 提供了多种图表类型和强大的图表功能。

1. 图表工具

展开的图表工具组如图 6-53 所示，共有 9 个图表工具，分别是【柱形图工具】、【堆积柱形图工具】、【条形图工具】、【堆积条形图工具】、【折线图工具】、【面积图工具】、【散点图工具】、【饼图工具】、【雷达图工具】。

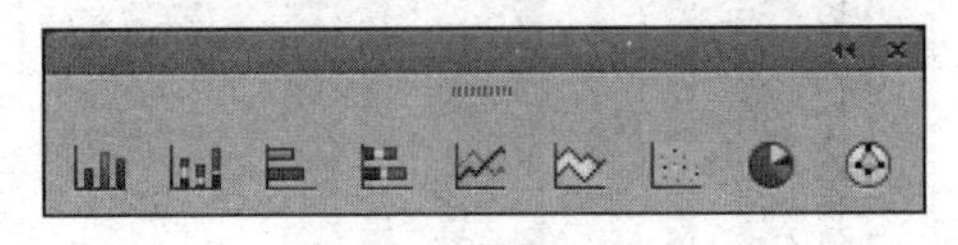

图 6-53

2. 图表类型

根据不同的需要选择这 9 种不同的图表工具，可以创建出不同类型的图表。

（1）柱形图表。柱形图表是最常用的图表表示方法，柱的高度与数据大小成正比。选择【柱形图工具】，在页面上的任意位置单击，会弹出如图 6-54 左图所示的【图表】对话框。在【宽度】和【高度】文本框中输入图表的宽度和高度数值，单击【确定】按钮，将自动在页面中建立图表，同时弹出图表数据输入框，如图 6-54 右图所示。

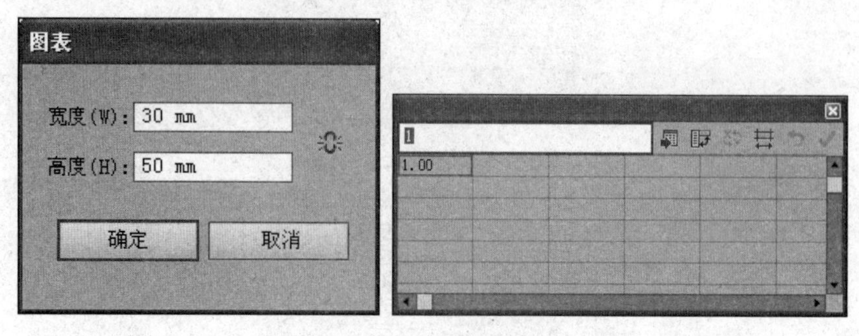

图 6-54

在图表数据输入框左上方的文本框中直接输入各种文本或数值，然后按 Enter 键或 Tab 键确认，文本或数值将会自动添加到单元格中，如图 6-55 所示。单击要选取的各个单元格，可以直接输入要修改的文本或数值，再按 Enter 键确认。也可以从其他应用程序中复制、粘贴数据。

100

	语文	数学	英语	化学
小明	100.00	80.00	65.00	95.00
小强	70.00	50.00	100.00	95.00
小花	100.00	60.00	80.00	75.00
小文	60.00	100.00	85.00	100.00

图 6-55

在图表数据输入框中单击右上角的【应用】按钮，即可生成柱形图表，如图 6-56 所示。

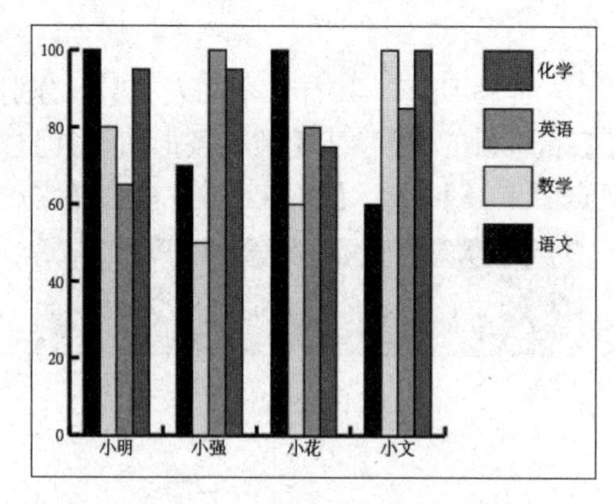

图 6-56

当需要对图表中的数据进行修改时，要先选中要修改的图表，再选择【对象】→【图表】→【数据】命令，打开图表数据输入框，设置好数据后，单击【应用】按钮☑，即可将修改好的数据应用到选定的图表中。

（2）堆积柱形图表。堆积柱形图表与柱形图表类似，只是显示方式不同，柱形图表显示为单一的数据比较，而堆积柱形图表显示的是全部数据总和的比较，如图 6-57 所示。因此，在进行数据总量的比较时，多用堆积柱形图表来表示。

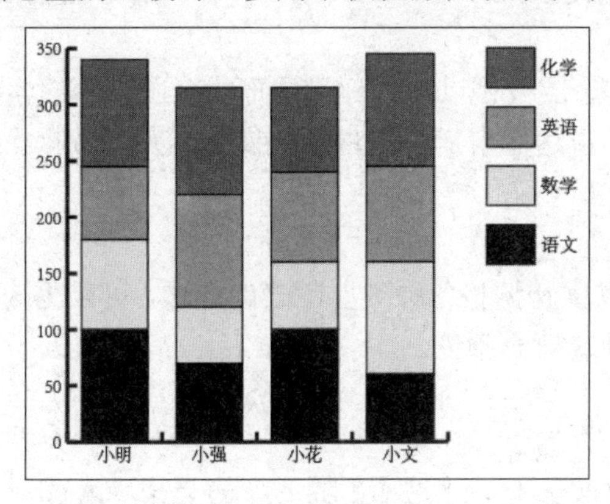

图 6-57

（3）条形图表与堆积条形图表。条形图表与柱形图表类似，只是柱形图表是以垂直方向上的矩形显示图表中的各组数据，而条形图表是以水平方向上的矩形来显示图表中的数据，如图 6-58 左图所示。堆积条形图表与堆积柱形图表类似，但是堆积条形图表是以水平方向的矩形条来显示数据总量的，与堆积柱形图表正好相反，如图 6-58 右图所示。

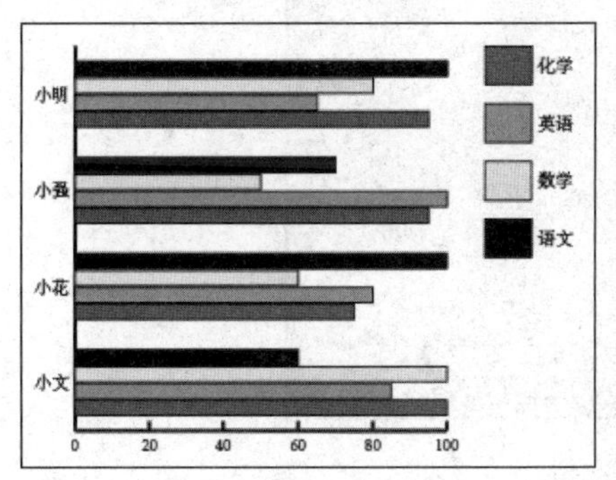

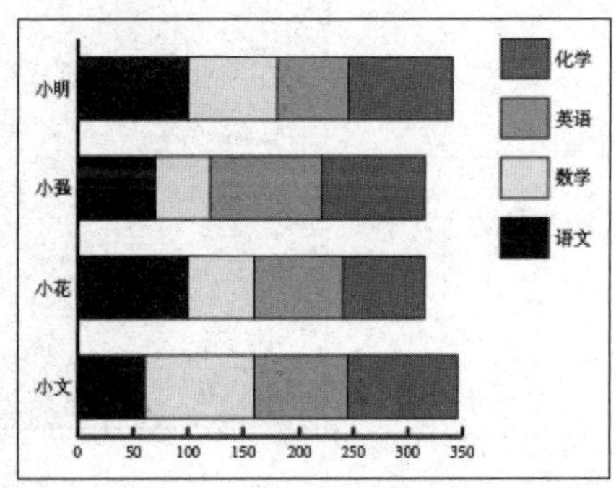

图 6-58

（4）折线图表。折线图表可以显示某种事物随时间变化的发展趋势，从而很明显地表现出数据的变化走向。折线图表也是一种比较常见的图表，给人以直接明了的视觉效果。

（5）面积图表。面积图表与折线图表类似，区别在于面积图表是利用折线下的面积而不是折线来表示数据的变化情况。

（6）散点图表。散点图表与其他图表不太一样，散点图表可以将两种有对应关系的

数据同时在 1 个图表中表现出来。散点图表的横坐标与纵坐标都是数据坐标，两组数据的交叉点形成了坐标点。【切换 X/Y】按钮是专为散点图表设计的，可调换 X 轴和 Y 轴的位置。

（7）饼形图表。饼图是一种常见的图表，适用于一个整体中各组成部分的比较，该类图表应用的范围比较广。饼图的数据整体显示为 1 个圆，每组数据按照其在整体中所占的比例，以不同颜色的扇形区域显示出来。饼图不能准确地显示出各部分的具体数值。

（8）雷达图表。雷达图表是以一种环形的形式对图表中的各组数据进行比较，形成比较明显的数据对比，雷达图表适合表现一些变化悬殊的数据。

六、设置图表

Illustrator CS6 可以重新调整各种类型图表的选项，可以更改某一组数据，还可以解除图表组合、应用笔画或填充颜色。

1.【图表类型】对话框

选择【对象】→【图表】→【类型】命令，或双击任意图表工具，将弹出【图表类型】对话框，如图 6-59 所示，利用该对话框可以更改图表的类型，并可以对图表的样式、选项及坐标轴进行设置。

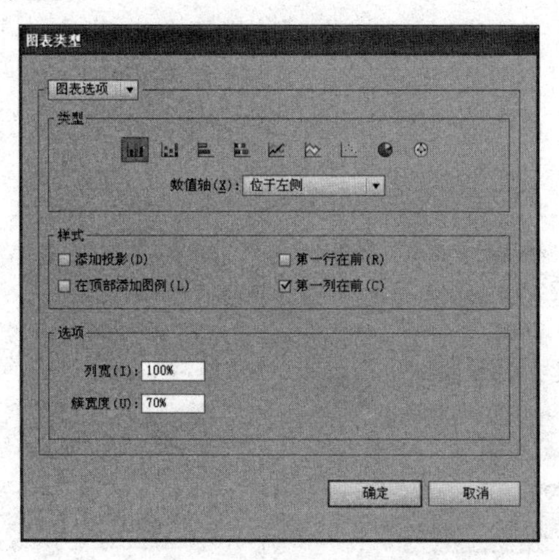

图 6-59

（1）更改图表类型。在页面中选择需要更改类型的图表，双击任意图表工具，在弹出的【图表类型】对话框中选择需要的图表类型，然后单击【确定】按钮，即可将页面中选择的图表更改为指定的图表类型。

（2）指定坐标轴的位置。除了饼形图表外，其他类型的图表都有 1 条数值坐标轴。在【图表类型】对话框的【数值轴】下拉列表框中有【位于左侧】、【位于右侧】和【位于两侧】3 个选项，可以用来指定图表中坐标轴的位置。选择不同的图表类型，其“数值轴”中的选项也不完全相同。

（3）设置图表样式。选择【样式】选项组中的各选项可以为图表添加一些特殊的外观效果。

1）添加投影：在图表中添加一种阴影效果，使图表的视觉效果更加强烈。

2）在顶部添加图例：图例将显示在图表的上方。

3）第一行在前：图表数据输入框中第一行的数据所代表的图表元素在生成图表的前面。对于柱形图表、堆积柱形图表、条形图表和堆积条形图表，只有【列宽】或【条形宽度】大于 100%时才会得到明显的效果。

4）第一列在前：图表数据输入框中第一列的数据所代表的图表元素在最前面。对于柱形图表、堆积柱形图表、条形图表、堆积条形图表，只有【列宽】或【条形宽度】大于 100%时才会得到明显的效果。

（4）设置图表选项。除了面积图表以外，其他类型的图表都有一些附加选项可供选择，在【图表类型】对话框中选择不同的图表类型，其【选项】选项组中包含的选项也各不相同。下面分别对各类型图表的选项进行介绍。

柱形图表、堆积柱形图表、条形图表、堆积条形图表的【选项】选项组中的内容如图 6-60 所示。

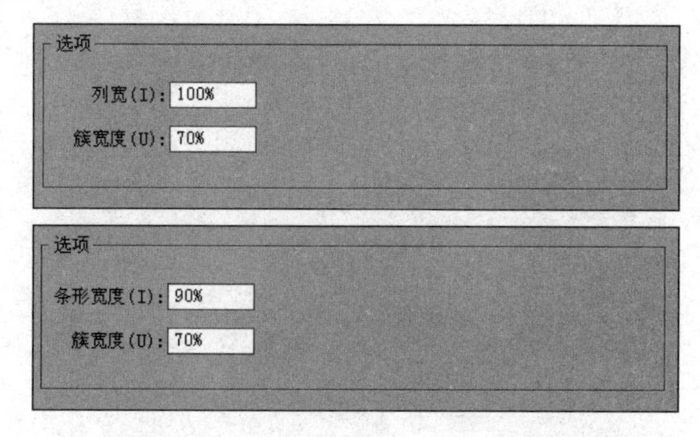

图 6-60

折线图表、雷达图表的【选项】选项组中的内容如图 6-61 所示。

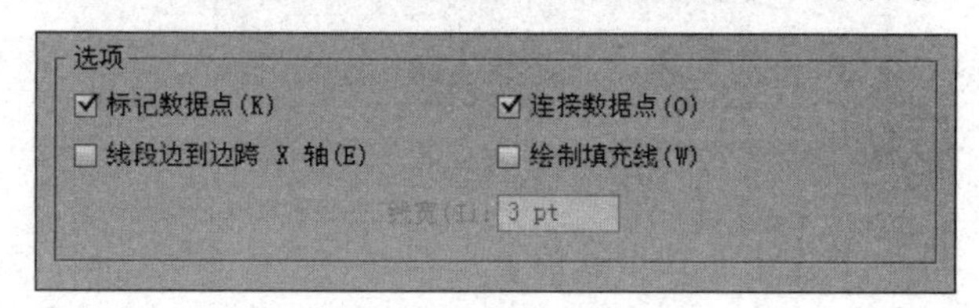

图 6-61

散点图表的【选项】选项组中的内容如图 6-62 所示，除了缺少【线段边到边跨 X 轴】选项之外，其他选项与折线图表和雷达图表的选项相同。

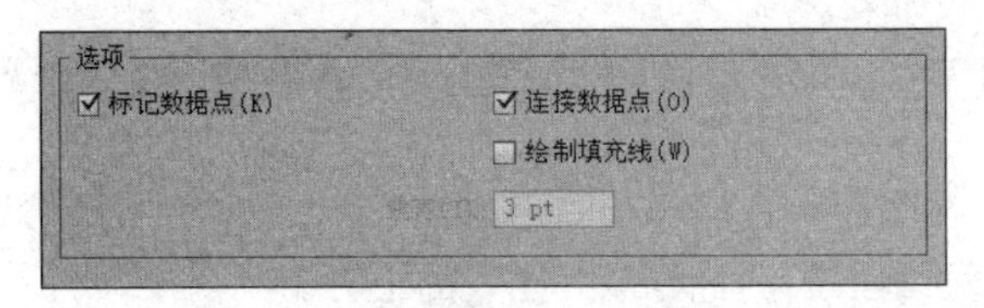

图 6-62

饼图的【选项】选项组中的内容如图 6-63 所示。

图 6-63

2. 设置坐标轴

在【图表类型】对话框顶部的下拉列表框中选择【数值轴】选项，如图 6-64 所示，可以设置坐标轴。

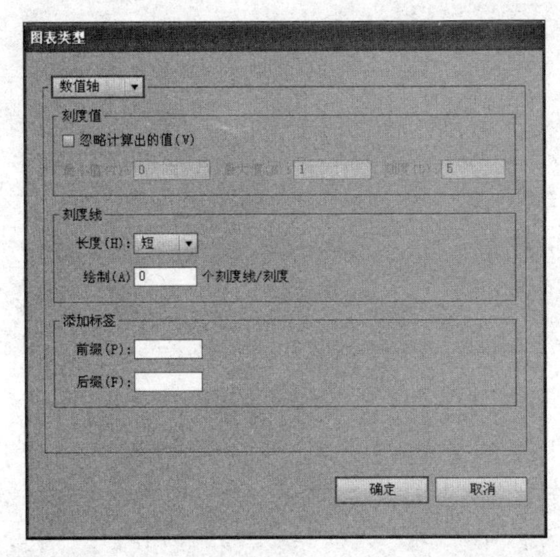

图 6-64

（1）刻度值：选中【忽略计算出的值】选项时，下方的 3 个数值框将被激活，【最小值】选项表示坐标轴的起始值，也就是图表原点的坐标值；【最大值】选项表示坐标轴的最大刻度值；【刻度】选项用来决定将坐标轴上下分为多少部分。

（2）刻度线：【长度】下拉列表框中包括 3 项，选择【无】选项表示不使用刻度标记；选择【短】选项表示使用短的刻度标记；选择【全宽】选项，刻度线将贯穿整个图表。【绘制】文本框可以设置相邻两个刻度间的刻度标记条数。

（3）添加标签：【前缀】选项是指在数值前加符号；【后缀】选项是指在数值后加符号。

选择【图表类型】下拉列表框中的【类别轴】选项，如图 6-65 所示，用以设置图表中刻度的长短，以及刻度的数量。

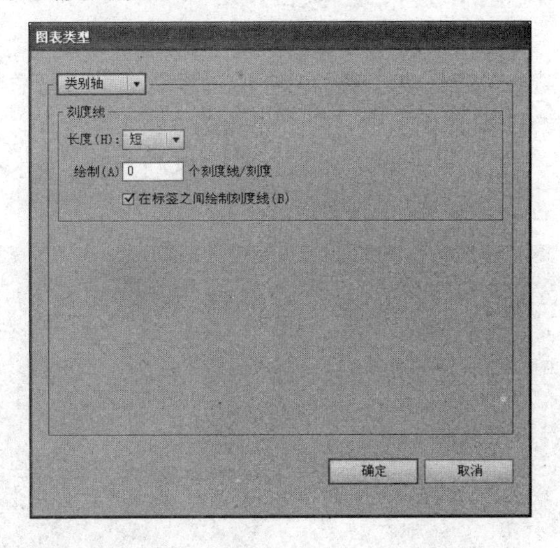

图 6-65

七、使用图表图案

Illustrator CS6 可以自定义图表的图案，使图表更加生动。

选择在页面中绘制好的图形符号，然后选择【对象】→【图表】→【设计】命令，在弹出的【图表设计】对话框中单击【新建设计】按钮，可以新建图案，如图 6-67 左图所示。单击【重命名】按钮，可以打开另一个【图表设计】对话框，如图 6-67 右图所示，可以重命名系统默认的图案名称，如“徽标”，然后单击【确定】按钮。

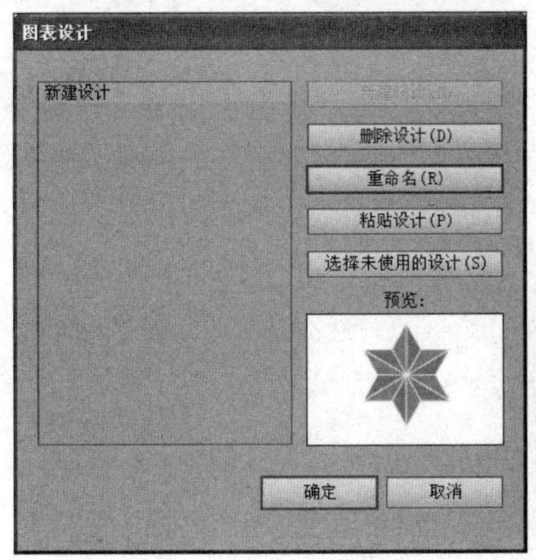

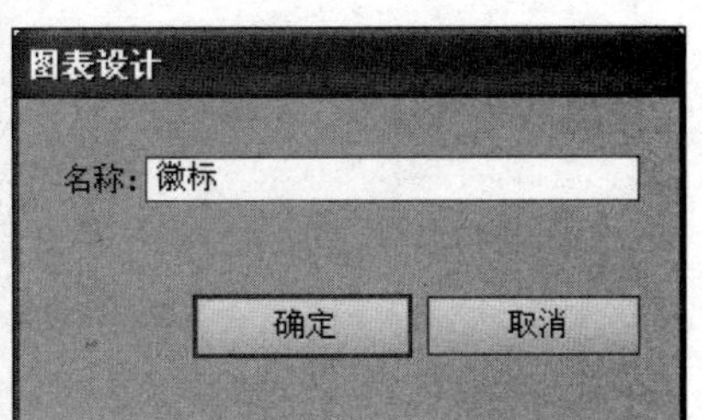

图 6-67

在【图表设计】对话框中单击【粘贴设计】按钮，可以将图案粘贴到页面中，然后对图案重新进行修改和编辑。编辑修改后的图案还可以重新定义。在对话框中编辑完成后，单击【确定】按钮，即可完成对一个图表图案的定义。

课后实践——设计制作业绩图表

新年来临之际，某科技公司为了对前几年度的销售业绩进行总结，委托某公司设计制作业绩图表，发送给投资商及客户。

要求：画面简洁大气，空间感和时尚感强，能让客户一目了然。参考效果图如图 6-68 所示。

图 6-68

项目七　设计与制作手提袋
——高级技巧

知识目标

1. 掌握【图层】调板的应用。
2. 掌握蒙版的应用。
3. 掌握封套的应用。
4. 了解动作和批处理的应用。

能力目标

1. 掌握 Illustrator 高级技巧。
2. 可以自己设计制作手提袋。

制作任务

任务背景

某冷饮食品公司推出一款高档冰激凌，并给该冰激凌起了一个非常好听的名字“Full belly”，该冰激凌已经具有自己独特的包装，但是在顾客需要购买多个产品并将其带回家的时候却不是很方便，于是该冷饮食品公司委托某公司为该品牌冰激凌设计制作一款手提袋，方便客户携带，提升公司形象。

任务要求

手提袋的尺寸为 290mm×80mm×500mm，用冰激凌图像作为手提袋的主题图案，设计画面要求简洁时尚，色彩的整体效果需要与产品包装相协调。

任务分析

因为该品牌冰激凌本身已经具有包装，所以手提袋的颜色采用与包装颜色相匹配的蓝色和白色，这样整体形象才能统一。手提袋上的图案选取变换的水滴图形以及圆形，增强手提袋整体的时尚感。

任务参考效果图

操作步骤

1. 新建文件并创建刀版

（1）执行【文件】→【新建】命令，创建一个新文件，如图 7-1 所示。

（2）选择【矩形工具】然后在视图中单击，如图 7-2 所示，在弹出的【矩形】对话框中设置参数，然后单击【确定】按钮创建矩形。

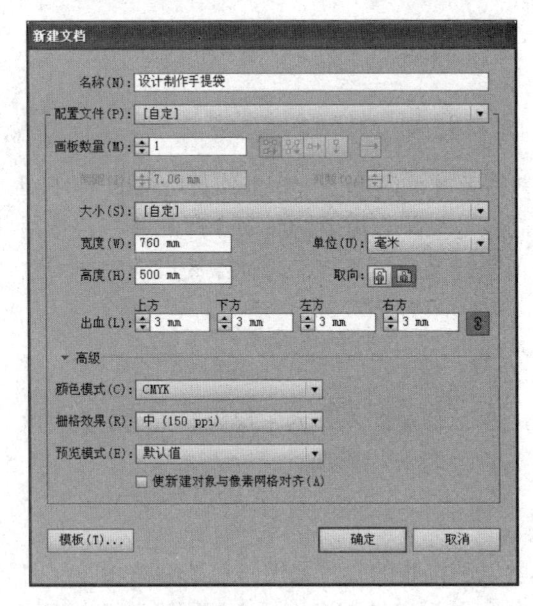

图 7-1

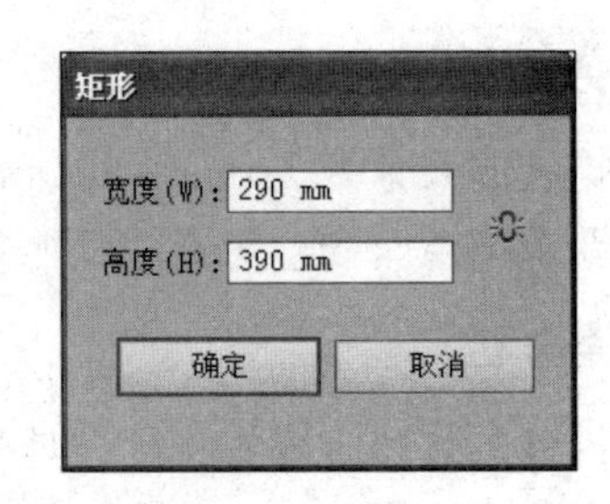

图 7-2

（3）执行【视图】→【智能参考线】命令打开智能参考线，使用前面介绍的方法继续创建矩形，如图 7-3 所示，对齐矩形。

（4）复制上一步创建的矩形，如图 7-4 所示。

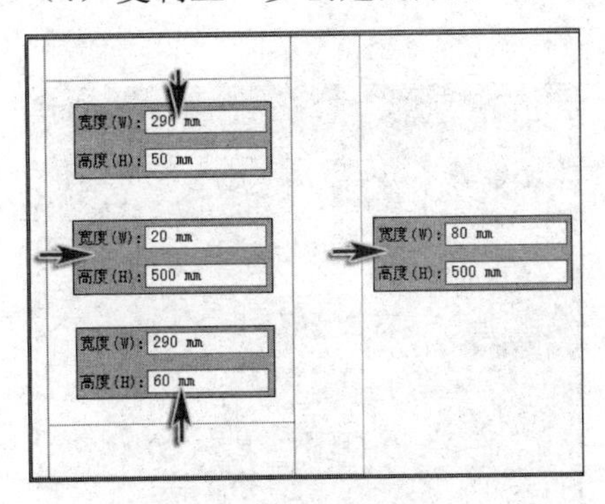

图 7-3

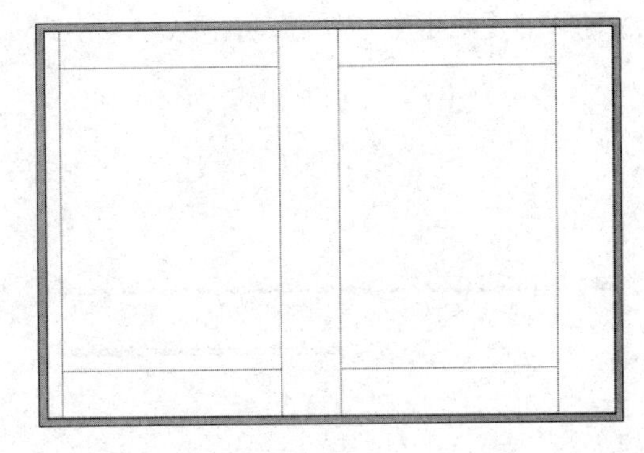

图 7-4

（5）使用快捷键 Ctrl+R 打开标尺，如图 7-5 所示，从标尺中拖出参考线。

（6）参照图 7-6 所示，在视图中创建虚线，作为刀版上的折痕线，为方便观察可以使用快捷键 Ctrl+; 隐藏参考线。

（7）使用快捷键 Ctrl+; 显示参考线，使用【椭圆工具】绘制正圆，如图 7-7 所示。

（8）双击【移动工具】，如图 7-8 所示，在弹出的【移动】对话框中进行设置，然后单击【确定】按钮移动图形。

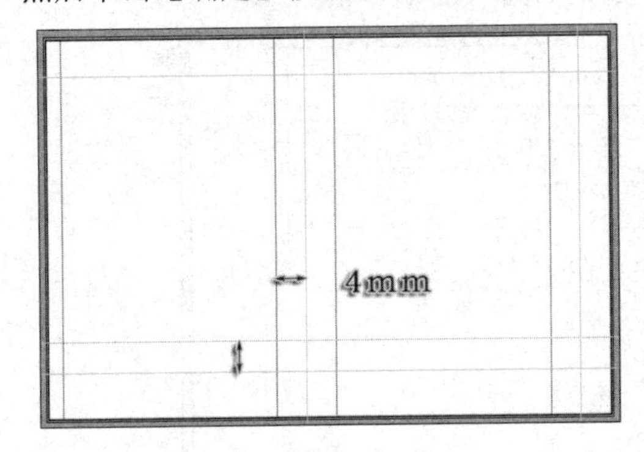

图 7-5

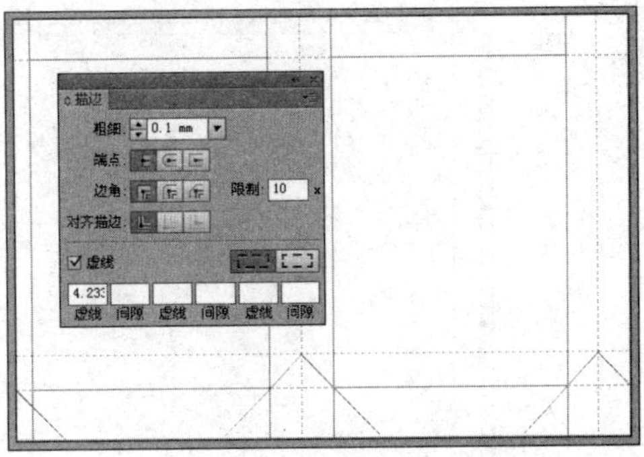

图 7-6

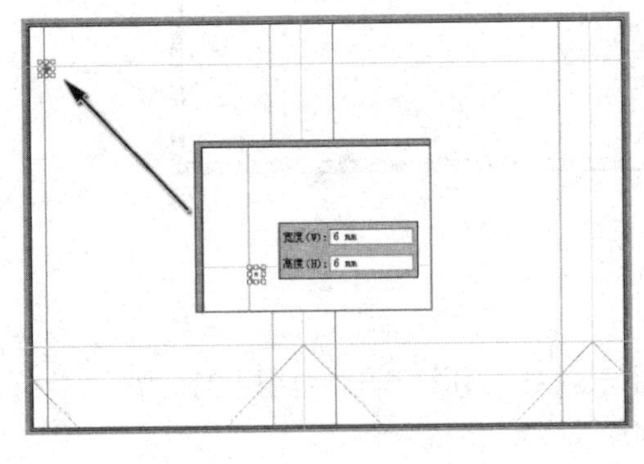

图 7-7

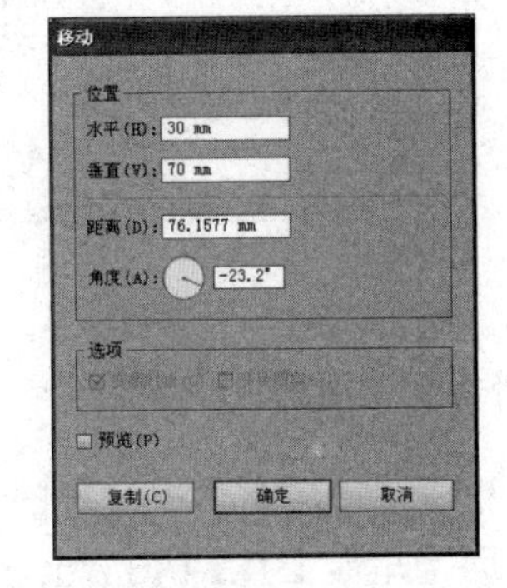

图 7-8

（9）复制并移动正圆图形，效果如图 7-9 所示。

（10）双击【移动工具】，如图 7-10 所示，在弹出的【移动】对话框中进行设置，然后单击【确定】按钮移动图形。

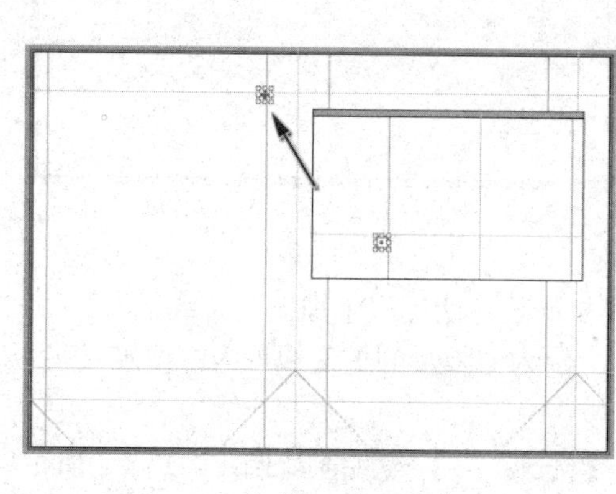

图 7-9

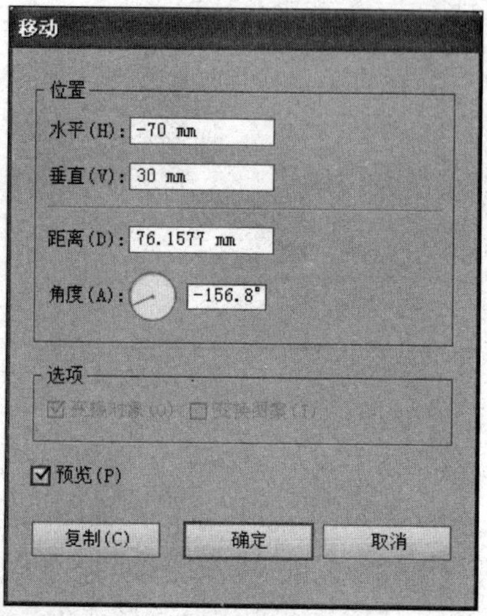

移动
位置
水平(H): -70 mm
垂直(V): 30 mm
距离(D): 76.1577 mm
角度(A): -156.8°
选项
预览(P)
复制(C) 确定 取消

图 7-10

（11）复制正圆，完成刀版打孔的制作，效果如图 7-11 所示。

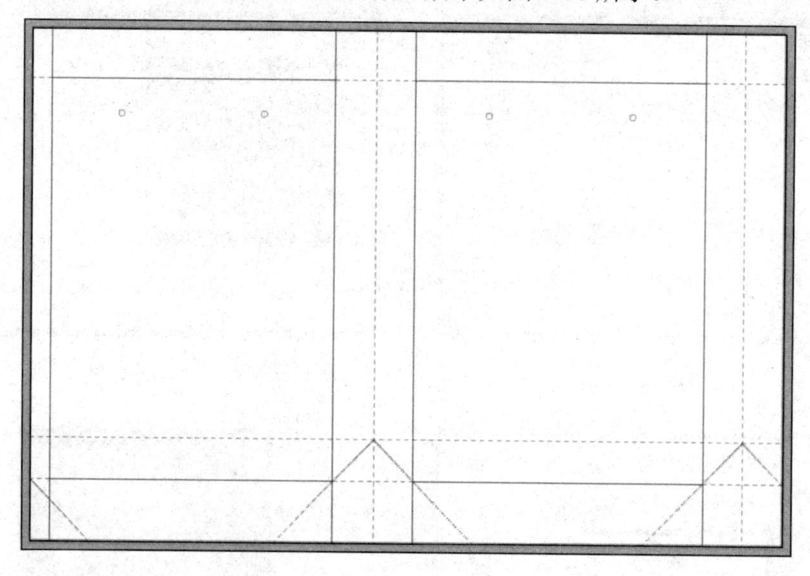

图 7-11

2. 创建背景图形

（1）单击【图层】调板底部的【创建新图层】按钮，新建“图层 2”，如图 7-12 所示，使用【矩形工具】沿出血线绘制矩形。

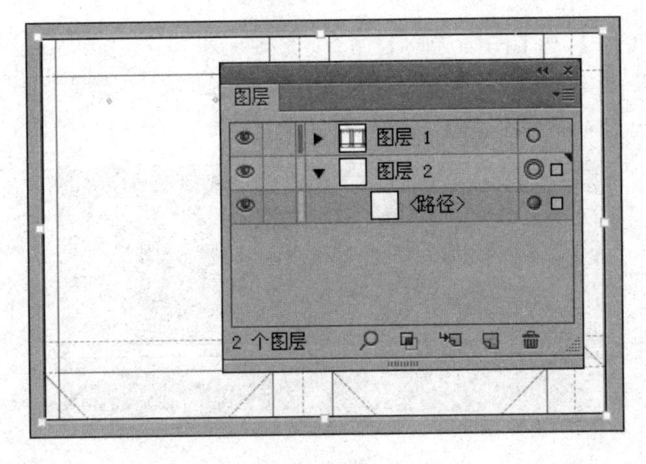

图 7-12

（2）如图 7-13 所示，为矩形填充渐变。

（3）继续绘制矩形，如图 7-14 所示。

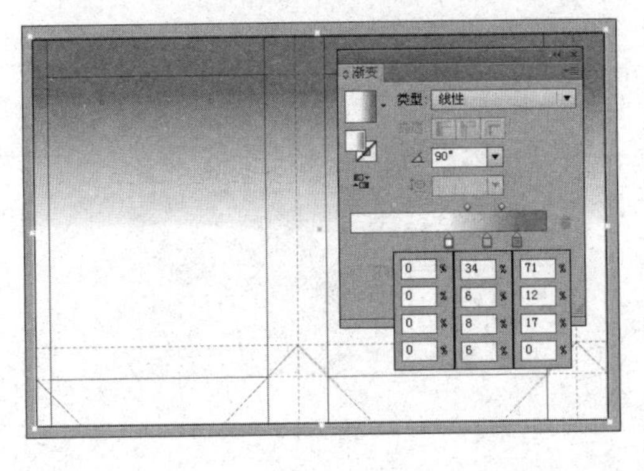

图 7-13

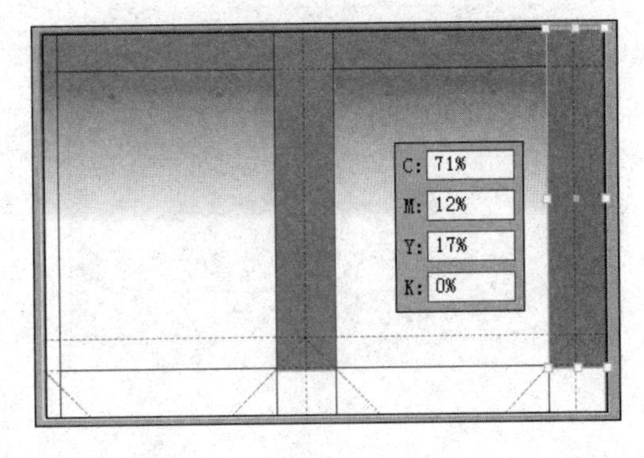

图 7-14

（4）打开附带光盘中的“模块 08\花纹.jpg”文件，将其拖至当前正在编辑的文档中，如图 7-15 所示，缩小图像。

图 7-15

（5）执行【窗口】→【图案选项】命令，在弹出的调板中单击按钮，在弹出的菜单中选择【制作图案】命令，如图 7-16 所示，在弹出的对话框中单击【确定】按钮，然后单击【完成】按钮，创建图案。

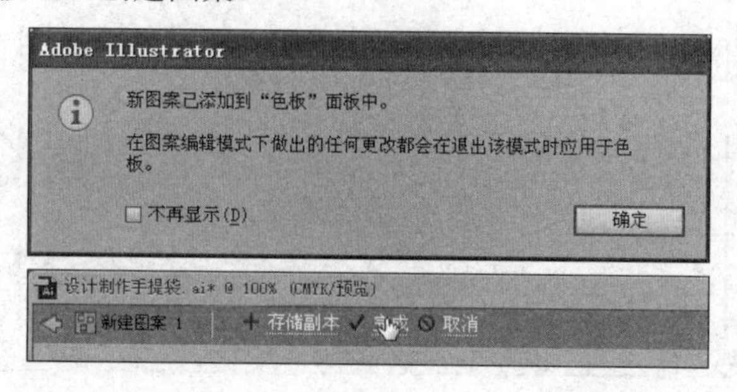

图 7-16

（6）使用【矩形工具】沿出血线绘制矩形，如图 7-17 所示，创建图案填充效果。

（7）选中上一步创建的图形，如图 7-18 所示，在【透明度】调板中进行设置。

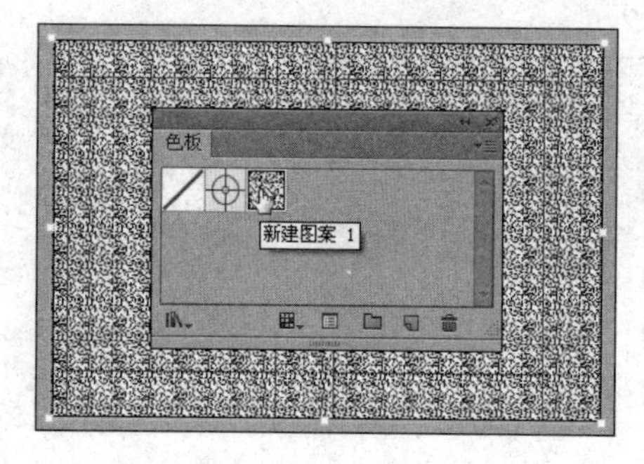

图 7-17

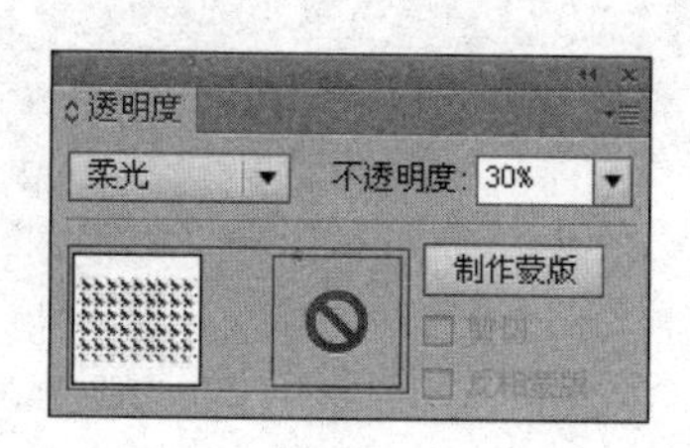

图 7-18

3. 创建背景图形

（1）新建“图层 3”，使用【矩形工具】绘制矩形，并使用【文字工具】添加文字，效果如图 7-19 所示。

（2）打开本章素材“冷饮.jpg”文件，如图 7-20 所示，缩小并调整图像的位置。

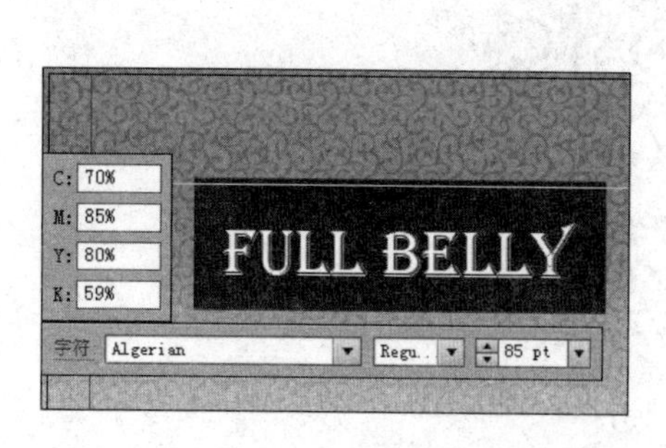

图 7-19

图 7-20

（3）使用【钢笔工具】，如图 7-21 所示，绘制路径。

（4）继续使用【钢笔工具】绘制图形，并将其进行编组，如图 7-22 所示。

图 7-21

图 7-22

（5）复制并放大上一步创建的编组图形，如图 7-23 所示，使用【编组选择工具】调整图形的位置。

（6）使用【矩形工具】绘制矩形，同时选中矩形和形状组，创建剪切蒙版，效果如图 7-24 所示。

图 7-23

图 7-24

（7）使用【椭圆工具】绘制正圆，效果如图 7-25 所示。

（8）打开光盘中的本章素材文件“褶皱纸张.jpg”，将其拖至当期正在编辑的文档中，如图 7-26 所示，调整图像的大小和位置。

图 7-25

图 7-26

（9）复制并缩小正圆，调整图层顺序至褶皱纸张图像的上方，同时选中椭圆和褶皱纸张创建剪切蒙版，如图 7-27 所示。

（10）使用【矩形工具】绘制矩形，然后使用【文字工具】创建文字，效果如图 7-28 所示。

图 7-27

图 7-28

（11）同时选中矩形和文字，执行【对象】→【封套扭曲】→【用变形建立】命令，如图 7-29 所示，在弹出的对话框中设置参数，然后单击【确定】按钮，创建封套效果。

（12）如图 7-30 所示，使用【椭圆工具】绘制正圆。

图 7-29

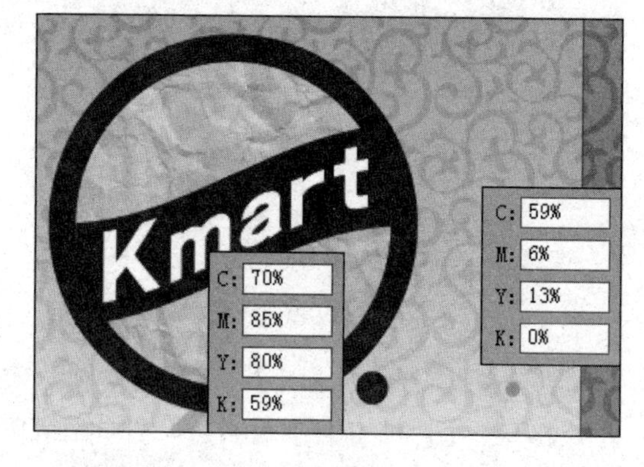

图 7-30

（13）使用【混合工具】在两个正圆上分别单击，然后在工具箱中双击该工具，如图 7-31 所示，在弹出的对话框中进行设置，最后单击【确定】按钮，完成混合效果。

（14）移动上一步创建图形的位置，使用快捷键切换到【旋转工具】，如图 7-32 所示，移动中心点的位置。

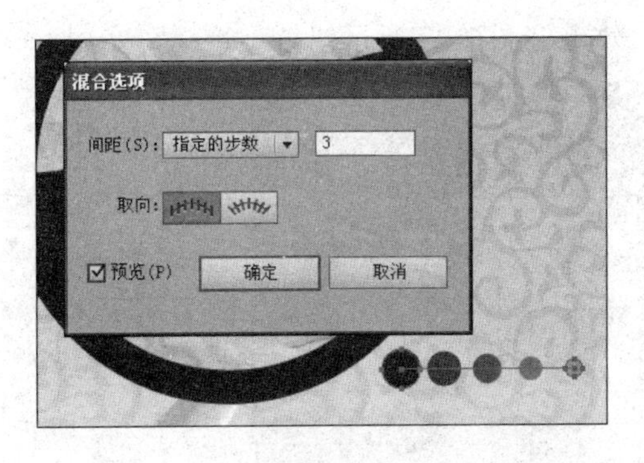

图 7-31

图 7-32

（15）拖动鼠标旋转图形并配合键盘上的 Alt 键复制图形，如图 7-33 所示，然后将混合图形进行编组。

（16）使用【椭圆工具】绘制椭圆，如图 7-34 所示，为椭圆填充渐变效果。

图 7-33

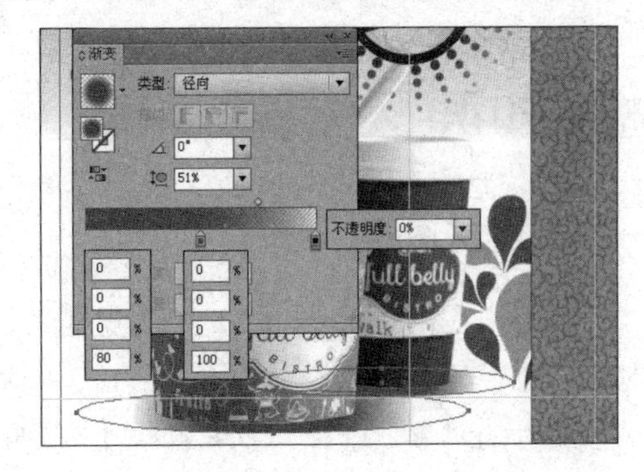

图 7-34

（17）执行【效果】→【模糊】→【高斯模糊】命令，如图 7-35 所示，在弹出的【高斯模糊】对话框中设置参数，然后单击【确定】按钮，模糊图形。

（18）参照图 7-36 所示，使用【直线段工具】创建直线段，复制文字并执行【文字】→【文字方向】→【垂直】命令，更改文字方向。

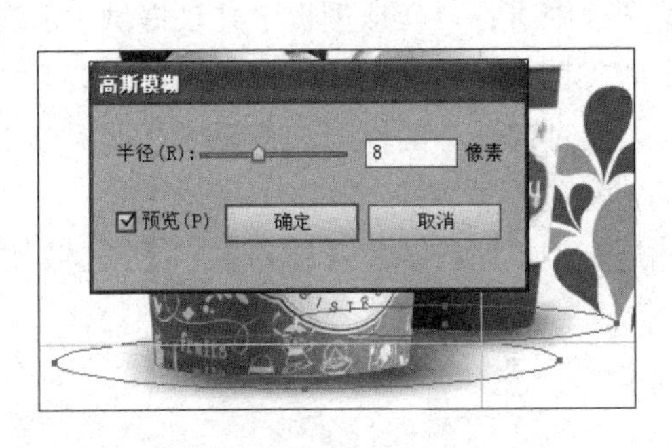

图 7-35

图 7-36

（19）复制并移动“图层 3”上的图形，效果如图 7-37 所示。

图 7-37

相关知识

一、图层与【图层】调板

当用户在 Illustrator CS6 中创建非常复杂的作品时，往往需要在绘图页面创建多个对象，由于各个对象的大小不一致，小的对象有可能隐藏在大的对象下面，这样就不会显示所有的对象，选择和查看都很不方便，这时就可以使用图层来管理对象。图层就像一个文件夹一样，它可以包含多个对象，用户可以对图层进行各种编辑，如更改图层中对象的排列层序，在一个父图层下创建子图层，在不同的图层之间移动对象，以及更改图层的排列顺序等。

图层的结构可以是单一的或是复合的，默认状态下，在绘图页面上创建的所有对象都存放在一个单一的父图层中，用户可以创建新的图层，并将这些对象移动到新的图层。使用【图层】调板可以很容易地选择、隐藏、锁定以及更改作品的外观属性等，并可以创建一个模板图层，以在描摹作品或者从 Photoshop 导入图层时使用。

当使用图层进行工作时，可以在【图层】调板中进行，在该调板中几乎提供了所有与图层有关的选项，它可以显示当前文件中所有的图层，以及图层中所包含的内容，如路径、群组、封套、复合路径以及子图层等，通过对调板中的标记和按钮以及调板菜单的操作，可以完成对图层以及图层中所包含的对象的设置。

在创建作品的过程中，如果需要使用【图层】调板时，执行【窗口】→【图层】命令后，就可以打开该调板，如图 7-38 所示。

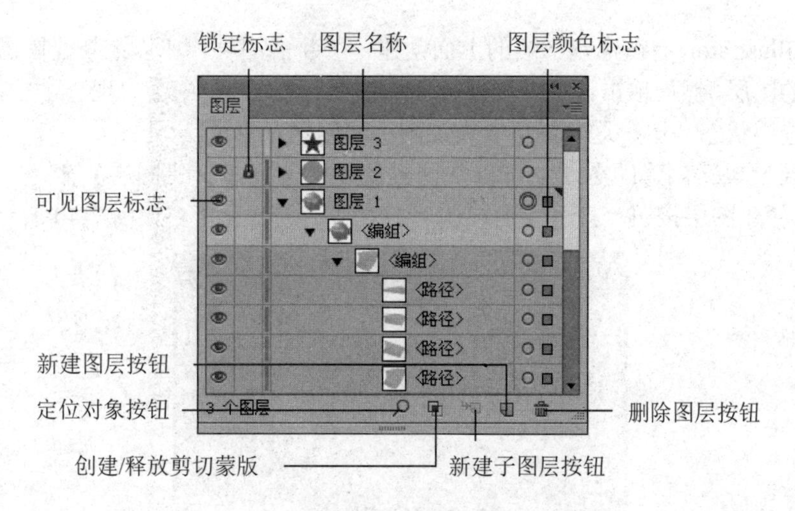

图 7-38

在调板的左下角显示了当前文件中所创建的图层的总数，而单击右上角的三角按钮，会弹出调板菜单。

二、编辑图层

当用户使用图层进行工作时，可以通过【图层】调板对图层进行编辑，如为对象创建新的图层，为当前的父图层创建子图层，为图层设置选项，合并图层，创建图层模板等，这些操作都可以通过执行调板菜单中的命令来完成。

单击【图层】调板右上角的三角按钮，即可弹出调板菜单，如图 7-39 所示。在该调板菜单中提供了多个对图层进行操作的命令，用户可执行相应的命令来完成对调板的编辑。

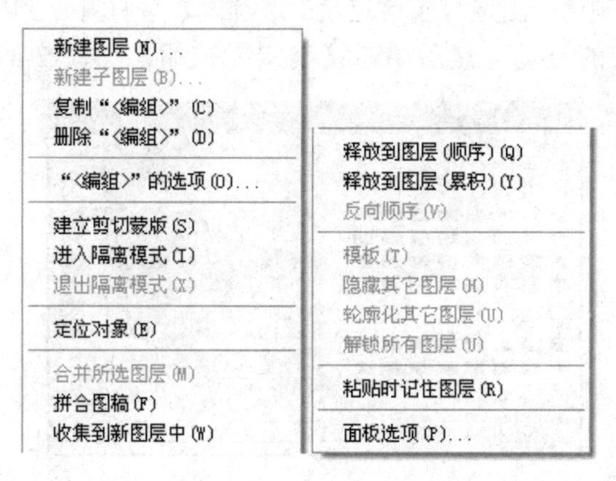

图 7-39

1. 新建图层

在新建一个文件的同时，默认情况下会自动创建一个透明的图层，用户可以根据需要在文件中创建多个图层，而且可以在父图层中嵌套多个子图层。

由于 Illustrator 会在选定图层的上面创建一个新的图层，所以在新建图层时，要选定它下面的图层，然后单击调板上的新建图层按钮，这时调板中会出现一个空白的图层，并且处于选中状态，用户这时就可以在该图层中创建对象了。

如果要设置新创建的图层，可以从调板菜单中选择【新建图层】命令，或者按下 Alt 键单击新建图层按钮，打开【图层选项】对话框进行设置，如图 7-40 所示。

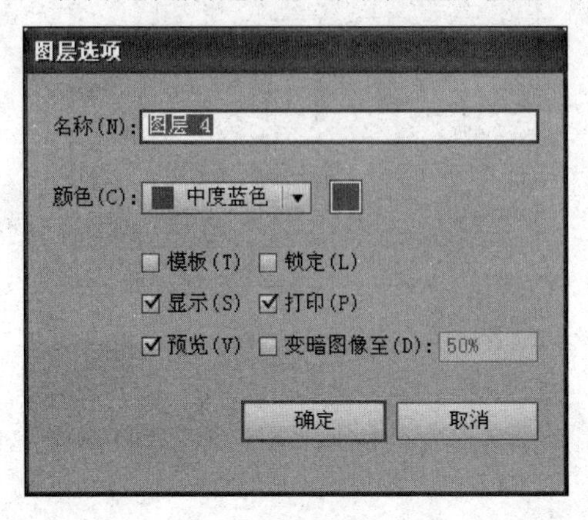

图 7-40

如果要为当前选定的图层创建一个子图层，可以单击调板上的创建子图层按钮，或者从调板菜单中选择【新建子图层】命令，或者按下 Alt 键单击新建子图层按钮，同样也可以打开【图层选项】对话框，它的设置方法与新建图层是一样的。

（1）名称：该项用于指定在调板中所显示的图层名称，直接在文本框内键入即可。

（2）颜色：为了在页面上区分各个图层，Illustrator 会为每个图层指定一种颜色，来作为选择框的颜色，并且在调板中的图层名称后也会显示相应的颜色块。该选项的下拉列表框中提供了多种颜色，当选择【自定义】选项时，会打开【颜色】对话框，用户可以从中精确定义图层的颜色，然后单击【确定】按钮，如图 7-41 所示。

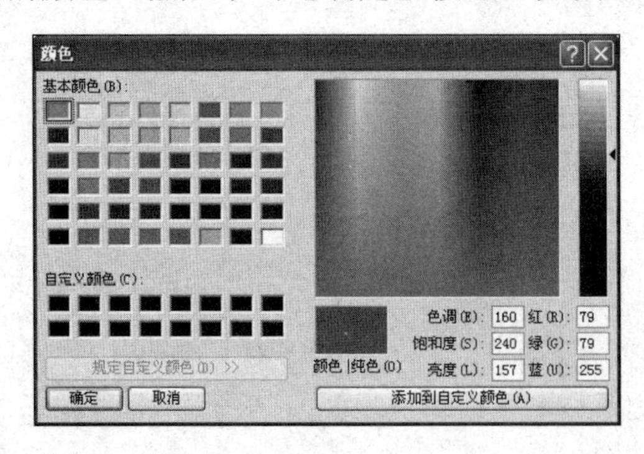

图 7-41

（3）模板：选中该复选框后，该图层将被设置为模板，这时不能对该图层中的对象进行编辑。

（4）锁定：选中该复选框后，新建的图层将处于锁定状态。

（5）显示：该项用于设置新建图层中的对象在页面上是否显示，当取消选中该复选框后，对象在页面中是不可见的。

（6）打印：选中该复选框后，该图层中的对象将可以被打印出来。而取消选中该复选框后，该图层中所有的对象都不能被打印。

（7）预览：选中该复选框后，表示将在 Preview 视图中显示新图层中的对象。

（8）变暗图像至：此项可以降低处于该图层中的图形的亮度，用户可在后面的文本框内设置其降低的百分比，默认值为 50%。

2. 选择、复制或删除图层

选择一个图层时，直接在图层名称上单击，该图层会呈高亮度显示，并在名称后会出现一个当前图层指示器标志，表明该图层为活动图层。按下 Shift 键可以选择多个连续的图层，单击第一个和最后一个图层即可；而按下 Ctrl 键可以选择多个不连续的图层，逐个单击图层即可。

知 识

在复制图层时，将会复制图层中包含的所有对象，包括路径、群组，以至于整个图层。选择所要复制的项目后，可采用下面几种复制方式：

从调板菜单中选择【复制】命令。

拖动选定项目到调板底部的新建图层按钮上。

按下 Alt 键，在选定的项目上按下鼠标左键进行拖动，当指针处于一个图层或群组上时松开鼠标，复制的选项将放置到该图层或群组中；如果指针处于两个项目之间，则会在指定位置添加复制的选项，如图 7-42 所示。

图 7-42

3. 隐藏或显示图层

当隐藏一个图层时，该图层中的对象将不在页面上显示，在【图层】调板中用户可以有选择地隐藏或显示图层，比如在创建复杂的作品时，能用快速隐藏父图层的方式隐藏多个路径、群组和子对象。

下面是几种隐藏图层的方式。

（1）在调板中需要隐藏的项目前单击眼睛图标，就会隐藏该项目，而再次单击会重新显示。

（2）如果在一个图层的眼睛图标上按下鼠标左键向上或向下拖动，则鼠标指针经过的图标都会隐藏，这样可以很方便地隐藏多个图层或项目。

（3）在调板中双击图层或项目名称，即可打开【图层选项】对话框，在其中取消选中【显示】复选框，单击【确定】按钮。

（4）如果要隐藏【图层】调板中所有未选择的图层，可以执行调板菜单中的【隐藏其他】命令，或按下 Alt 键，单击需要显示图层的眼睛图标。图 7-43 是隐藏图层前后的对比效果。

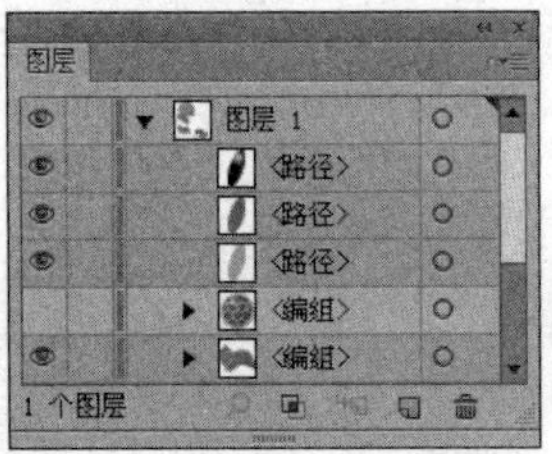

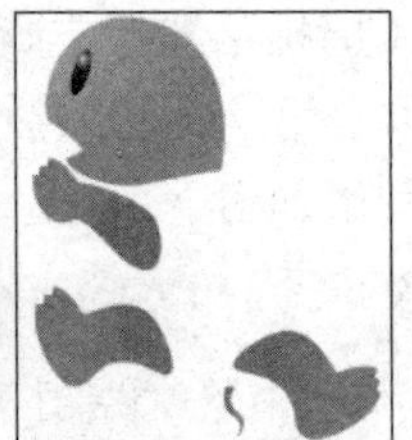

图 7-43

执行调板菜单中的【显示所有图层】命令，则会显示当前文件中的所有图层。

4. 锁定图层

当锁定图层后，该图层中的对象不能再被选择或编辑，利用图层调板所提供的锁定父图层命令能够快速锁定多个路径、群组或子图层。

知 识

下面是几个锁定图层的具体方法。

在调板中需要锁定的图层或项目前单击眼睛图标右边的方框，即可锁定该图层项目，单击锁定标志会解除锁定。图 7-44 是锁定“图层 1”后的显示状态。

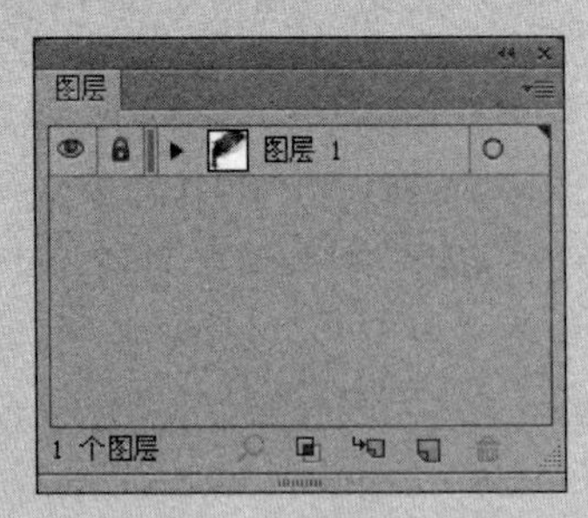

图 7-44

如果要锁定多个图层或项目时，可拖动鼠标指针经过眼睛图标右边的方框。

在调板中双击图层或项目名称，在打开的【图层选项】对话框中选中【锁定】复选框，单击【确定】按钮，锁定当前图层。

要在调板中锁定所有未选择的图层时，可执行调板菜单中的【锁定其他】命令。

5. 释放和收集图层

执行【释放到图层】命令，可为选定的图层或群组创建子图层，并将其中的对象分配到创建的子图层中。而执行【收集到新建图层】命令，可以新建一个图层，并将选定的子图层或其他选项都放到该图层中。

首先在调板中选择一个图层或者群组，如图7-45所示。

图 7-45

然后执行调板菜单中的【释放到图层（顺序）】命令，可将该选项图层或群组内的选项按创建的顺序分离成多个子图层。而执行调板菜单中的【释放到图层（累积）】命令时，则将以数目递增的顺序释放各选项到多个子图层，图 7-46 是执行这两个命令后创建的效果。

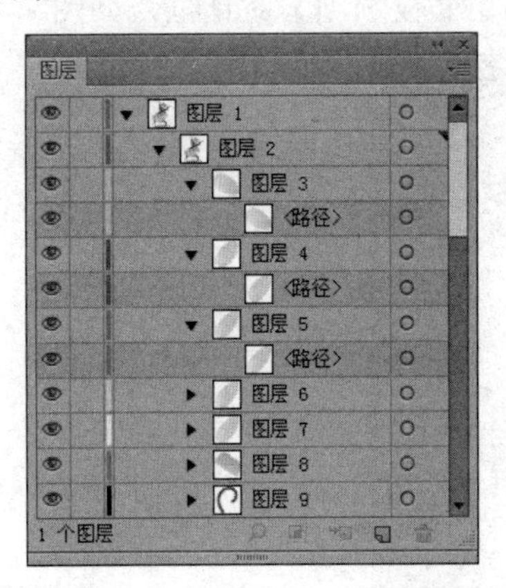

使用【释放到图层（顺序）】命令后的效果

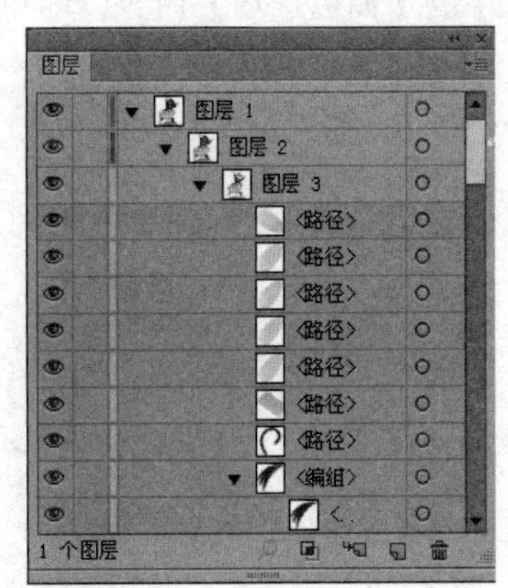

使用【释放到图层（累积）】命令后的效果

图 7-46

这时可对子图层重新组合，按住 Shift 键或者 Ctrl 键，连续或不连续选择需要收集的子图层或其他选项，然后执行调板菜单中的【收集到新建图层中】命令，即可将所选

择的内容放置到一个新建的图层中，如图 7-47 所示。

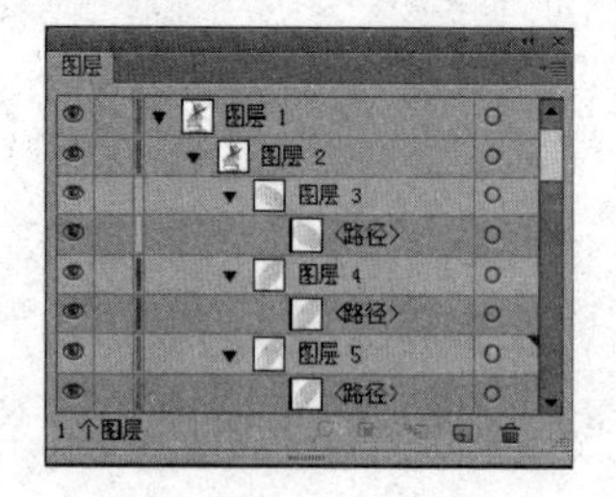

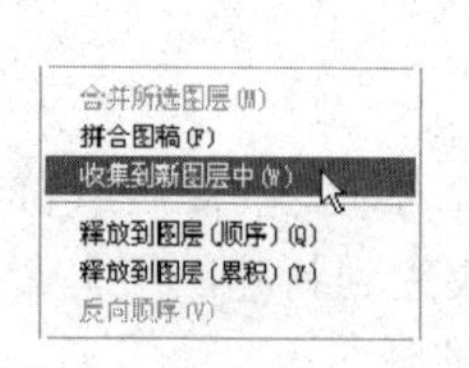

图 7-47

6. 合并图层

编辑好各个图层后，可将这些图层进行合并，或者合并图层中的路径、群组或者子图层。当执行【合并所选图层】命令时，可以选择所要合并的选项；而执行【拼合图稿】命令，会将所有可见图层合并为单一的父图层，合并图层时，不会改变对象在页面上的层序。

如果需要将对象合并到一个单独的图层或群组中，可以先在调板中选择需要合并的项目，然后执行调板菜单中的【合并图层】命令，则选择的项目会合并到最后一个选择的图层或群组中。

当合并所有图层时，应先选择任意一个图层，然后执行调板菜单中的【链接图层】命令即可。

7. 设置调板选项

当使用图层调板时，可对调板进行一些设置，来更改默认情况下调板的外观，执行调板菜单中的【调板选项】命令，即可打开【图层面板选项】对话框，如图 7-48 所示。

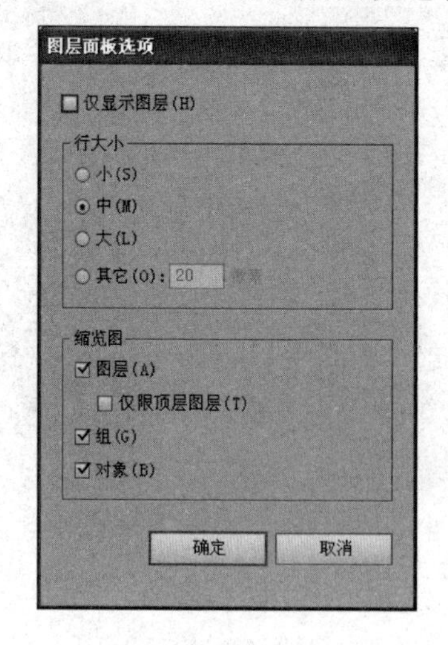

图 7-48

三、使用蒙版

蒙版是一种高级的图形选择和处理技术，当用户需要改变图形对象某个区域的颜色，或者要对该区域单独应用滤镜或其他效果时，可以使用蒙版来分离或保护其余的部分。当然，用户也可以在进行复杂的图形编辑时使用蒙版。

而被蒙版的对象可以是在 Illustrator 中直接绘制的，也可以是从其他应用程序中导入的矢量图或位图文件。在“预览”视图模式下，在蒙版以外的部分不会显示，并且不会打印出来；而在“线框”视图模式下，所有对象的轮廓线都会显示出来。

通常在页面上绘制的路径都可生成蒙版，可以是各种形状的开放或闭合路径、复合路径或者文本对象，或者是经过各种变换后的图形对象。

在创建蒙版时，可以使用【对象】菜单中的命令或者【图层】调板来创建透明的蒙版，也可以使用【透明】调板创建半透明的蒙版。

1. 透明蒙版

将一个对象创建为透明的蒙版后，该对象的内部就会变得完全透明，这样就可以显示下面的被蒙版对象，同时可以挡住不需要显示或打印的部分。

（1）创建与释放蒙版。执行【对象】→【剪切蒙版】→【建立】命令，可以将一个单一的路径或复合路径创建为透明的蒙版，以修剪被蒙版图形的部分内容，并只显示蒙版区域内的内容。

当完成蒙版的创建后，还可以为它应用填充或轮廓线填充，操作时使用【直接选择工具】选中蒙版对象，这时可利用工具箱中的填充或轮廓线填充工具，或使用【颜色】调板对蒙版进行填充，但是只有轮廓线填充是可见的，而对象的内部填充会被隐藏到被蒙版对象的下方。图 7-49 是移动被蒙版对象后显示的填充效果。

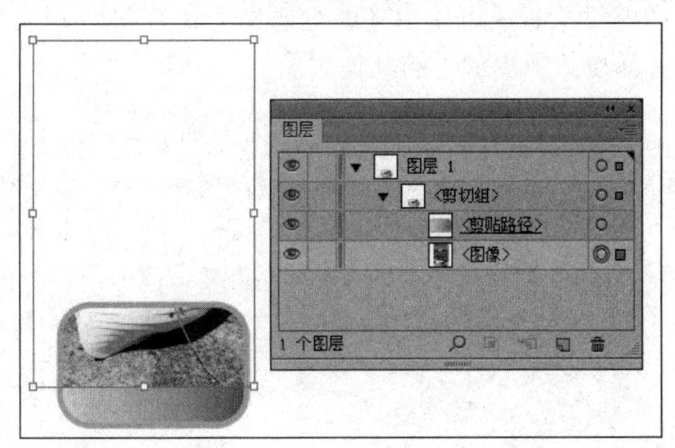

图 7-49

要对蒙版进行变换，只需用【直接选择工具】选中蒙版，然后再使用各种变换工作对其进行适当的变形，如图 7-50 所示。

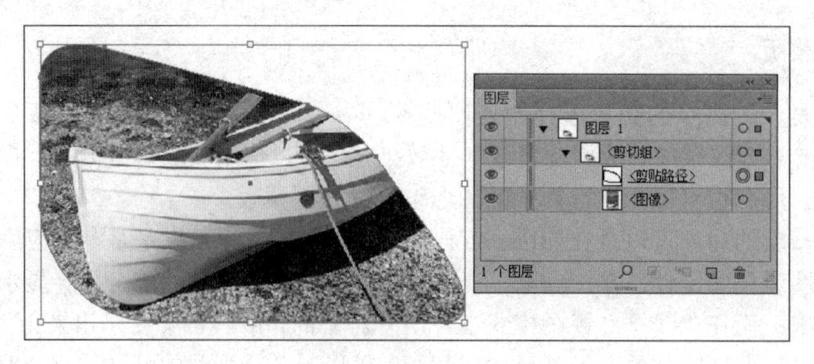

图 7-50

要撤销蒙版效果，恢复对象原来的属性时，可使用【直接选择工具】或拖动产生一个选择框选中蒙版对象，然后执行【对象】→【剪切蒙版】→【释放】命令。如果是在图层调板中操作，可先选择包含蒙版的图层或群组，再执行调板菜单中的【释放蒙版】命令，或者单击调板底部的【创建/释放蒙版】按钮。另外，也可以选择蒙版对象并右击，在弹出的快捷菜单中执行【释放蒙版】命令，或者按 Alt+Ctrl+7 组合键。

（2）编辑蒙版。完成蒙版的创建，或者打开一个已应用蒙版的文件后，还可以对其进行一些编辑，如查看、选择蒙版或增加、减少蒙版区域等。

当查看一个对象是否为蒙版时，可在页面上选择该对象，然后执行【窗口】→【图层】命令，打开【图层】调板，并单击右上角的三角按钮，执行调板菜单中的【定位对象】命令。当蒙版为一个路径时，它的名称下会出现一条下画线；而蒙版为一个群组时，其名称下会出现像虚线一样的分隔符。

当选择蒙版时，可执行【选择】→【对象】→【剪切蒙版】命令，以查找和选择文件中应用的所有蒙版，如果页面上有非蒙版对象处于选定状态时，将取消其选择；如果要选择被蒙版图形中的对象时，可使用【编组选择工具】，单击选择单个的对象，连续单击可相应地选择被蒙版图形中的其他对象。

知 识

除了可以用普通的路径、复合路径或者群组创建透明蒙版外，还可以用文本对象创建透明蒙版，如图 7-51 所示。其方法与上面所说的步骤是一样的，即先用文本工具键入所需要的文字，并使其处于最前面，然后同时选中文本对象和被蒙版的图形，执行【对象】→【剪切蒙版】→【建立】命令，或右击所选对象，在弹出的快捷菜单中执行【建立】命令，或者按 Ctrl+7 组合键。

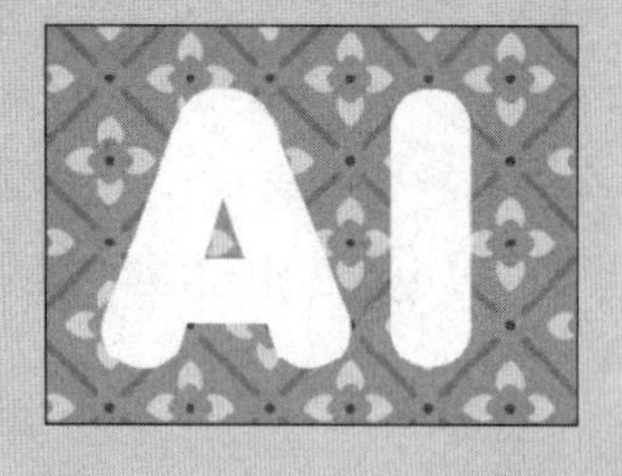

图 7-51

要向被蒙版图形中添加一个对象时，可以先将其选中，并拖动到蒙版的前面，然后执行【编辑】→【粘贴】命令，再使用【直接选择工具】选中蒙版图形中的对象，这时执行【编辑】→【贴在前面】或者【编辑】→【贴在后面】命令，那么该对象就会被相应地粘贴到被蒙版图形的前面或后面，并成为图形的一部分，如图 7-52 所示。

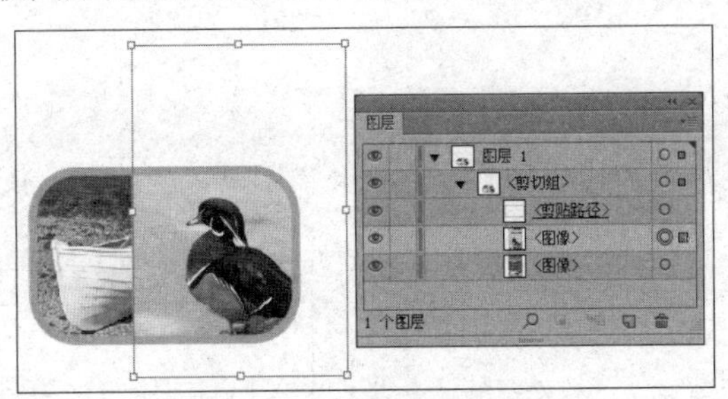

图 7-52

如果要在被蒙版图形中删除一个对象时，可使用【直接选择工具】选中该对象，然后执行【编辑】→【删除】命令即可；如果是在【图层】调板中，可选中该项目，再单击调板底部的删除选项按钮，这时就会全部显示被蒙版的图形。

2. 不透明蒙版

除了完全透明的蒙版，用户也可在【透明度】调板中创建不透明的蒙版，如果一个对象应用了图案或渐变填充，当它作为蒙版后，其填充依然是可见的，利用它的这种特性，可以隐藏被蒙版图形的部分亮度。

当创建一个不透明的蒙版时，至少要选择两个对象或群组，由于 Illustrator 会将选定的最上面的对象作为蒙版，所以在创建之前，要调整好各对象之间的顺序。然后执行【窗口】→【透明度】命令，启用【透明度】调板，并单击调板右上角的三角按钮，在弹出的调板菜单中选择【创建不透明蒙版】命令。

或者直接在页面上选择一个对象或群组，这时在【透明度】调板中会出现该对象的缩略图，双击其右侧的空白处，就会创建一个空白的蒙版，并自动进入蒙版编辑模式，这时再使用绘制工具创建要作为蒙版的对象。图 7-53 是用两个对象创建的不透明蒙版。

图 7-53

在默认状态下，蒙版和被蒙版图形是链接在一起的，它们可作为一个整体移动，单击两个缩略图之间的链接标志，或者执行调板菜单中的【解除不透明蒙版的链接】命令，将会解除链接，这时它们就可以通过【直接选择工具】进行移动，并可编辑被蒙版的图形；再次单击该标志，或者执行调板菜单中的【链接不透明蒙版】命令，它们又会重新链接。

知 识

选中【透明度】调板中的【剪切】复选框会使蒙版不透明，而使被蒙版图形完全透明，如图 7-54 所示。

图 7-54

如果需要对蒙版进行一些编辑，在【透明度】调板上单击蒙版缩略图，就可以进入蒙版编辑模式，用户可使用各种工具对其进行修改，改变后的外观会显示在调板的缩略图中，编辑好之后，单击左侧的被蒙版图形的缩略图即可退出编辑模式，图 7-55 是对蒙版进行修改之后的效果。

图 7-55

要释放不透明蒙版，可执行调板菜单中的【释放不透明蒙版】命令，这时被蒙版的图形将会显示。

执行调板菜单中的【停用不透明蒙版】命令，可以取消蒙版效果，但不删除该对象，这时一个红色的 X 标志将出现在右侧的缩略图上，而选择【启用不透明蒙版】命令即可恢复。

知 识

选中【透明度】调板中的【反向蒙版】复选框会反转蒙版区域内的亮度值，如图 7-56 所示。

图 7-56

四、应用封套

封套为改变对象形状提供了一种简单有效的方法，允许通过用鼠标移动节点来改变对象的形状。可以利用页面上的对象来制作封套，或使用预设的变形形状或网格作为封套。除图表、参考线或链接对象以外，可以在任意对象上使用封套。

选择封套对象，然后单击【控制】调板中的【封套选项】按钮，或者选择【对象】→【封套扭曲】→【封套选项】命令，打开【封套选项】对话框，如图 7-57 所示，可以设置封套选项。

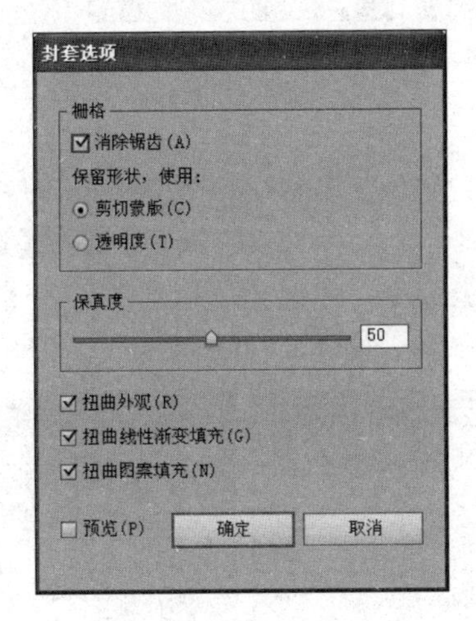

图 7-57

1. 创建封套

（1）使用预设的形状创建封套。选中对象，选择【对象】→【封套扭曲】→【用变形建立】命令，弹出【变形选项】对话框，在【样式】下拉列表框中提供了 15 种封套

类型。拖动【弯曲】选项滑块设置对象的弯曲程度，拖动【扭曲】选项组中的滑块设置应用封套类型在水平或垂直方向上的比例，选中【预览】复选框，预览设置好的封套效果，单击【确定】按钮，即可为对象应用封套，如图 7-58 所示。

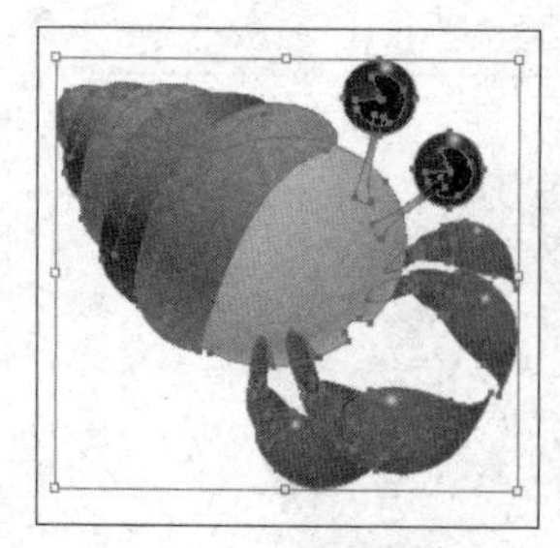
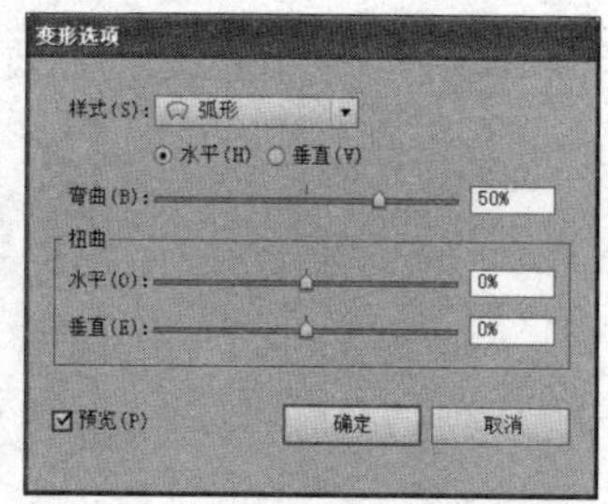

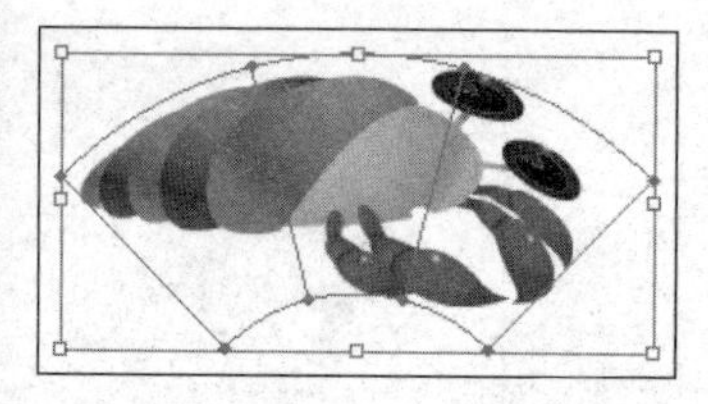

图 7-58

（2）使用网格创建封套。选中对象，选择【对象】→【封套扭曲】→【用网格建立】命令，弹出【封套网格】对话框。在【行数】和【列数】微调框中输入网格的行数和列数，单击【确定】按钮。选择【网格工具】，单击网格封套对象，可增加对象上的网格数；按住 Alt 键单击，可减少对象上的网格数；用【网格工具】拖动网格点可以改变对象的形状。网格封套效果如图 7-59 所示。

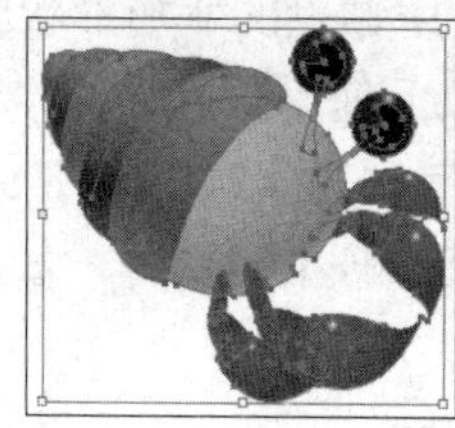
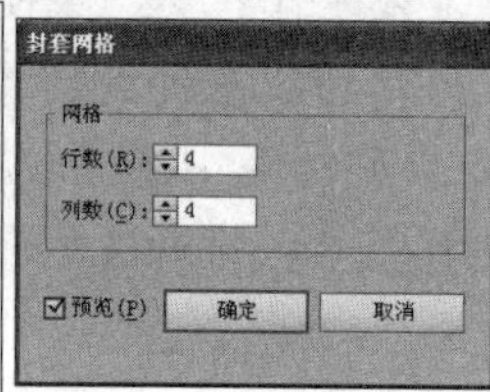

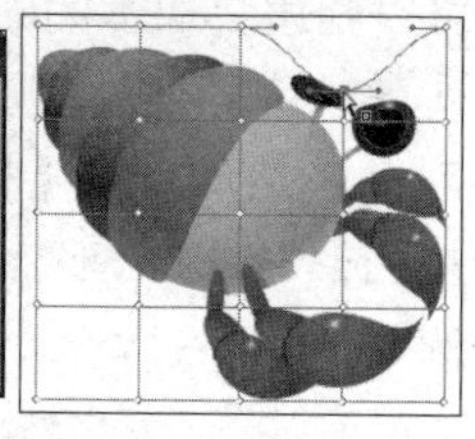

图 7-59

2. 编辑封套

（1）编辑封套形状。选取一个含有对象的封套，选择【对象】→【封套扭曲】→【用变形重置】或【用网格重置】命令，弹出【变形选项】或【重置封套网格】对话框，根据需要重新设置封套类型和参数，如图 7-60 所示。

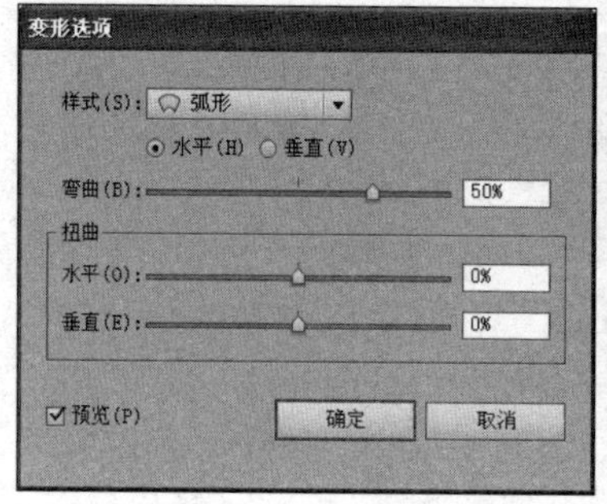

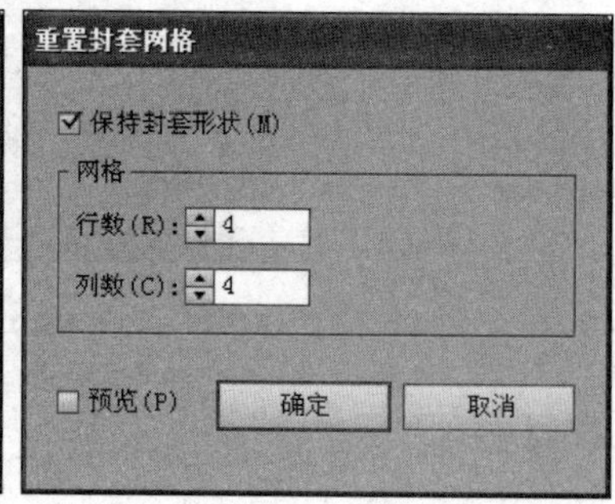

图 7-60

（2）编辑封套内的对象。选取一个含有对象的封套，选择【对象】→【封套扭曲】→【编辑内容】命令，对象将会显示原来的选择框，此时即可编辑封套内的对象，如图 7-61 所示。

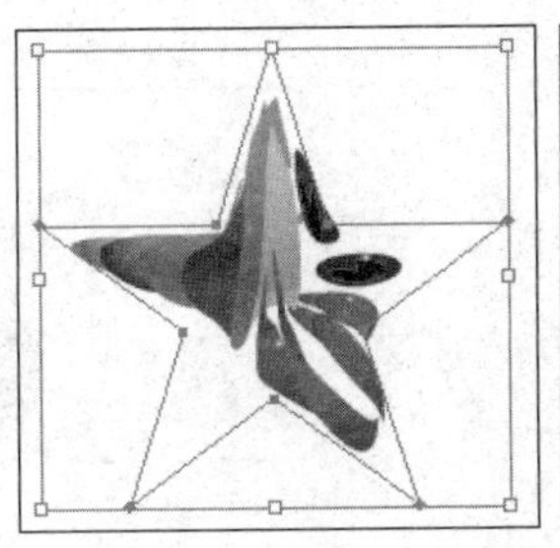
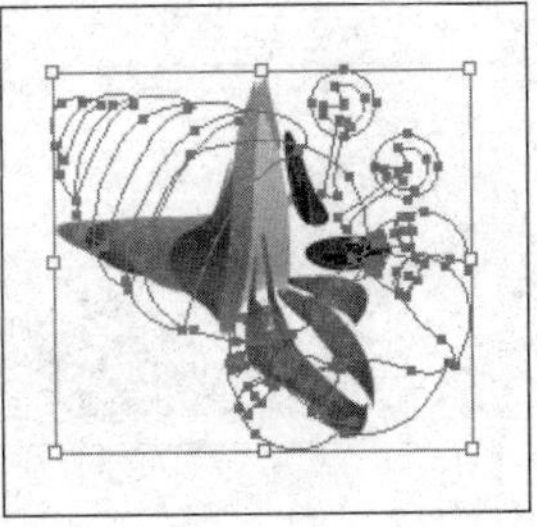

图 7-61

知 识

使用【直接选择工具】或【网格工具】可以拖动封套上的节点编辑封套形状，也可以使用【变形工具】对封套进行扭曲变形，如图 7-62 所示。

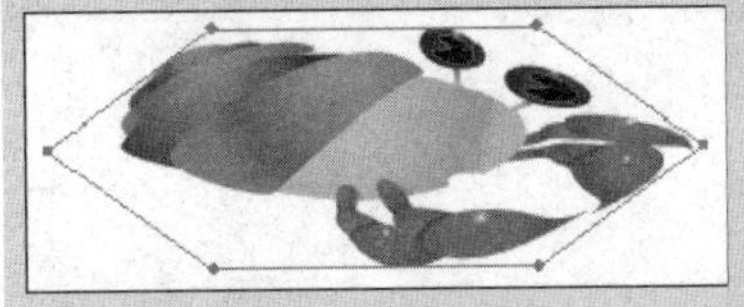
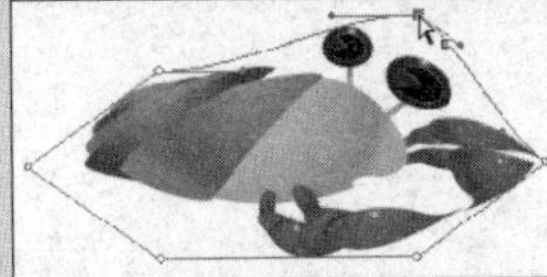
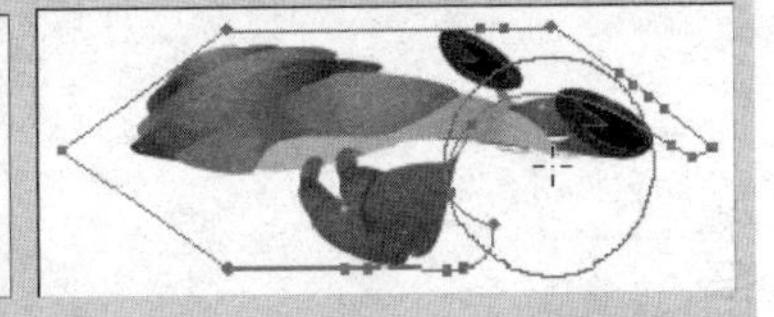

图 7-62

五、混合效果

使用【混合】命令可以混合线条、路径、颜色和图形，还可以同时混合颜色和线条或颜色和图形，从而制作出许多美妙的光滑过渡效果。

1. 制作混合图形

选取要进行混合的对象，选择【对象】→【混合】→【建立】命令，即可制作出混合效果。或者选择【混合工具】，单击要混合的起始对象，把鼠标指针移动到另一个要混合的图形上单击，将其设置为目标图形，即可绘制出混合效果，如图 7-63 所示。

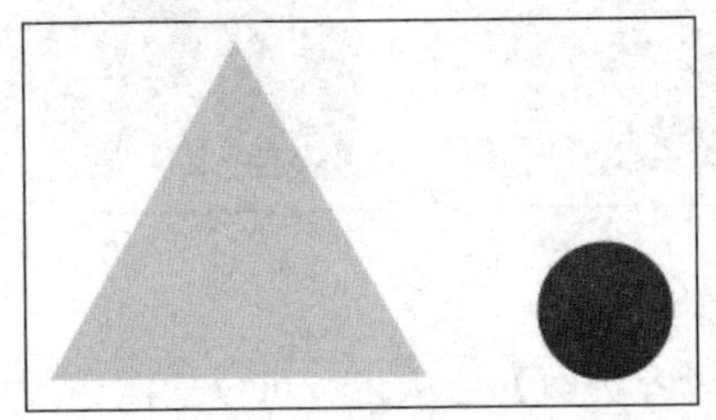
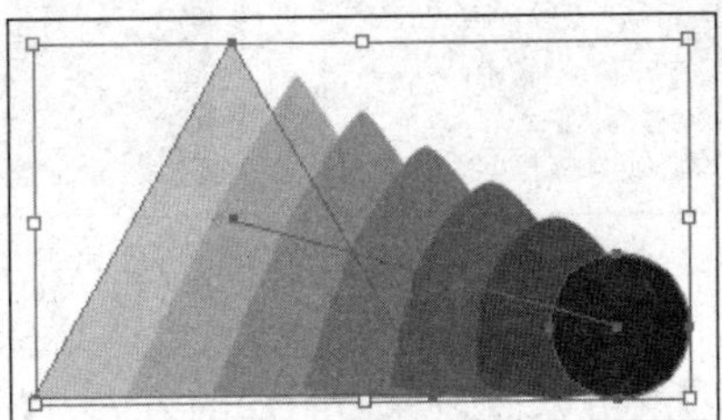

图 7-63

2. 释放混合图形

选中混合对象，选择【对象】→【混合】→【释放】命令，可以释放混合对象，如图 7-64 所示。

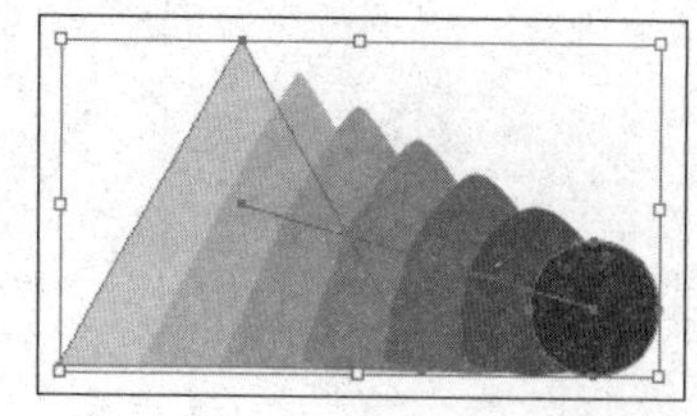
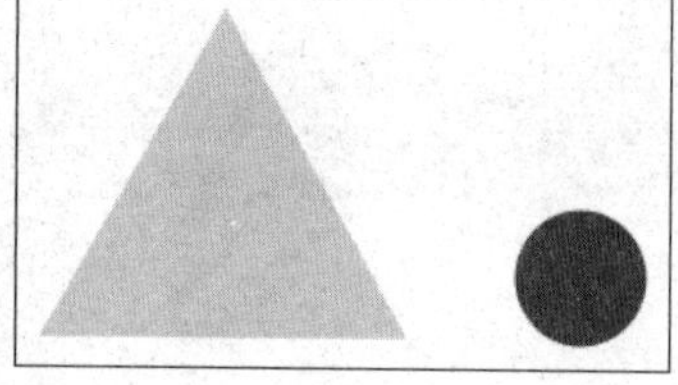

图 7-64

3. 设置混合选项

选取要进行混合的对象，双击【混合工具】或选择【对象】→【混合】→【混合选项】命令，打开【混合选项】对话框，如图 7-65 所示，可以设置混合选项。

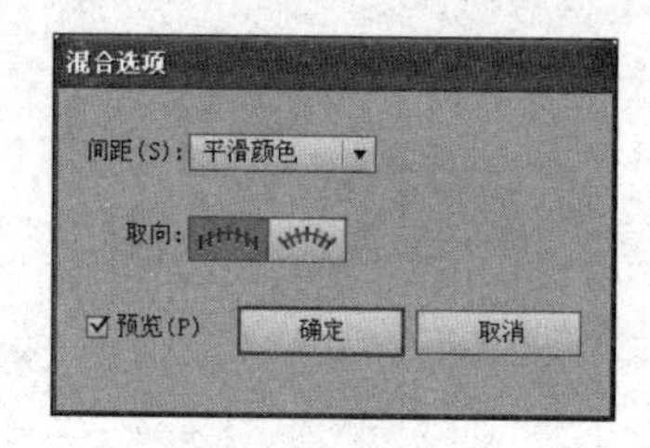

图 7-65

在【混合选项】对话框中，【间距】用于控制混合图形之间的过渡样式。在【间距】下拉列表框中选择【平滑颜色】，可以使混合的颜色保持平滑；【指定的步数】选项可以设置混合对象的步骤数，数值越大，所取得的混合效果越平滑；【指定的距离】选项可以设置混合对象间的距离，数值越小，所取得的混合效果越平滑。其设置效果如图 7-66 所示。

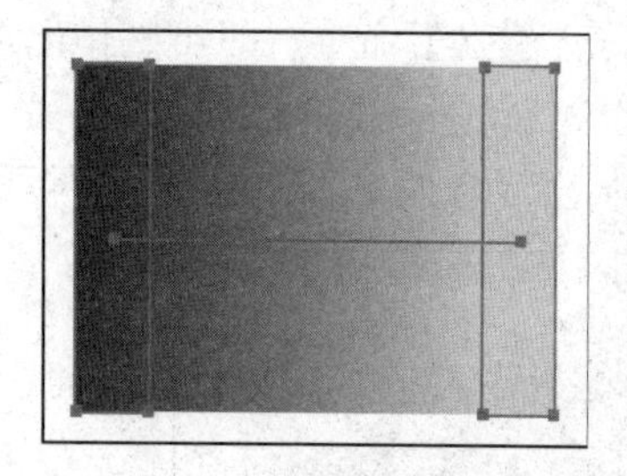
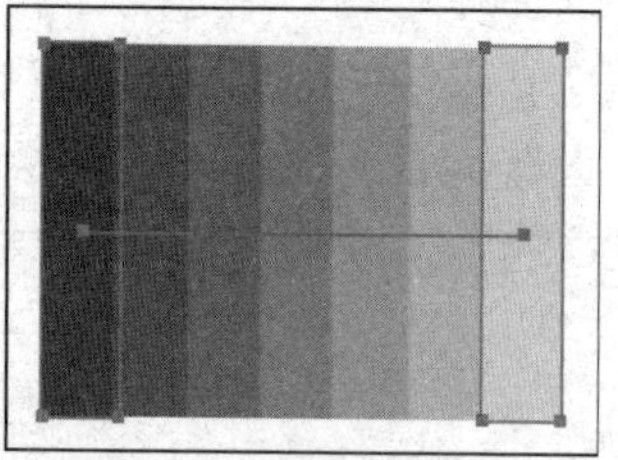
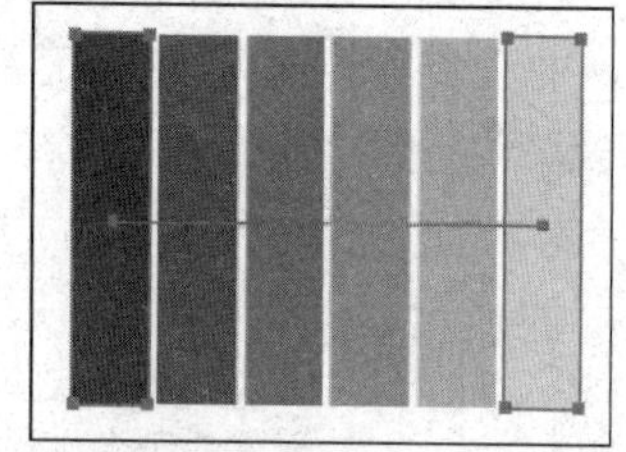

图 7-66

【取向】：可以控制混合图形的方向，【对齐页面】选项可以使混合效果中的每一个中间混合对象的方向垂直于页面的 X 轴，【对齐路径】选项可以使混合效果中的每一个中间混合对象的方向垂直于路径，效果如图 7-67 所示。

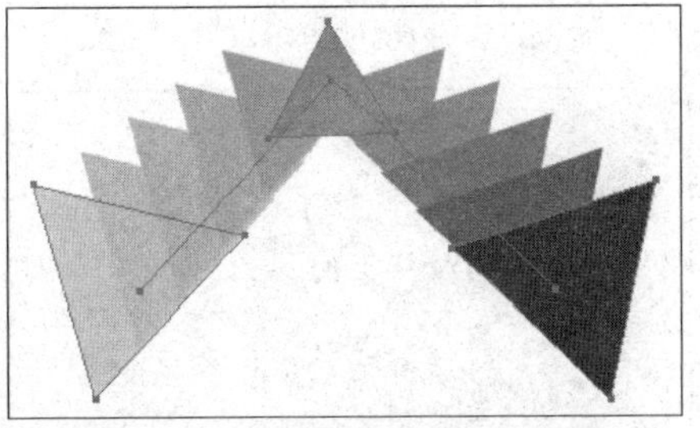

图 7-67

知 识

如果想更改混合图形的走向，可以同时选取混合图形和视图中创建的一条路径，然后选择【对象】→【混合】→【替换混合轴】命令，使混合图形沿着创建的路径变化，如图 7-68 中中间显示的路径。

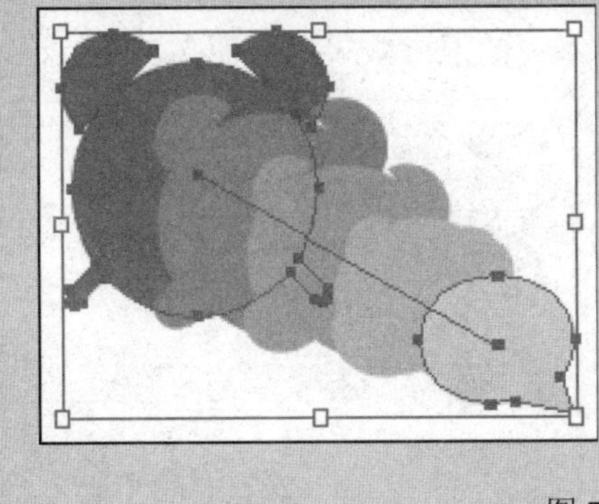
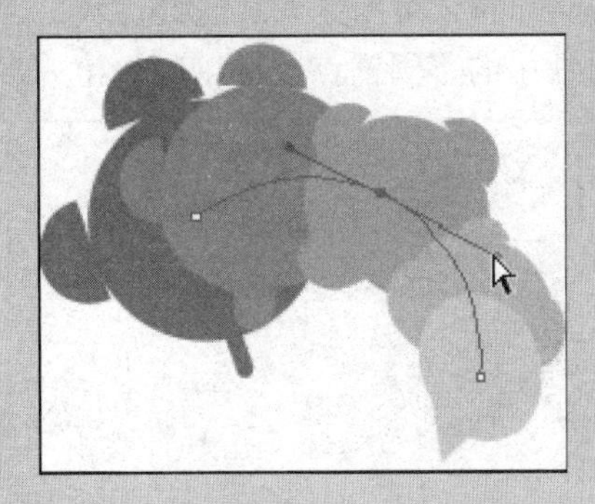

图 7-68

4. 编辑混合图形

当选择的图形进行混合后，就会形成一个整体，这个整体是由原混合对象以及对象之间的路径组成的。

选取混合对象，选择【对象】→【混合】→【反向混合轴】命令，混合图形的上下顺序将被改变，如图 7-69 所示。

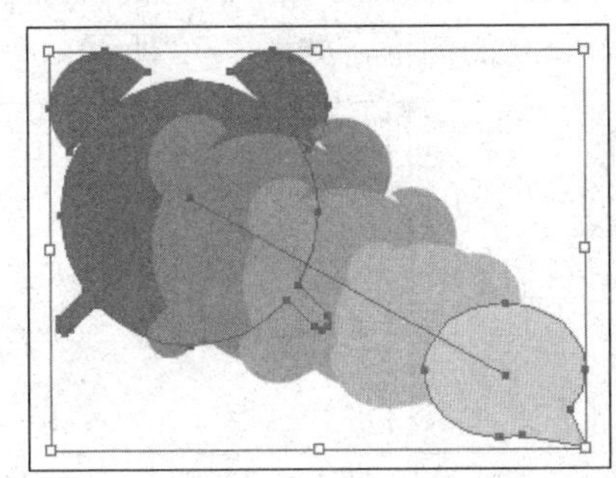
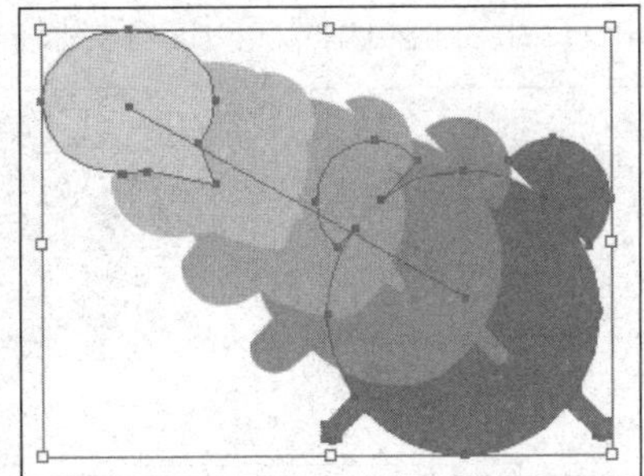

图 7-69

选取混合对象，选择【对象】→【混合】→【反向堆叠】命令，混合图形的上下顺

序将被改变，如图 7-70 所示。

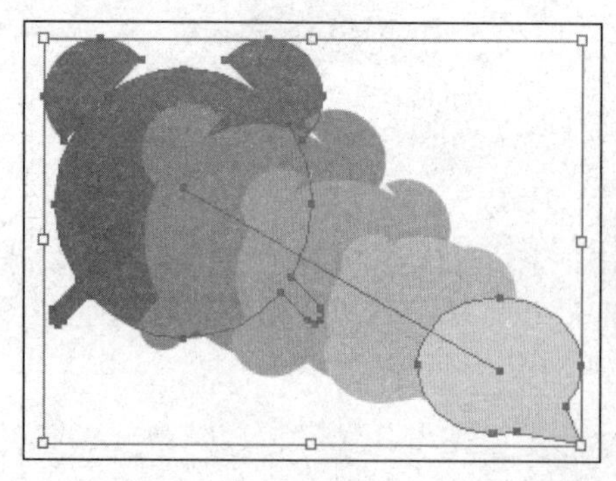
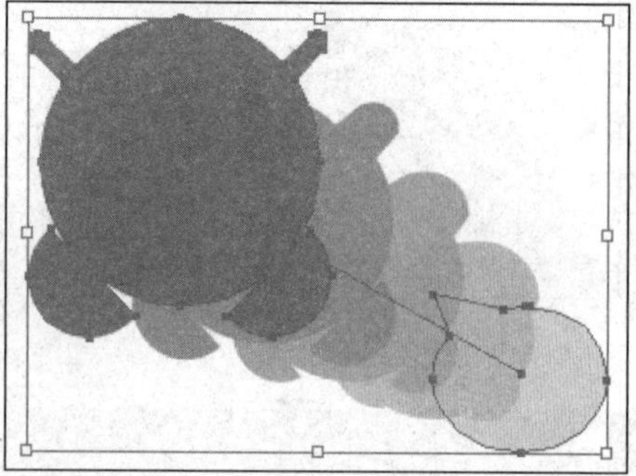

图 7-70

混合得到的混合图形由混合路径相连接，自动创建的混合路径默认是直线，可以编辑这条混合路径，得到更丰富的混合效果。在制作混合效果时，利用【混合工具】单击混合对象中的不同锚点，可以制作出许多不同的混合效果，如图 7-71 所示。

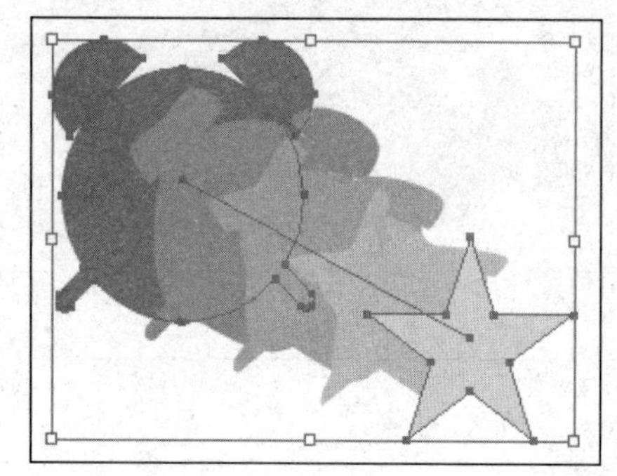
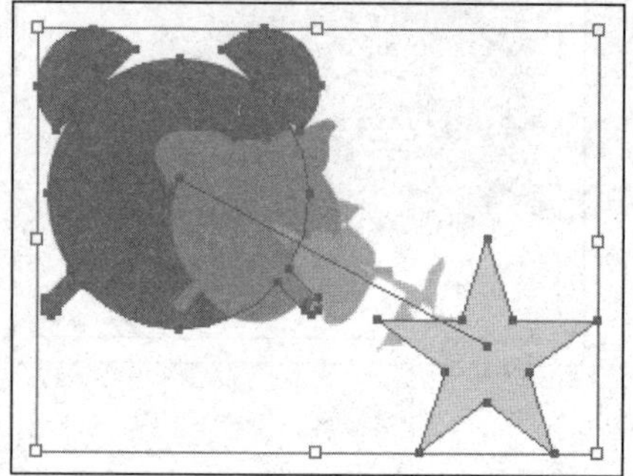

图 7-71

5. 解散混合图形

在页面中创建混合效果之后，利用任何选择工具都不能选择混合图形中间的过渡图形，如果想对混合图形中的过渡图形进行编辑，则需要将混合图形解散。

首先选取混合图形，选择【对象】→【混合】→【扩展】命令，将混合图形解散后，按 Ctrl+Shift+G 组合键可解散群组，得到许多独立的图形，如图 7-72 所示。

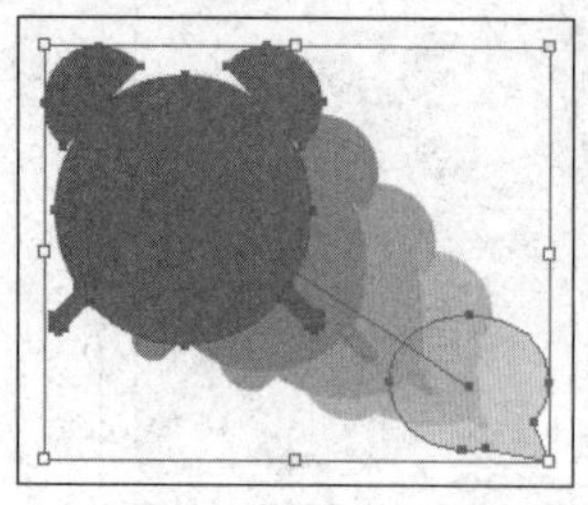
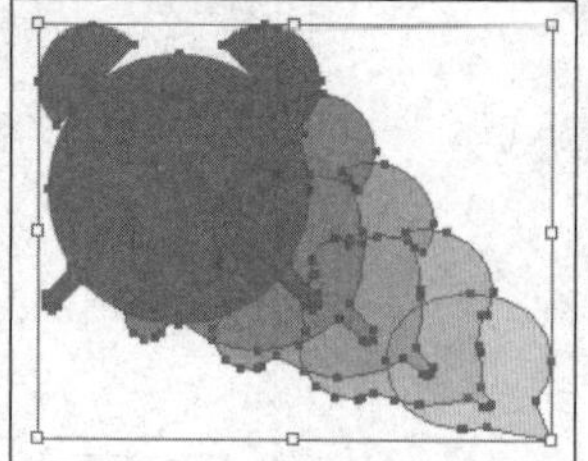
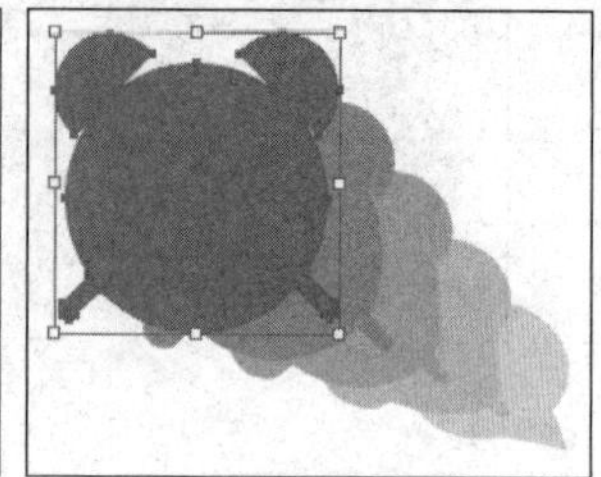

图 7-72

六、动作和批处理

动作就是对单个文件或一批文件回放一系列命令，大多数命令和工具的操作都可以记录在动作中，动作是快捷批处理的基础，快捷批处理就是自动处理默认的或已录制好的动作。

用户可进行下列有关动作的编辑，如重新排列动作或在一个动作内重新整理命令及其运行顺序；使用对话框为动作录制新的命令或参数；更改动作选项，如动作名称、按钮颜色以及快捷键等；复制、删除动作和命令。

1. 认识【动作】调板

在【动作】调板中可以录制、播放、编辑和删除动作，或者保存、加载，或替换动作组。

执行【窗口】→【动作】命令，即可打开【动作】调板。单击调板右上角的三角按钮，在弹出的调板菜单中选择【按钮模式】命令，即可切换到按钮模式下，这时不能展开或折叠命令集和各项命令，图 7-73 是默认显示模式下的【动作】调板。

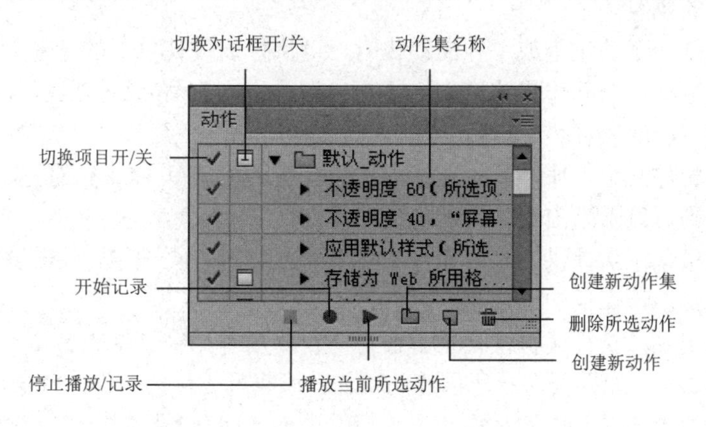

图 7-73

2. 创建、录制与播放动作

选择【窗口】|【动作】命令，打开【动作】调板，单击【动作】调板中的【创建新动作集】按钮，弹出【新建动作集】对话框，如图 7-74 左图所示，输入动作集的名称并确定，即可新建动作集。单击【创建新动作】按钮，在弹出的【新建动作】对话框中输入动作的名称，在【动作集】下拉列表框中选择动作所在的动作集，在【功能键】下拉列表框中选择动作执行的快捷键，在【颜色】下拉列表框中可以为动作选择颜色，如图 7-74 右图所示。

单击【记录】按钮开始记录动作，此时【动作】调板底部的【开始记录】按钮变为红色。在记录动作时，如果弹出对话框，在对话框中单击【确定】按钮，将记录对话框动作；如果在对话框内单击【取消】按钮，则不会记录这些动作。选中一个动作，单击调板底部的【播放当前所选动作】按钮，或者从调板菜单中选择【播放】命令，

即可播放该动作。

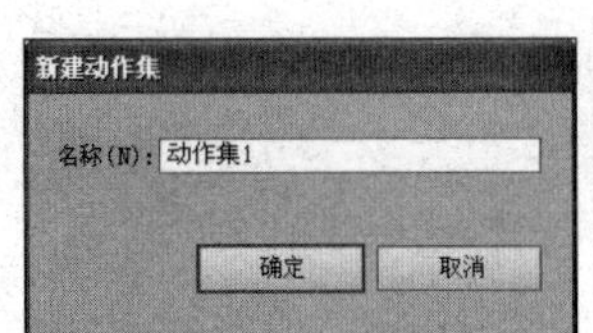

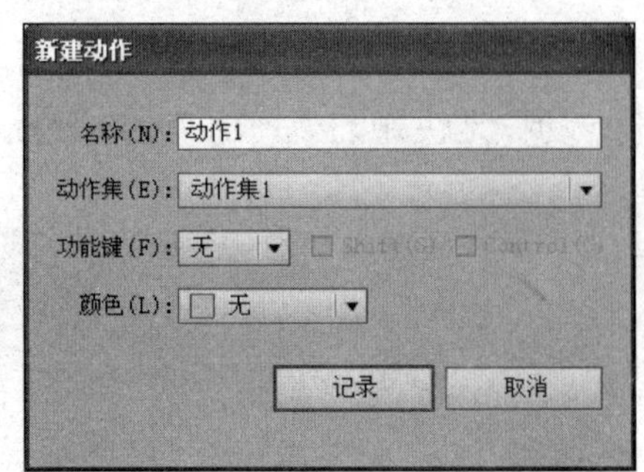

图 7-74

3. 编辑动作

如果要调整动作的位置，如移动一个动作到不同的动作集，可在调板中直接拖动，这时会出现一条高亮显示的线，到合适位置时，再松开鼠标按键，也可以在同一个动作内更改各命令的位置。

当需要复制一个动作集或单独的动作时，可执行调板菜单中的【复制】命令，也可按下鼠标左键拖动一个动作集或动作到【创建新动作集】或【创建新动作】按钮上，即可复制相应的内容。

如果需要删除某个动作，可先选择，然后执行调板菜单中的【删除】命令，而【清除动作】命令则可删除当前文件中所有的动作。

利用调板菜单中所提供的部分命令也可以对动作进行再编辑，单击调板右上角的三角按钮，即可弹出该调板的选项菜单。

（1）再次记录：执行【再次记录】命令即可重新开始记录动作。

（2）存储动作：如果要保存所创建的动作，可执行【存储动作】命令，打开【保存】对话框，在其中指定该动作的名称和位置后，单击【保存】按钮。默认情况下，该动作集会保存在 Illustrator 的 Actions Sets 文件夹下。

（3）替换动作：如果要替换所有的动作，可执行【替换动作】命令，在打开的【替换动作】对话框中查找和选择一个文件的名称，然后单击【打开】按钮。

（4）插入菜单项：当选择一个动作后，执行调板菜单中的【插入菜单项】命令，即可打开该对话框，如图 7-75 所示。

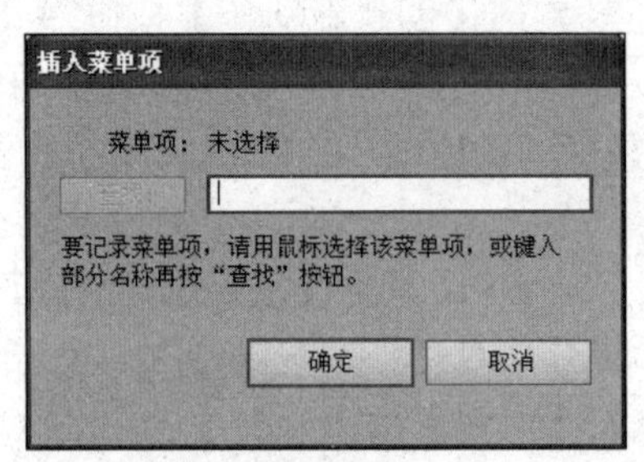

图 7-75

（5）插入停止：在动作中，可以根据需要在其中加入一些人为的停顿，以更好地控制动作的记录与播放。选择要在其下插入停止的动作或命令，然后执行调板菜单中的【插入停止】命令，即可打开【插入停止】对话框，如图 7-76 所示。在【记录停止】对话框中的【信息】列表框内输入停止时所要显示的信息，当选中【允许继续】复选框后，命令可继续进行，完成设置后，单击【确定】按钮。

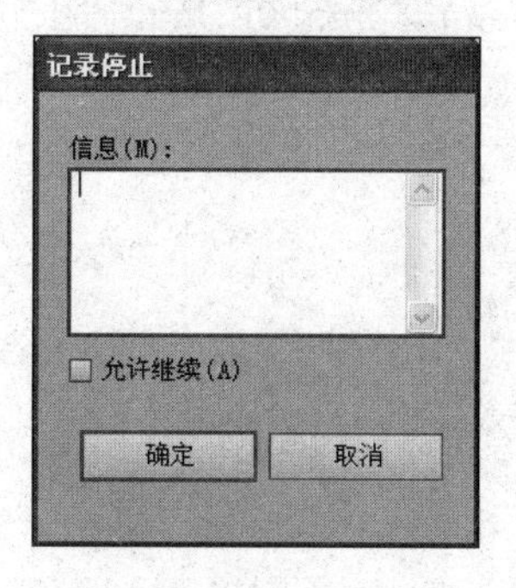

图 7-76

（6）插入选择路径：在记录动作时，也可以记录一个路径来作为动作的一部分，即操作时选择一个路径，然后执行调板菜单中的【插入选择路径】命令。

4. 批处理

批处理就是将一个指定的动作应用于某个文件夹下的所有图形，方法是在【动作】调板弹出菜单中选择【批处理】命令，打开【批处理】对话框，如图 7-77 所示，从中选择动作和动作所在的序列。

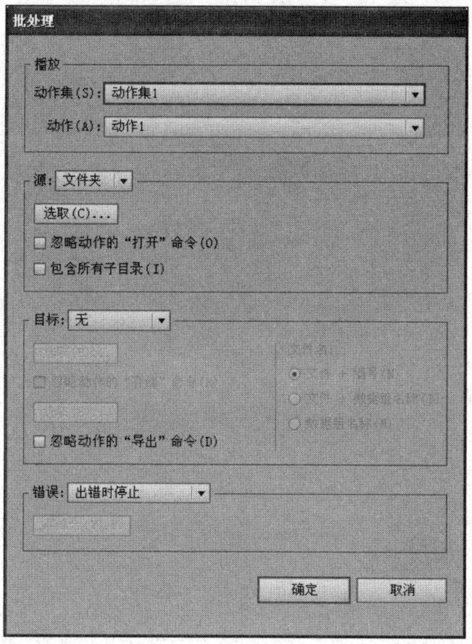

图 7-77

课后实践——设计制作包装

某食品公司近期推出一款山东特产风干鸡，深受广大消费者的欢迎，为扩大市场向超市供货，委托本公司为该产品设计一款手提袋。

要求：手提袋的尺寸为 290mm×80mm×500mm，用产品图像作为手提袋的主题图像，突出产品的历史文化。参考效果图如图 7-78 所示。

图 7-78

项目八　设计与制作小图标
——3D 功能和滤镜效果

知识目标

1. 掌握滤镜的用法。
2. 掌握效果的用法。
3. 掌握创建 3D 图形的方法。
4. 掌握风格化滤镜的应用。

能力目标

1. 学会应用滤镜制作特效。
2. 学会自己设计制作小图标。

制作任务

任务背景

某电子运营商开发了一款以宠物为主题的手机游戏，为更好地向消费者进行宣传，委托某公司为该网站设计一款桌面图标。

任务要求

图标虽小但细节要考究，设计画面要求温馨浪漫、层次丰富、主题分明，体现动物的萌动可爱。

任务分析

由于该游戏网站是以宠物为主题，所以选取萌小猫作为图标的主题图案来进行绘制，猫咪是比较灵动的宠物，所以在绘制的时候不能太死板，可以通过应用软件中的滤镜效果，制作出猫咪毛茸茸的皮毛，使图标看上去更有质感和立体感。

任务参考效果图

操作步骤

1. 创建猫咪的头部

（1）执行【文件】→【新建】命令，创建一个新文件，如图 8-1 所示。

（2）使用【矩形工具】绘制一个与页面大小相同的矩形，如图 8-2 所示，在【渐变】调板中设置渐变颜色，并使用【渐变工具】调整渐变中心点的位置，取消轮廓色。

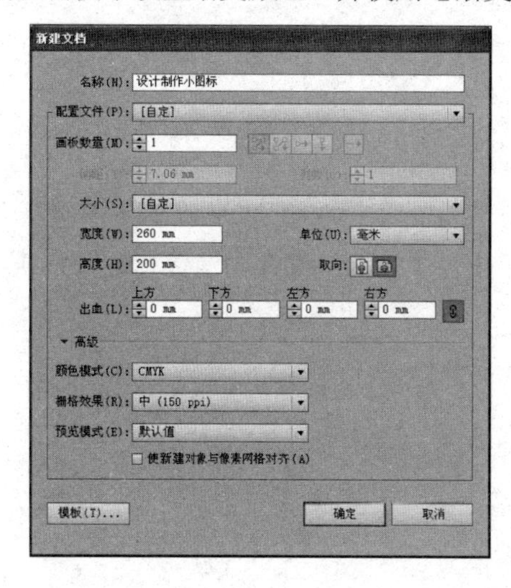

图 8-1

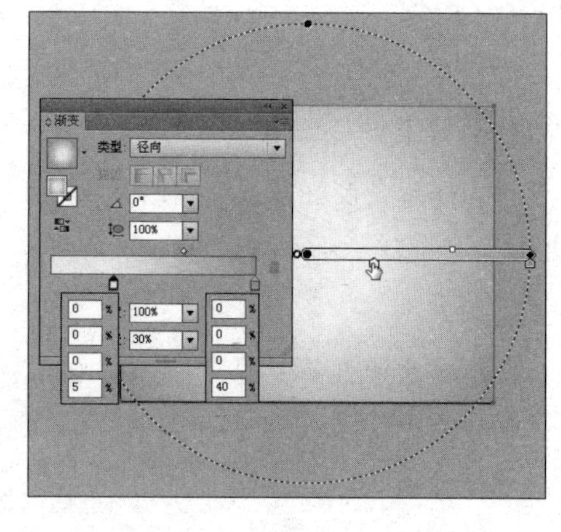

图 8-2

（3）使用【椭圆工具】配合键盘上的 Shift 键绘制正圆，如图 8-3 所示，设置填充色并取消轮廓色。

（4）选中正圆图形，执行【效果】→【像素化】→【点状化】命令，如图 8-4 所示，在弹出的【点状化】对话框中进行设置，然后单击【确定】按钮，应用滤镜效果。

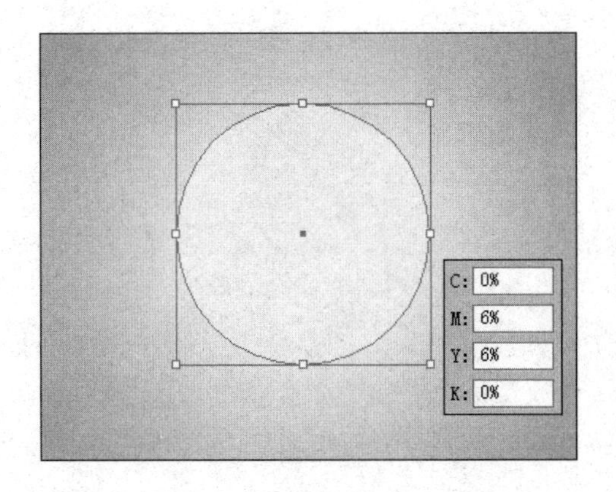

图 8-3

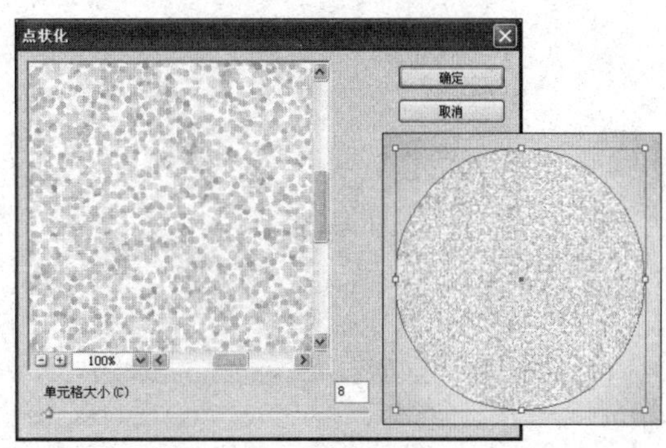

图 8-4

（5）继续执行【效果】→【模糊】→【高斯模糊】命令，如图 8-5 所示。

（6）继续执行【效果】→【模糊】→【径向模糊】命令，如图 8-6 所示。

（7）继续使用【椭圆工具】绘制正圆，如图 8-7 所示。

（8）使用【直接选择工具】调整正圆的形状，并在【透明度】调板中设置图层的混合模式，如图 8-8 所示。

（9）选中上一步创建的图形，然后执行【滤镜】→【模糊】→【高斯模糊】命令，模糊图形，如图 8-9 所示。

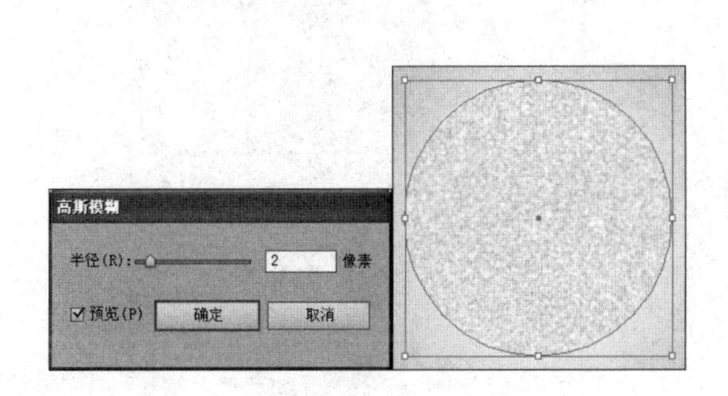

图 8-5

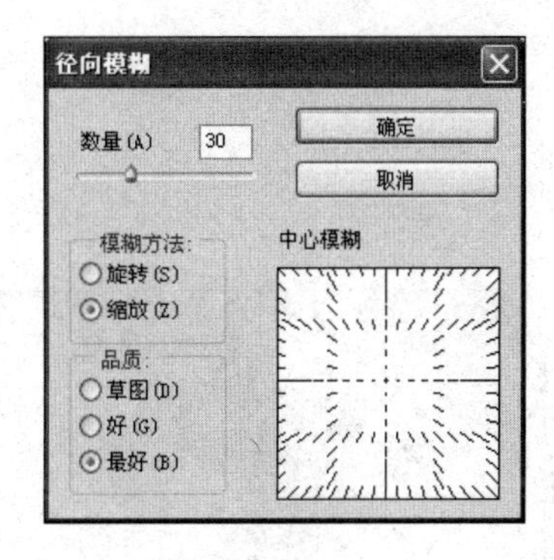

图 8-6

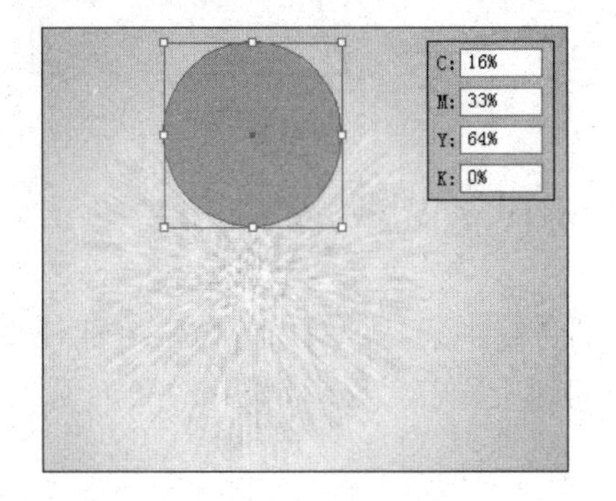

图 8-7

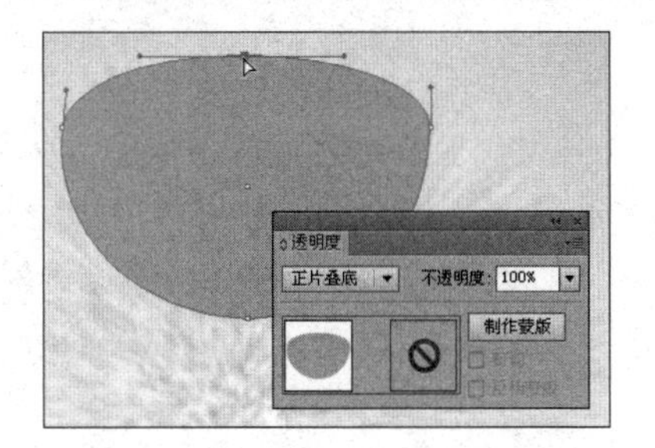

图 8-8

（10）复制上一步创建的图形，并参照图 8-10 所示，调整图形的形状。

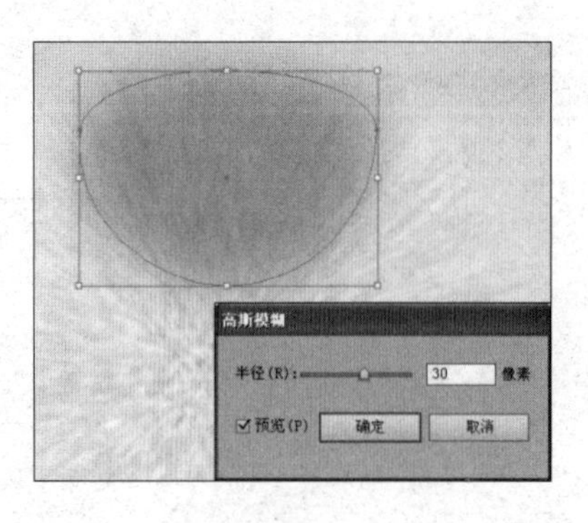

图 8-9

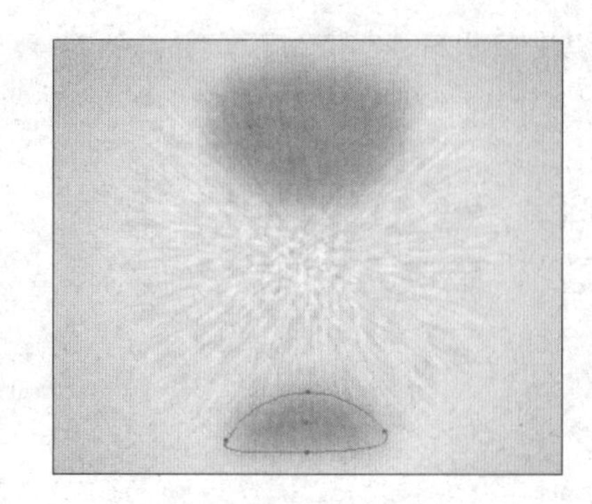

图 8-10

2. 制作猫咪的耳朵

（1）使用【钢笔工具】绘制猫咪的耳朵，如图 8-11 所示。

（2）依次执行【效果】→【像素化】→【点状化】命令、【效果】→【模糊】→【高斯模糊】命令、【效果】→【模糊】→【径向模糊】命令，如图 8-12 所示，分别对其参数进行设置。

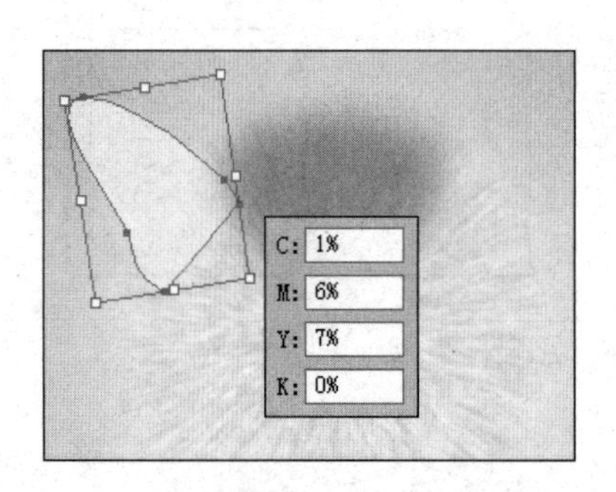

图 8-11

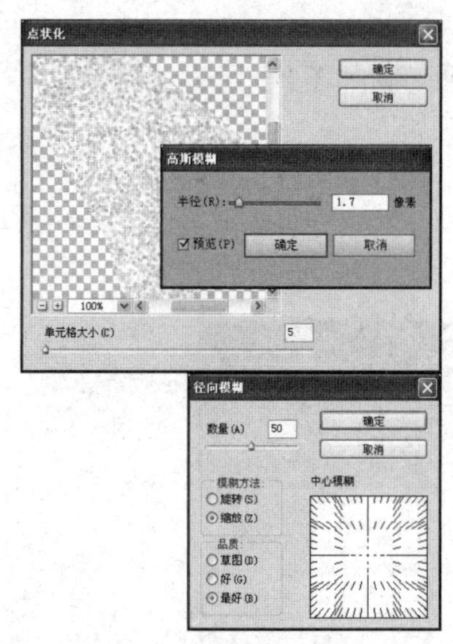

图 8-12

（3）复制上一步创建的图形，使用快捷键 Ctrl+[调整图层的顺序，并更改图形的颜色，如图 8-13 所示。

（4）调整猫咪耳朵图形到猫咪头部图形的下方，复制猫咪的耳朵，并水平翻转图形，如图 8-14 所示，最后使用快捷键 Ctrl+G 将猫咪的耳朵进行编组。

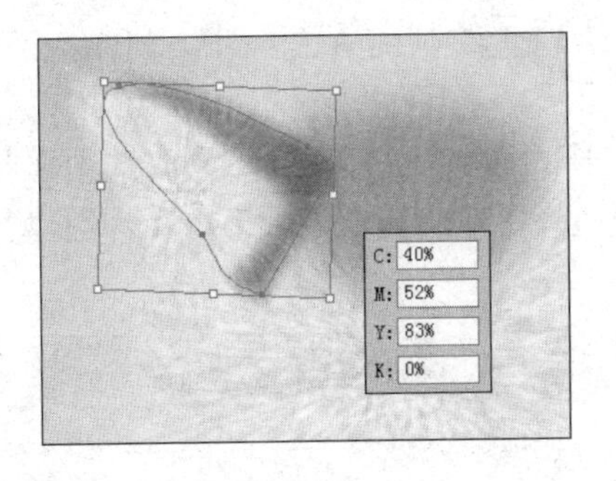

图 8-13

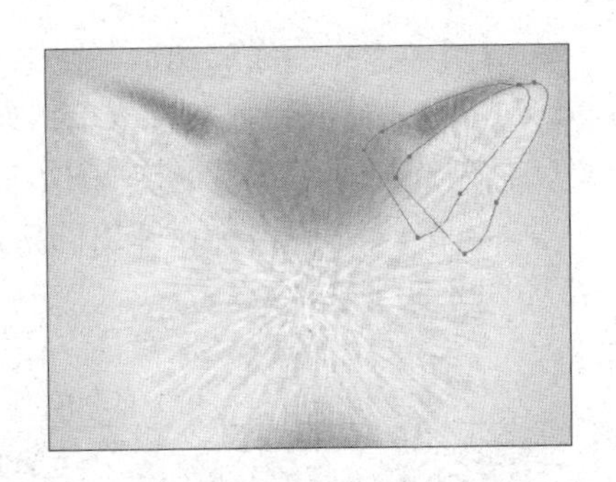

图 8-14

3. 制作猫咪的眼睛

（1）使用【椭圆工具】绘制椭圆，并使用【直接选择工具】调整节点的位置，然后在【渐变】调板中设置渐变颜色，创建出眼眶图形，如图 8-15 所示。

（2）执行【效果】→【风格化】→【内发光】命令，如图 8-16 所示，在弹出的【内发光】对话框中设置参数，然后单击【确定】按钮应用该效果。

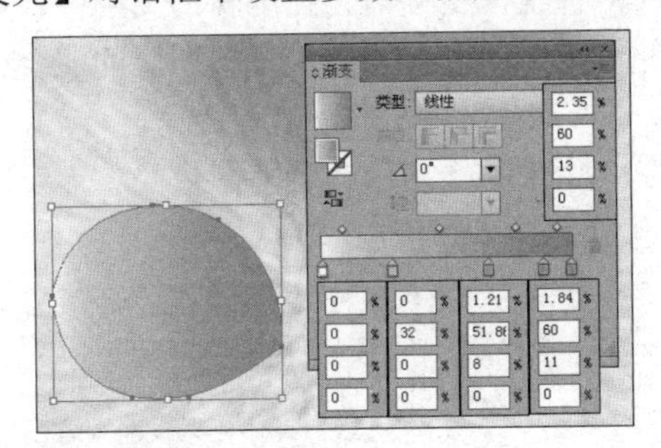

图 8-15

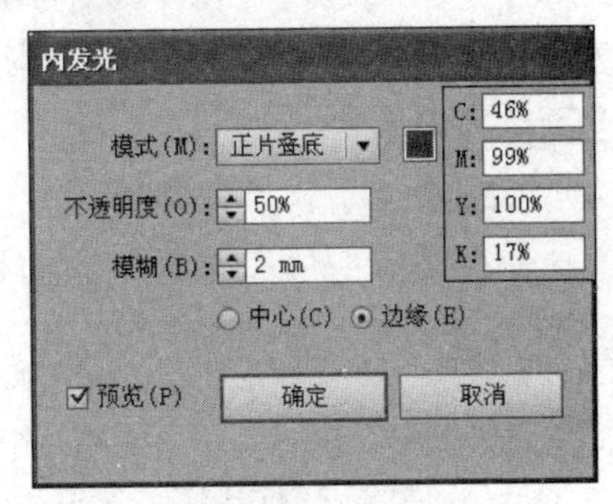

图 8-16

（3）继续执行【效果】→【风格化】→【投影】命令，如图 8-17 所示，在弹出的【投影】对话框中设置参数，然后单击【确定】按钮，应用该效果。

（4）复制并缩小上一步创建的图形，设置填充色为白色，在【外观】调板中删除【投影】效果，并更改【内发光】的颜色为紫红色（C:46，M:100，Y:58，K:5），如图 8-18 所示。

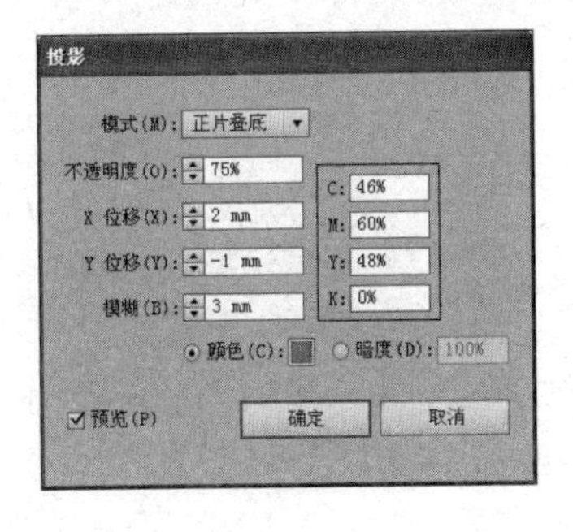

图 8-17

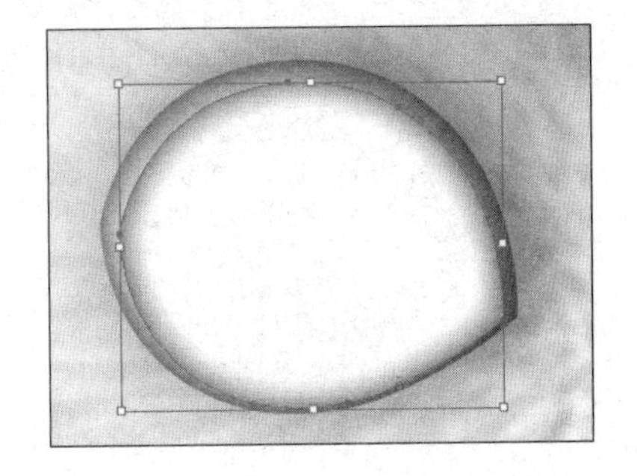

图 8-18

（5）复制上一步创建的图形，使用【椭圆工具】绘制橘黄色（C:3，M:46，Y:91，K:0）正圆，并为其添加内发光效果，如图 8-19 所示。

（6）使用快捷键 Ctrl+[将正圆图形后移一层，配合键盘上的 Shift 键同时选中正圆和位于它上面的图形，右击并在弹出的快捷菜单中选择【建立剪切蒙版】命令，创建剪切蒙版，如图 8-20 所示。

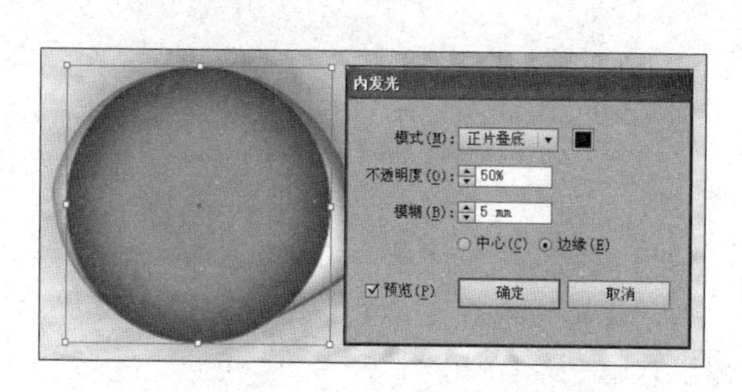

图 8-19

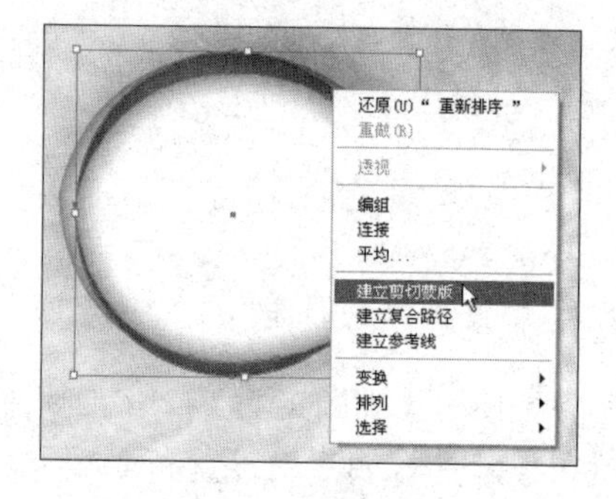

图 8-20

（7）打开本章素材“特殊纸张 01.jpg”文件，将其拖至当前正在编辑的文档中，如图 8-21 所示，调整图像的大小及图层顺序，并在【透明度】调板中设置图层的混合模式为【颜色加深】。

（8）继续添加素材“特殊纸张 02.jpg”文件，如图 8-22 所示，调整图像的大小及图层顺序，并在【透明度】调板中设置图层的混合模式为【颜色加深】。

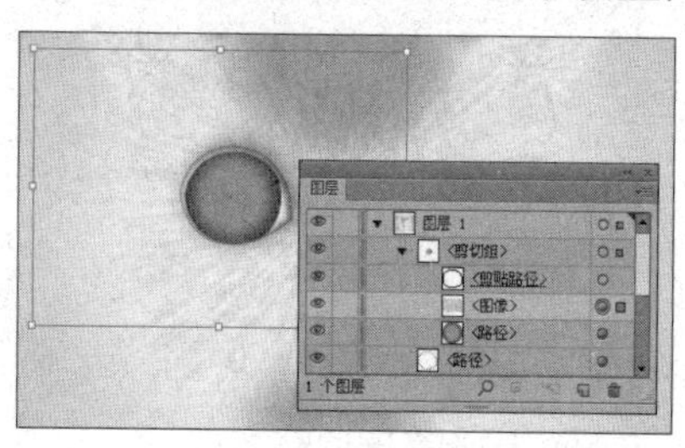

图 8-21

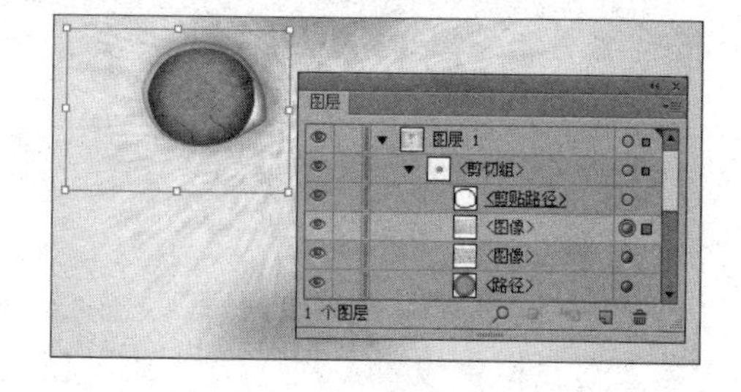

图 8-22

（9）使用【椭圆工具】绘制正圆，并对图形进行模糊，如图 8-23 所示。

（10）在【透明度】调板中设置上一步创建的图层的混合模式为【颜色减淡】，如图 8-24 所示，继续绘制正圆图形作为猫咪的眼珠。

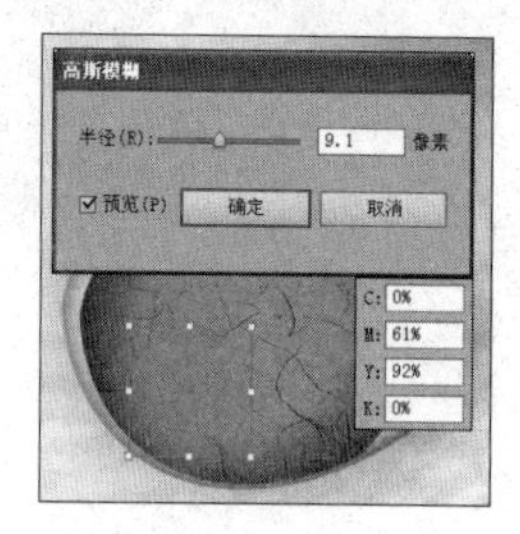

图 8-23

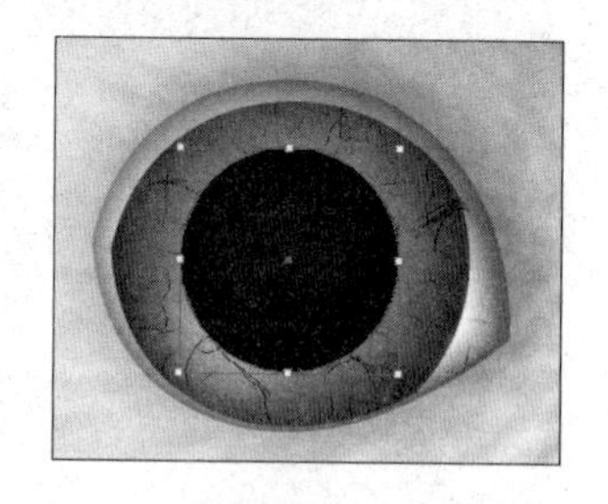

图 8-24

（11）使用【钢笔工具】创建月牙图形，设置填充色为白色，并在【透明度】调板中设置【不透明度】参数为 30%，如图 8-25 所示。

（12）继续为上一步创建的图形添加高斯模糊效果，如图 8-26 所示。

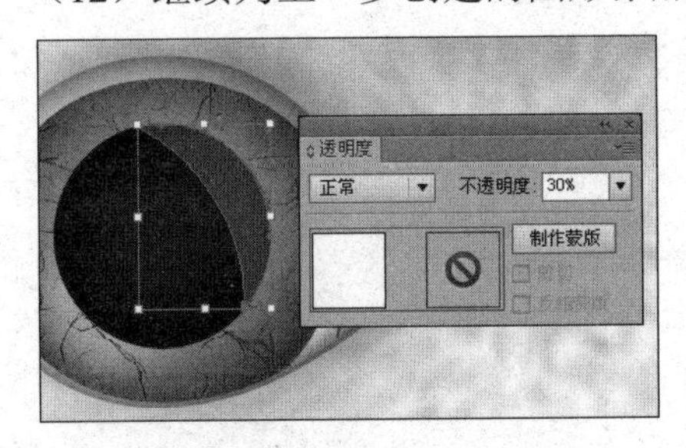

图 8-25

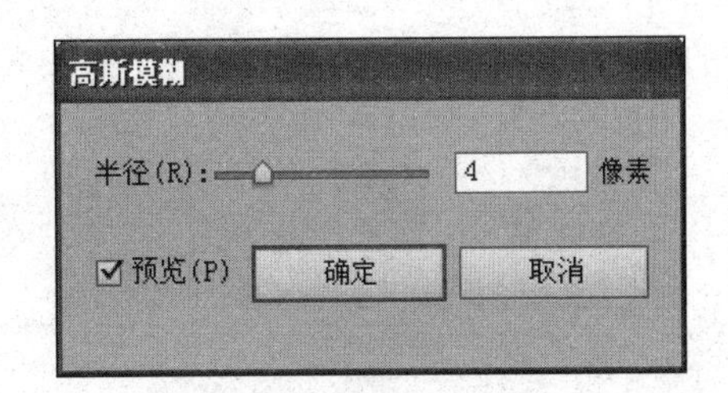

图 8-26

（13）如图 8-27 所示，使用【钢笔工具】绘制不规则图形，并为其添加高斯模糊特效。

（14）复制上一步创建的图层并调整其位置，如图 8-28 所示。

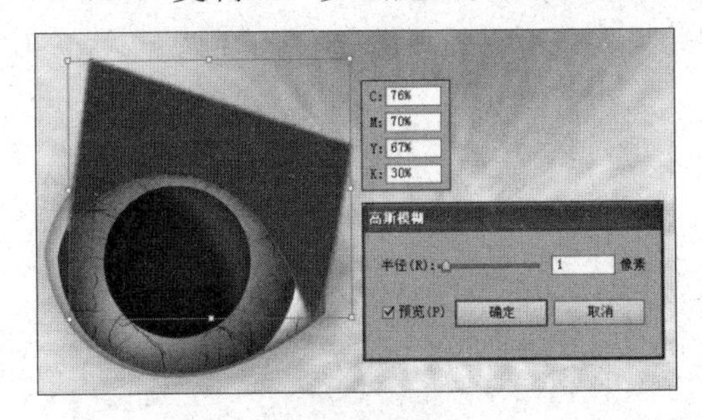

图 8-27

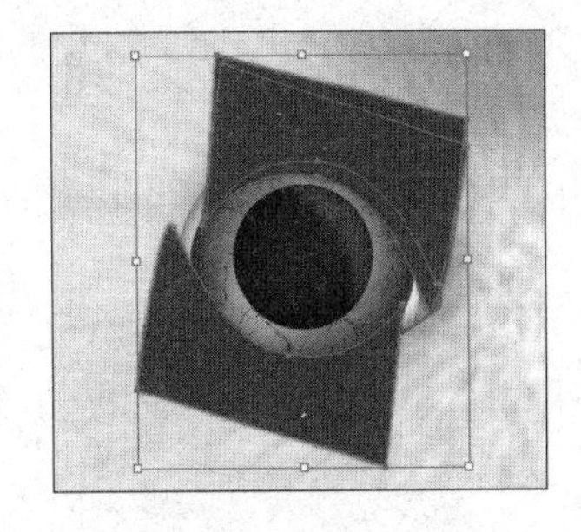

图 8-28

（15）在【透明度】调板中更改上一步图层的混合模式为“叠加”，绘制正圆图形，并为其添加与眼眶相同的渐变效果，如图 8-29 所示。

（16）如图 8-30 所示，调整图层的顺序，并对眼睛图形进行编组，绘制白色正圆并为其添加高斯模糊特效作为眼睛上的高光。

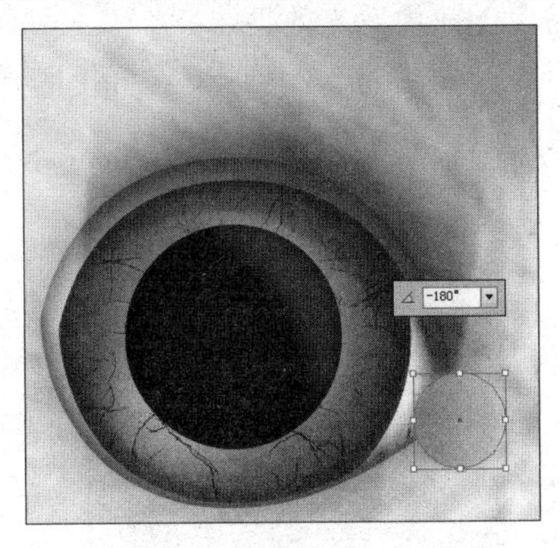

图 8-29

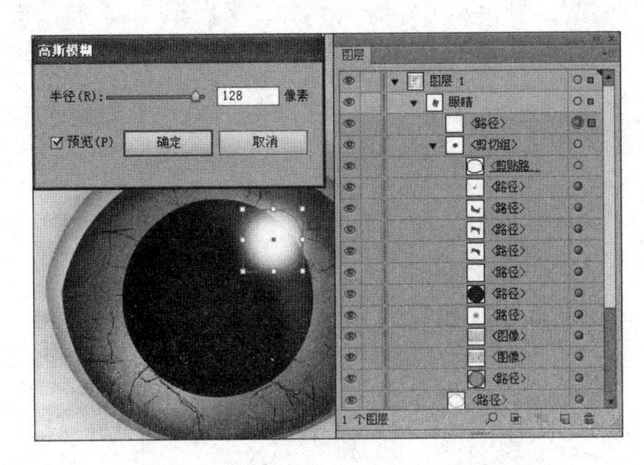

图 8-30

（17）复制并水平翻转眼睛图形，如图 8-31 所示。

4. 制作猫咪的鼻子

（1）复制前面创建的猫咪眼眶图形，执行【对象】→【扩展外观】命令，并取消图形的编组，得到分离的投影图形，如图 8-32 所示。

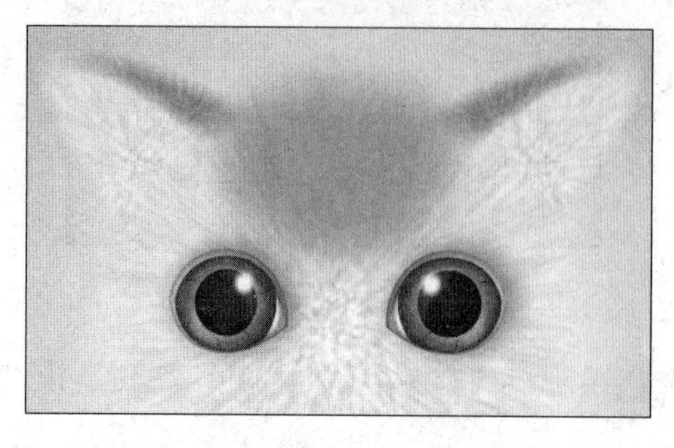

图 8-31

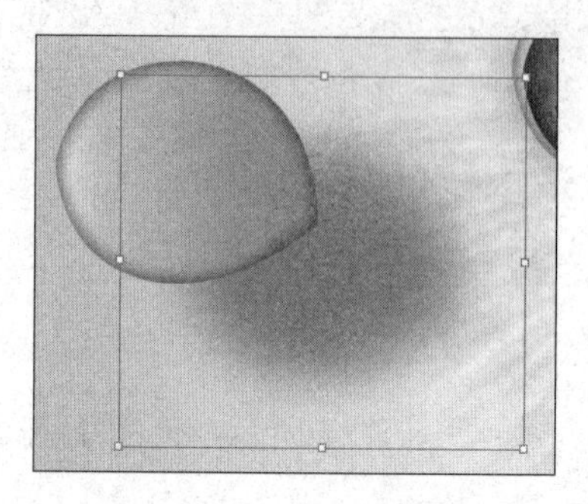

图 8-32

（2）复制并缩小上一步创建的图形，调整图形的位置创建出局部的阴影效果，如图 8-33 所示。

（3）如图 8-34 所示，使用【钢笔工具】绘制猫咪的鼻子。

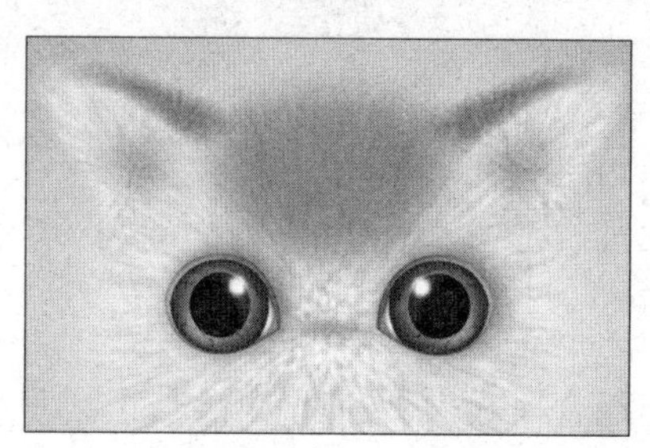

图 8-33

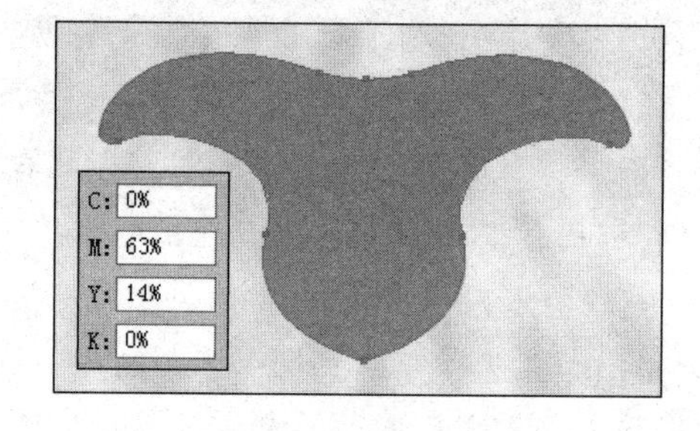

图 8-34

（4）执行【效果】→【风格化】→【内发光】命令，如图 8-35 所示，在弹出的【内发光】对话框中进行设置，然后单击【确定】按钮，创建内发光效果。

（5）执行【效果】→【风格化】→【投影】命令，如图 8-36 所示，在弹出的【投影】对话框中进行设置，然后单击【确定】按钮，创建投影效果。

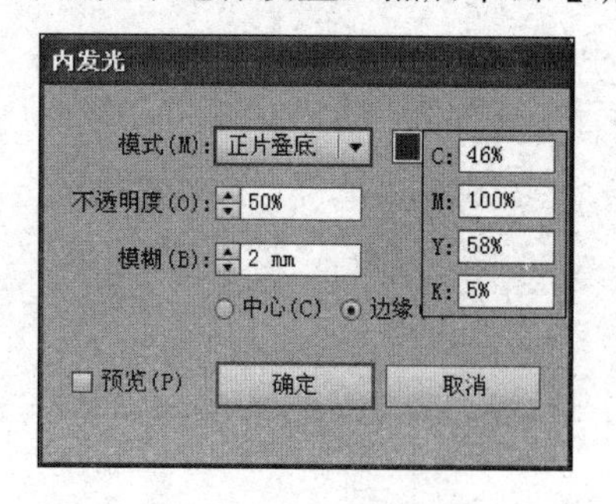

图 8-35

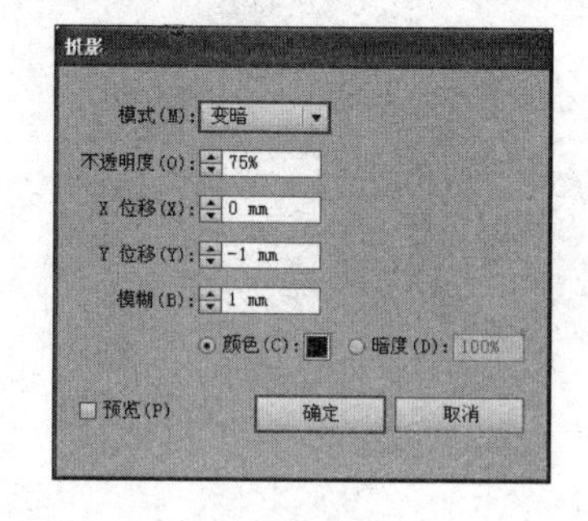

图 8-36

（6）使用【钢笔工具】绘制月牙形，并为其添加高斯模糊特效，如图 8-37 所示。

（7）复制并垂直镜像上一步创建的图形，如图 8-38 所示。

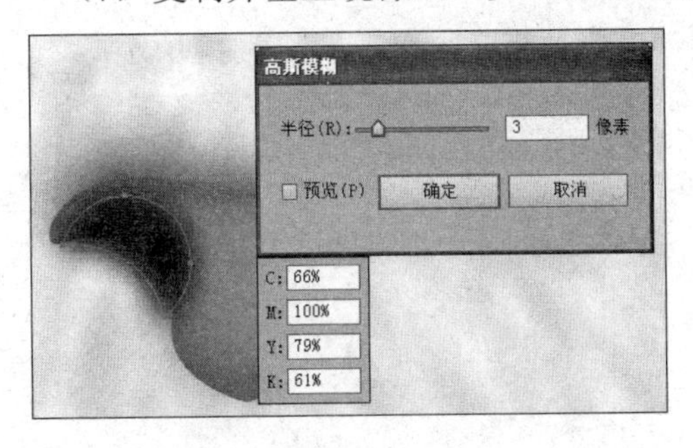

图 8-37

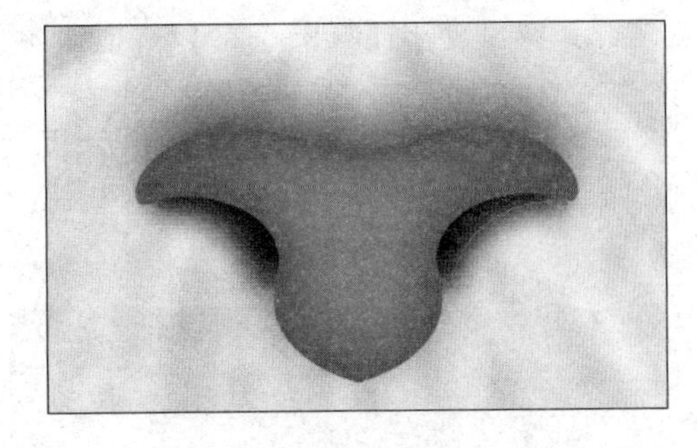

图 8-38

（8）使用【矩形工具】绘制正方形并将其旋转 45°，如图 8-39 所示，在【渐变】调板中设置渐变颜色。

（9）继续使用【钢笔工具】绘制鼻梁，如图 8-40 所示，在【渐变】调板中设置渐变颜色。

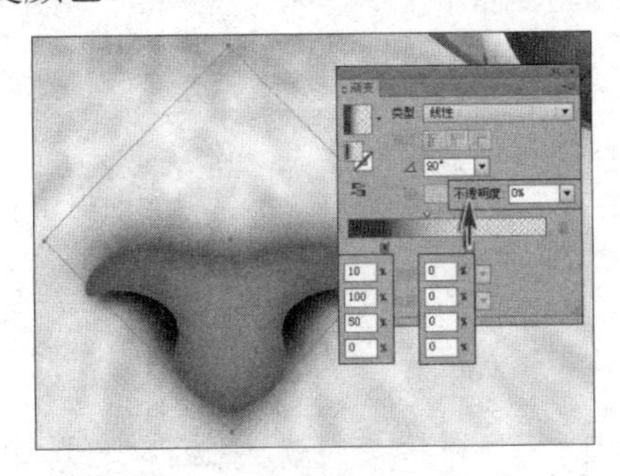

图 8-39

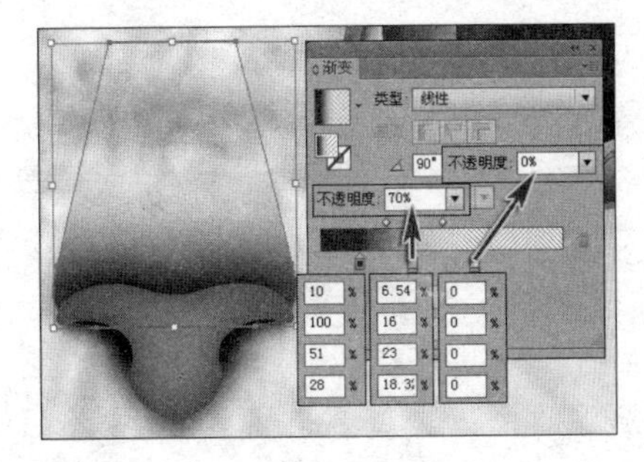

图 8-40

5. 制作猫咪的嘴巴

（1）如图 8-41 所示，使用【钢笔工具】绘制猫咪的嘴巴。

（2）使用【椭圆工具】绘制正圆，如图 8-42 所示，在【渐变】调板中设置渐变色。

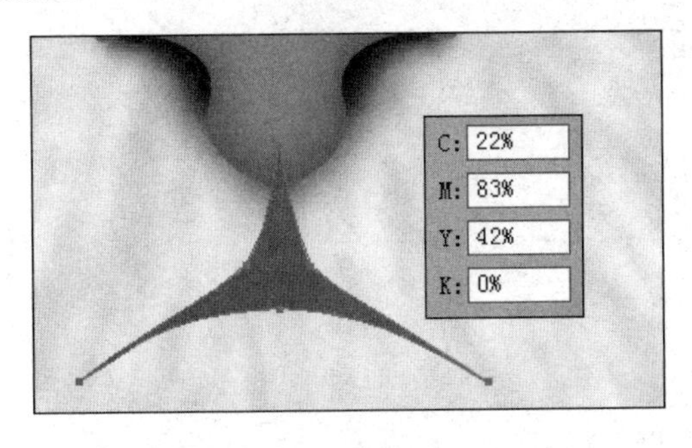

图 8-41

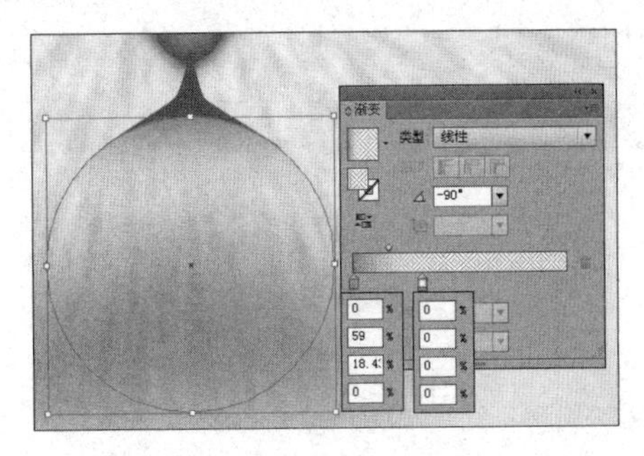

图 8-42

（3）复制上一步创建的图形和猫咪的嘴巴，并创建剪切蒙版，如图 8-43 所示，然后使用【椭圆工具】优化嘴巴。

（4）继续使用【椭圆工具】绘制正圆，并将其进行编组，如图 8-44 所示。

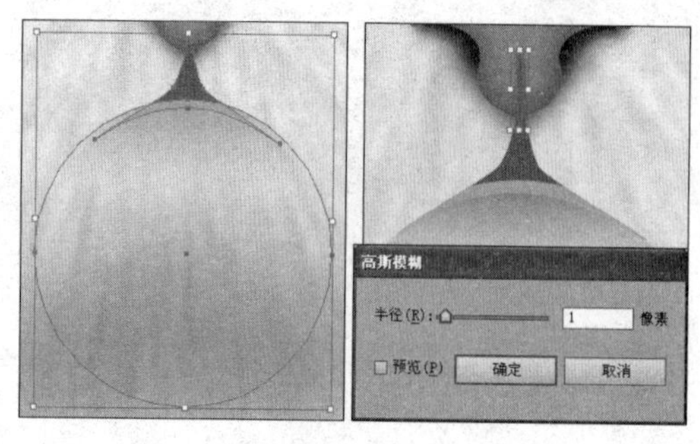

图 8-43

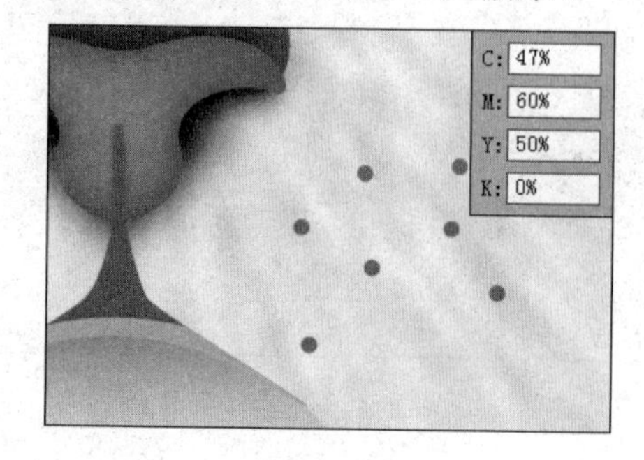

图 8-44

（5）将上一步创建的图形高斯模糊 3 像素，然后使用【钢笔工具】绘制胡须，如图 8-45 所示。

（6）打开本章素材“蝴蝶结.ai”文件，将其拖至当前正在编辑的文档中，如图 8-46 所示，调整图形的大小及位置。

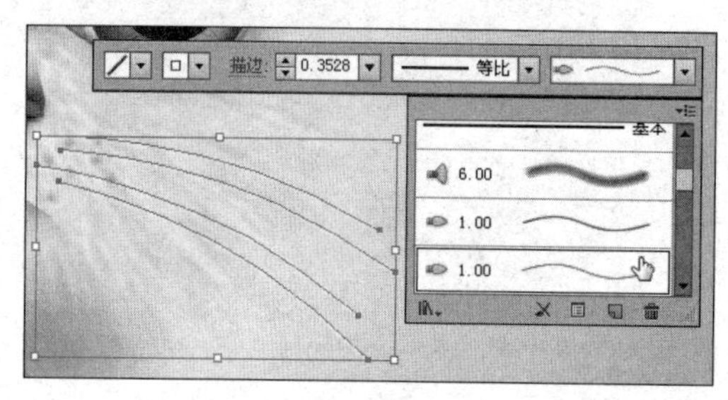

图 8-45

图 8-46

（7）继续使用【钢笔工具】绘制猫咪的爪子，使用前面介绍的方法创建绒毛效果，如图 8-47 所示。

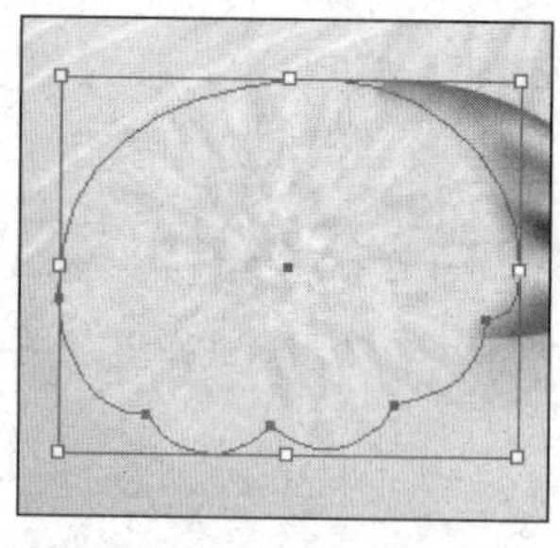
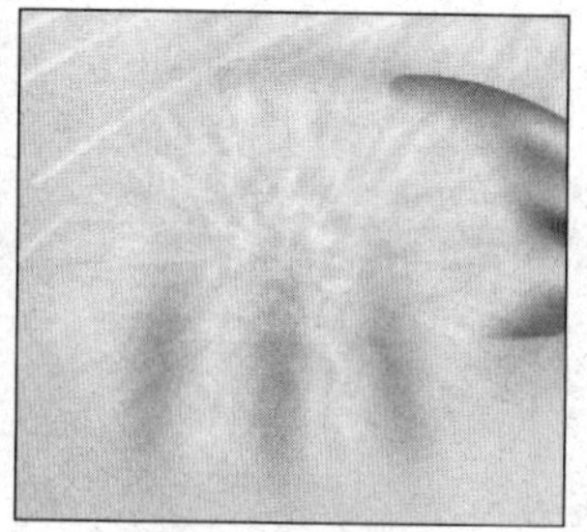

图 8-47

6. 制作 3D 图形

（1）使用【圆角矩形工具】配合键盘上的 Shift 键绘制圆角矩形，并利用图形的修剪创建镂空的圆角矩形，如图 8-48 所示。

图 8-48

（2）打开本章素材“木纹.jpg”文件，将其拖至当前正在编辑的文档中，单击【符号】调板底部的【新建符号】按钮，将图像定义为符号，如图 8-49 所示。

（3）执行【效果】→3D→【凸出和斜角】命令，如图 8-50 所示，在弹出的【3D 凸出和斜角选项】对话框中进行设置。

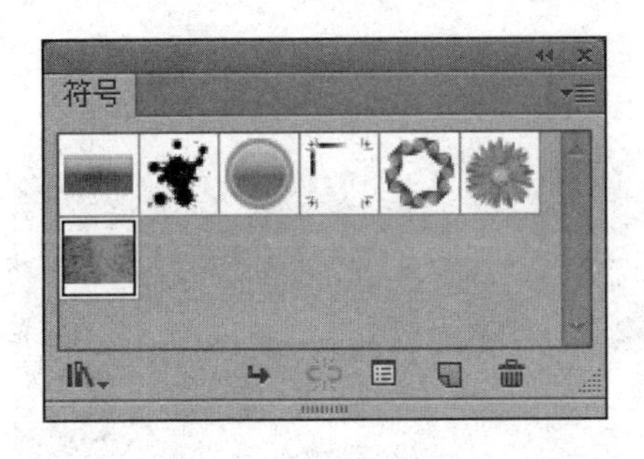

图 8-49

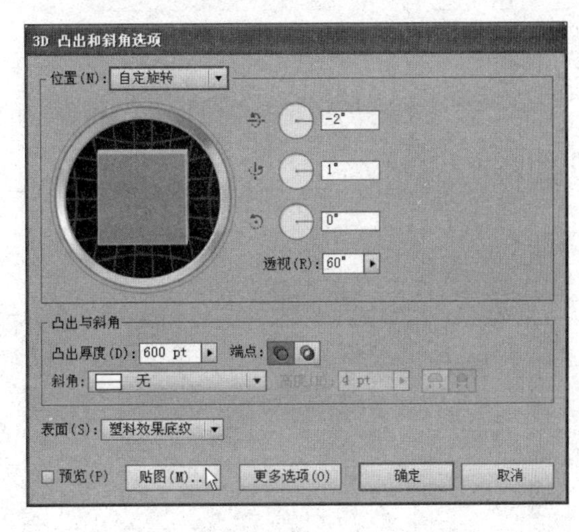

图 8-50

（4）单击【3D 凸出和斜角选项】对话框中的【贴图】按钮，如图 8-51 所示，在弹出的【贴图】对话框中分别为 1/18 和 11/18～18/18 面进行贴图，然后单击【确定】按钮，应用 3D 效果。

（5）为上一步创建的 3D 图形添加【内发光】效果，如图 8-52 所示。

（6）继续使用【圆角矩形工具】绘制矩形，并在【渐变】调板中为其设置渐变色，如图 8-53 所示，在【透明度】调板中设置混合模式为【正片叠底】。

（7）继续创建镂空的圆角矩形，如图 8-54 所示，在【渐变】调板中设置渐变颜色，并为其进行 5 像素的高斯模糊。

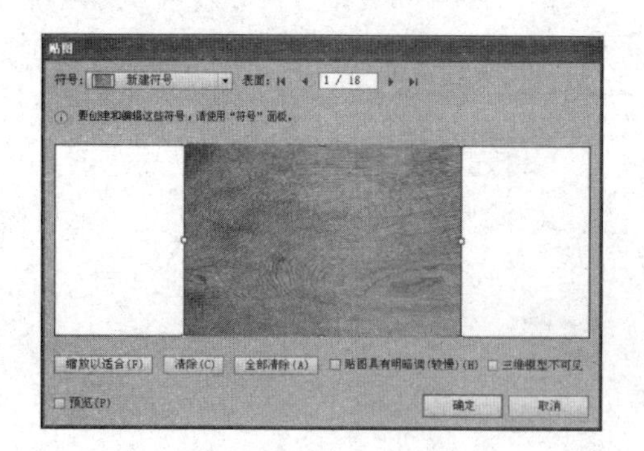

图 8-51

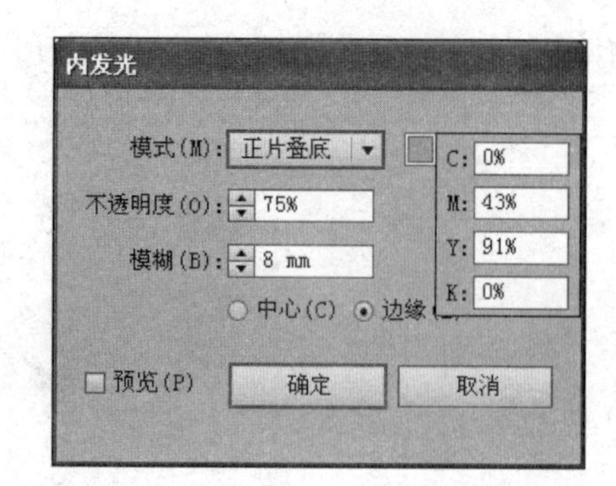

图 8-52

图 8-53

图 8-54

（8）在【透明度】调板中设置上一步创建的图形的混合模式为【柔光】，如图 8-55 所示。

（9）继续使用【圆角矩形工具】绘制矩形，并为其添加高斯模糊特效，如图 8-56 所示。

图 8-55

图 8-56

（10）使用【椭圆工具】绘制椭圆，并为其添加高斯模糊特效，如图 8-57 所示。

（11）调整圆角矩形和椭圆至 3D 图形的后方，完成本实例的制作，效果如图 8-58 所示。

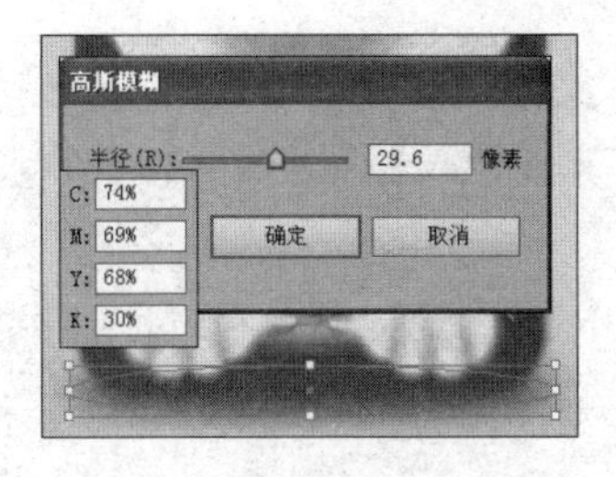

图 8-57

图 8-58

相关知识

一、Illustrator 效果和 Photoshop 效果概述

效果也称之为滤镜，在 Illustrator 中分为“Illustrator 效果”和“Photoshop 效果”，位于【效果】菜单中，可以为矢量图和位图添加特殊效果。

Illustrator 效果主要应用到矢量图形中，它可以改变一个对象的外观。向对象应用了一种效果，【外观】面板中便会列出该效果，从而可以对该效果进行编辑、移动、复制、删除，或将其存储为图形样式的一部分。

Photoshop 效果主要应用到位图图像中，也可以应用到矢量图形中，它可以为对象的表面添加一种纹理。

二、为矢量图形添加 Illustrator 效果

要为绘制的矢量图形应用效果，需要选择对应的矢量滤镜组，包括 3D、【路径】、【风格化】等 10 组滤镜，每个滤镜组又包括若干个滤镜。只要用户选择的对象符合执行命令的要求，在弹出的对话框中设置其参数，即可应用相应的效果。下面介绍一些常用的矢量图特殊效果。

1. 变形

使用【变形】菜单中的命令，可以为对象添加变形效果，这些命令可以应用于对象、组合和图层中。该菜单下有 15 种不同的变形效果，它们拥有一个相同的设置对话框——【变形选项】对话框，如图 8-59 所示。用户可以在【样式】下拉列表框中选择不同的变形效果，然后改变相关设置即可得到所需的变形效果。

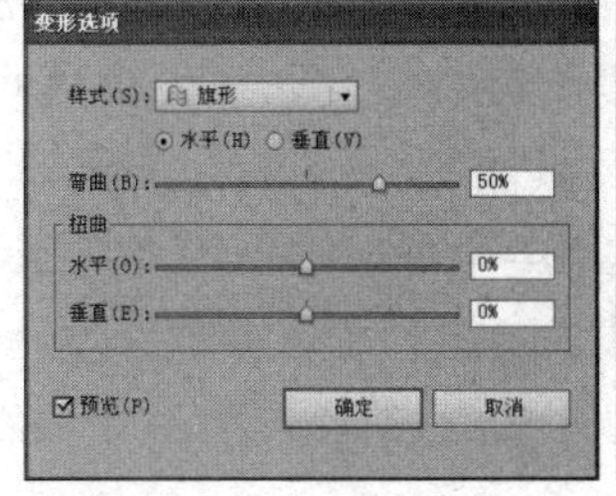

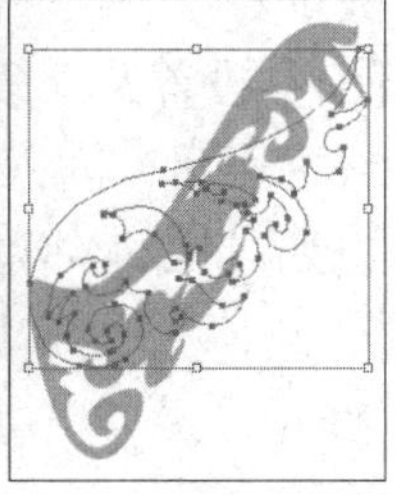
图 8-59

知 识

【变形】效果菜单中的命令与【变形选项】对话框中【样式】下拉列表框中的变形效果是相同的，如图 8-60 所示。

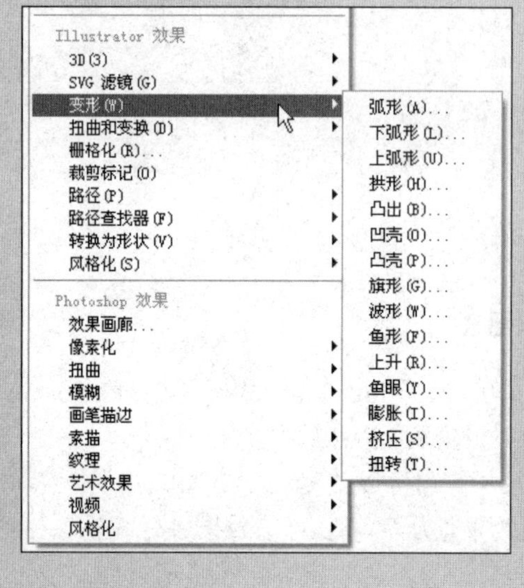

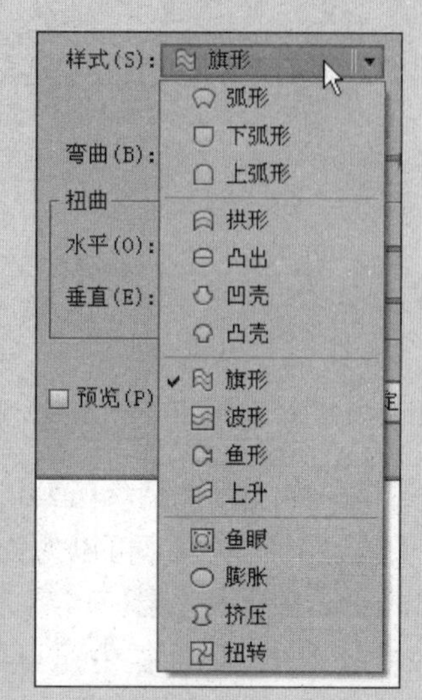

图 8-60

2. 扭曲和变换

【扭曲和变换】子菜单包括【变换】、【扭拧】、【扭转】、【收缩和膨胀】、【波纹效果】、【粗糙化】、【自由扭曲】7 个滤镜，可以使图形产生各种扭曲变形的效果。

（1）变换：该滤镜可使对象产生水平缩放、垂直缩放、水平移动、垂直移动、旋转、反转等效果。

（2）扭拧：通过控制【水平】和【垂直】选项控制对象在水平或垂直面上扭曲变换。

（3）扭转：旋转一个对象，中心的旋转程度比边缘的旋转程度大。输入一个正值将顺时针扭转；输入一个负值将逆时针扭转。

（4）收缩和膨胀：在将线段向内弯曲（收缩）时，将向外拉出矢量对象的锚点；在将线段向外弯曲（膨胀）时，向内拉入矢量对象的锚点。这两个选项都可相对于对象的中心点来拉出锚点。

（5）波纹效果：该命令可使对象产生或平滑或尖锐的波纹效果。

（6）粗糙化：可将矢量对象的路径段变形为各种大小的尖峰和凹谷的锯齿数组。可以使用绝对大小或相对大小设置路径段的最大长度。可以设置每英寸锯齿边缘的密度（细节），并可在波形边缘（平滑）和锯齿边缘（尖锐）之间选择。

（7）自由扭曲：可以通过拖动 4 个角落任意控制点的方式来改变矢量对象的形状。

知 识

将文字转换为轮廓后，应用【扭曲和变换】子菜单中各种滤镜的效果如图 8-61 所示。

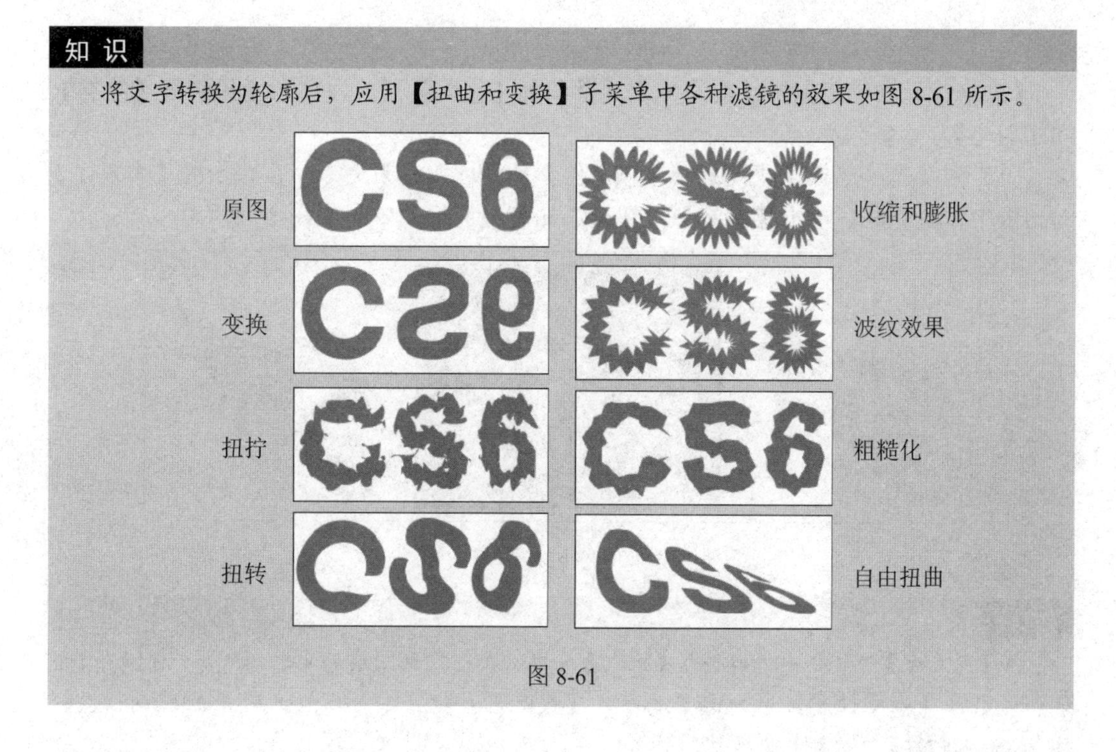

图 8-61

3. 栅格化

栅格化是将矢量图形转换为位图图形的过程。在栅格化过程中，Illustrator 会将图形路径转换为像素，设置的栅格化选项将决定结果像素的大小及特征。

选中图形，选择【效果】→【栅格化】命令，打开【栅格化】对话框，设置完成后单击【确定】按钮，可以将矢量图形转变为位图，如图 8-62 所示。

知 识

可以使用【对象】→【栅格化】命令或【栅格化】效果栅格化单独的矢量对象，也可以通过将文档导入为位图格式（如 JPEG、GIF 或 TIFF）的方式来栅格化整个文档。

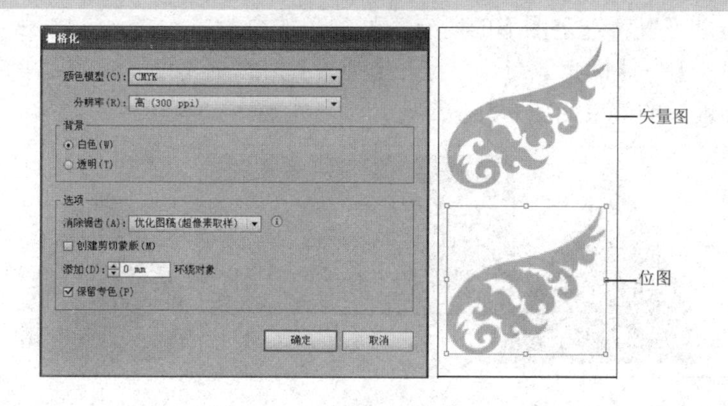

图 8-62

4. 风格化

【风格化】滤镜组包括【内发光】、【圆角】、【投影】、【外发光】、【投影】、【涂抹】和【羽化】7 个滤镜。

（1）内发光：选择【滤镜】→【风格化】→【内发光】命令，在弹出的【内发光】对话框中设置完成后单击【确定】按钮，添加滤镜前后的效果如图 8-63 所示。

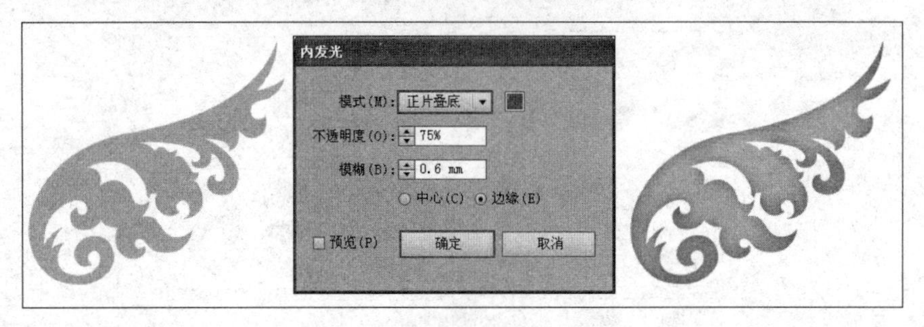

图 8-63

知识

在【内发光】对话框中可以通过【模式】下拉列表框控制图层的混合模式，并可以在【不透明度】参数栏中设置发光的透明度，在【模糊】参数栏中控制发光效果的模糊程度。图 8-64 为选择【中心】单选按钮的效果。

图 8-64

（2）圆角：可以将选定图形的所有类型的角改变为平滑点。选中图形，选择【滤镜】→【风格化】→【圆角】命令，打开【圆角】对话框，设置完成后单击【确定】按钮，添加滤镜前后的效果如图 8-65 所示。

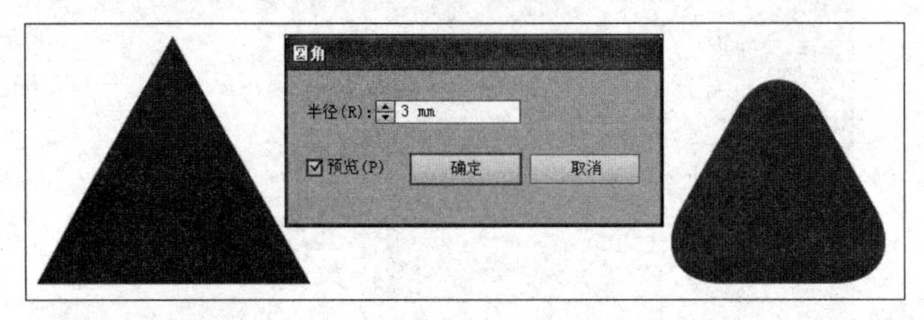

图 8-65

知 识

在【圆角】对话框中，【半径】参数越大，圆角效果越明显，如图 8-66 所示。

半径(R): 20 mm

半径(R): 5 mm

图 8-66

（3）外发光：同【内发光】效果相似，该效果可以创建出模拟外发光的效果，如图 8-67 所示，用户可在【外发光】对话框中设置发光的颜色和效果。

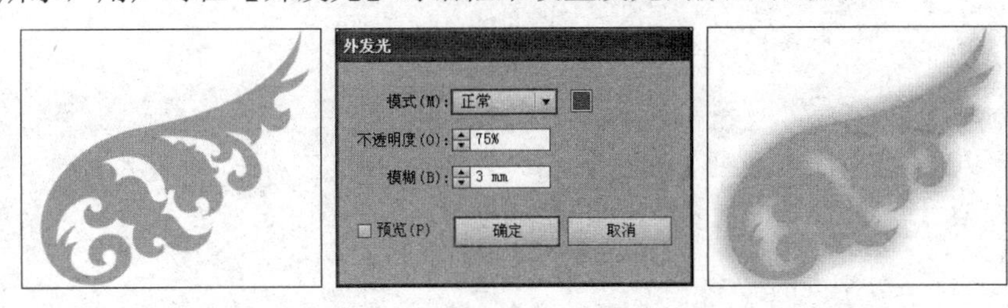

图 8-67

（4）投影：可以为选定的对象添加阴影。选择【滤镜】→【风格化】→【投影】命令，弹出【投影】对话框，如图 8-68 左图所示，设置完成后单击【确定】按钮，添加滤镜后的效果如图 8-68 右下图所示。

（5）涂抹：使用【涂抹】效果可以创建出类似彩笔涂画的视觉效果。执行【效果】→【风格化】→【涂抹】命令，打开【涂抹选项】对话框，添加滤镜前后的效果如图 8-69 所示。

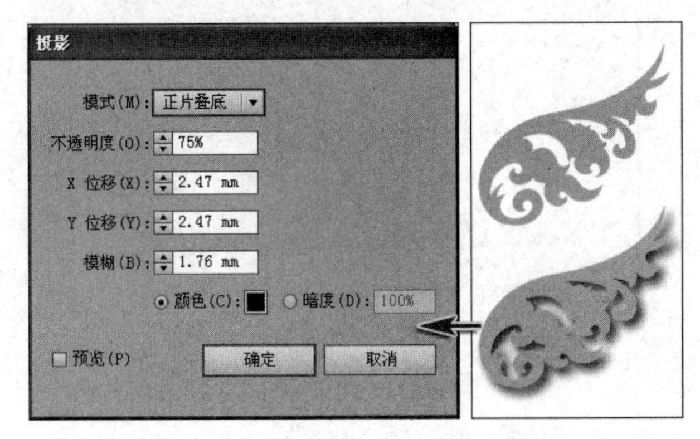

图 8-68

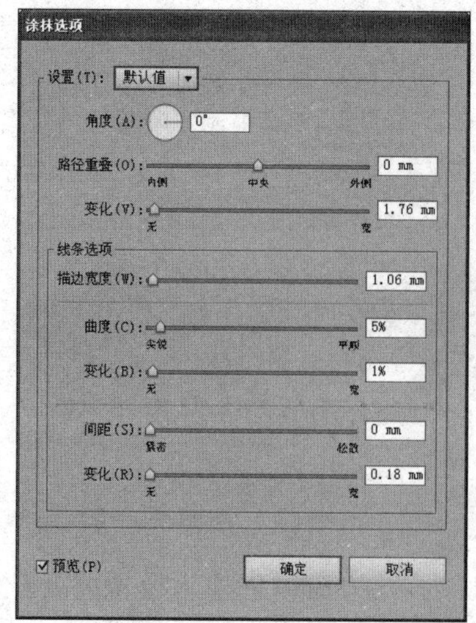

图 8-69

知 识

在【涂抹选项】对话框中的【设置】下拉列表框中预设了多种不同的效果可供选择，用户也可以通过【设置】下面众多的选项进行调整，创建出自己所喜欢的涂抹效果，如图 8-70 所示。

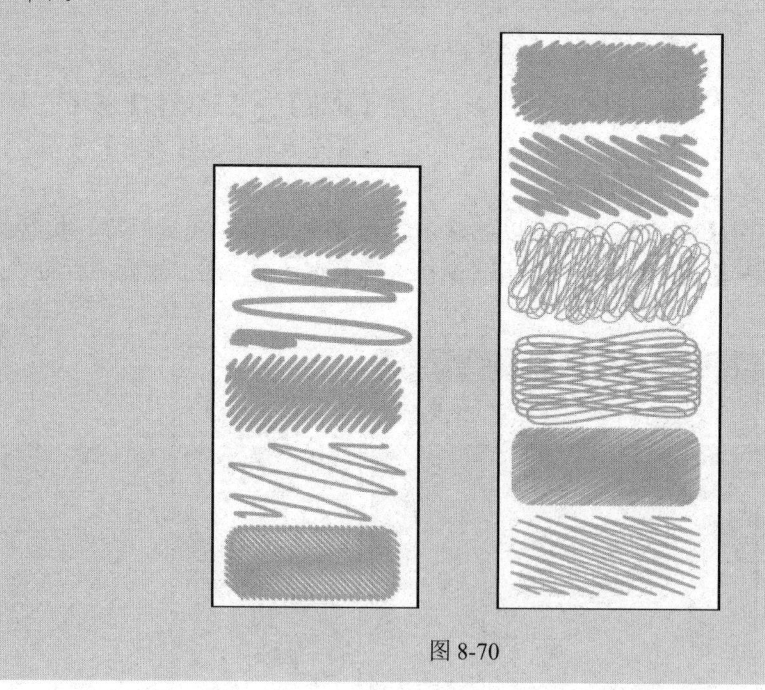

图 8-70

（6）羽化:【羽化】滤镜可以为选定的路径添加箭头。选中路径，选择【滤镜】→【风格化】→【羽化】命令，打开【羽化】对话框。设置完成后单击【确定】按钮，添加滤镜前后的效果如图 8-71 所示。

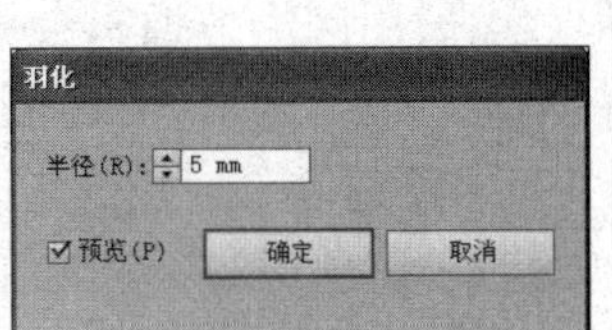

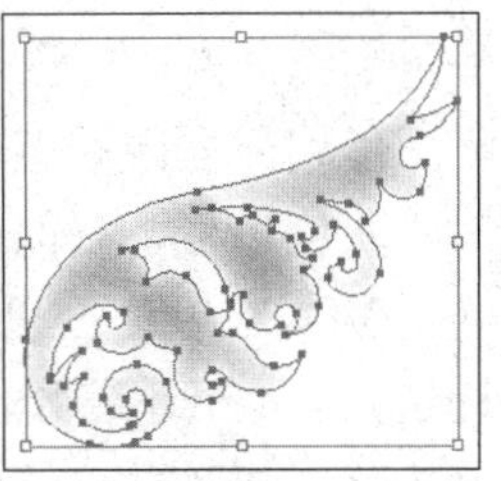

图 8-71

三、为位图图像添加 Photoshop 效果

Photoshop 效果包括 10 个滤镜组，每个滤镜组又包括若干个滤镜。下面介绍【效果画廊】及常用的位图滤镜效果。

1. 效果画廊

通过【效果画廊】对话框，可以同时应用多个滤镜，并且可以预览滤镜效果或删除不需要的滤镜。选择【滤镜】→【效果画廊】命令，弹出如图 8-72 所示的对话框，如果要同时使用多个滤镜，可以在对话框的右下角单击【新建效果图层】按钮，对图形继续应用滤镜效果。

图 8-72

2. 【像素化】滤镜

【像素化】滤镜组包括【彩色半调】、【晶格化】、【点状化】、【铜版雕刻】4 个滤镜，可以将图形分块，就像由许多小块组成的一样。

（1）彩色半调：模拟在图形的每个通道上使用放大的半调网屏的效果。对于每个通道，滤镜将图形划分为许多矩形，然后用圆形替换每个矩形。圆形的大小与矩形的亮度成正比。对于灰度图形，只能使用通道 1；对于 RGB 图形，可以使用通道 1、2 和 3，这 3 个通道分别对应于红色通道、绿色通道与蓝色通道；对于 CMYK 图形，可以使用所有 4 个通道，这 4 个通道分别对应于青色通道、洋红色通道、黄色通道以及黑色通道。

（2）晶格化：将颜色集结成块，形成多边形。

（3）点状化：将图形中的颜色分解为随机分布的网点，如同点状化绘画一样，并使用背景色作为网点之间的画布区域。

（4）铜版雕刻：将图形转换为黑白区域的随机图案或彩色图形中完全饱和颜色的随机图案。

知 识

应用【像素化】滤镜组中的滤镜后的效果，如图 8-73 所示。

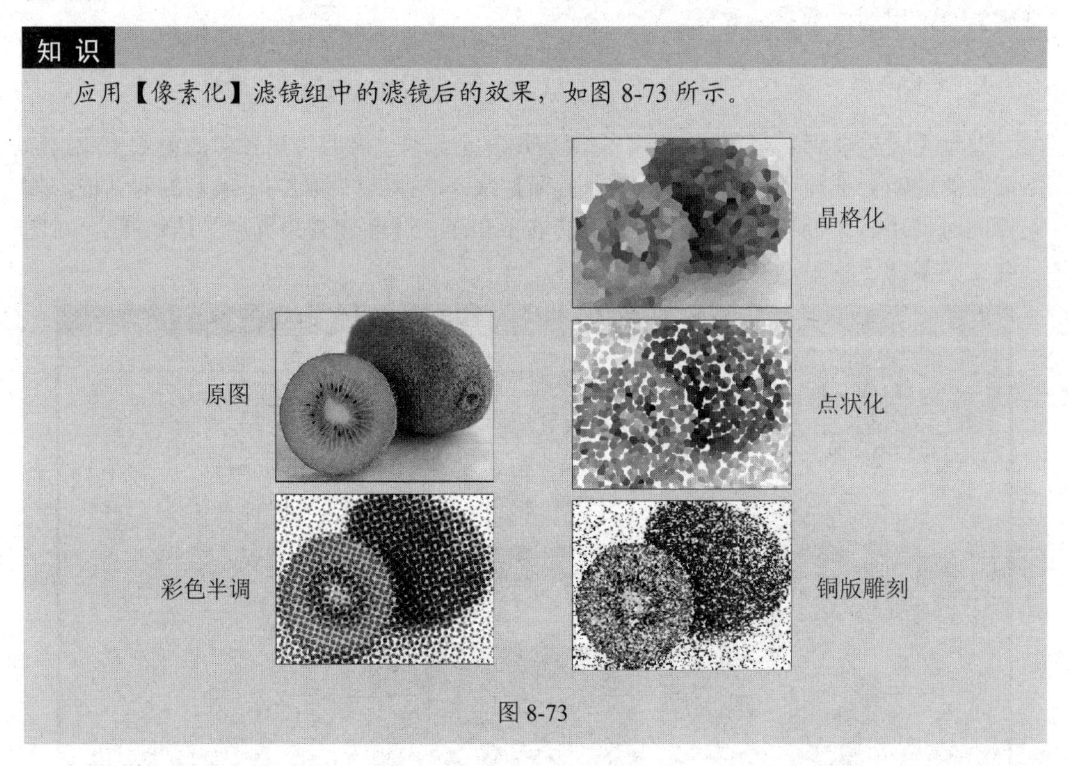

图 8-73

3. 【扭曲】滤镜

【扭曲】滤镜组包括【扩散亮光】、【海洋波纹】、【玻璃】3 个滤镜，可以将图形进行几何扭曲。

（1）扩散亮光：将透明的白色颗粒添加到图形上，并从选区的中心向外渐隐亮光。

（2）海洋波纹：将随机分隔的波纹添加到图形上，使图形看上去像在水中一样。

（3）玻璃：产生透过不同类型的玻璃观看图形的效果。可以选择一种预设的玻璃效果，也可以使用 Photoshop 文件创建自己的玻璃面。

知 识

应用【扭曲】滤镜组中的滤镜后的效果，如图 8-74 所示。

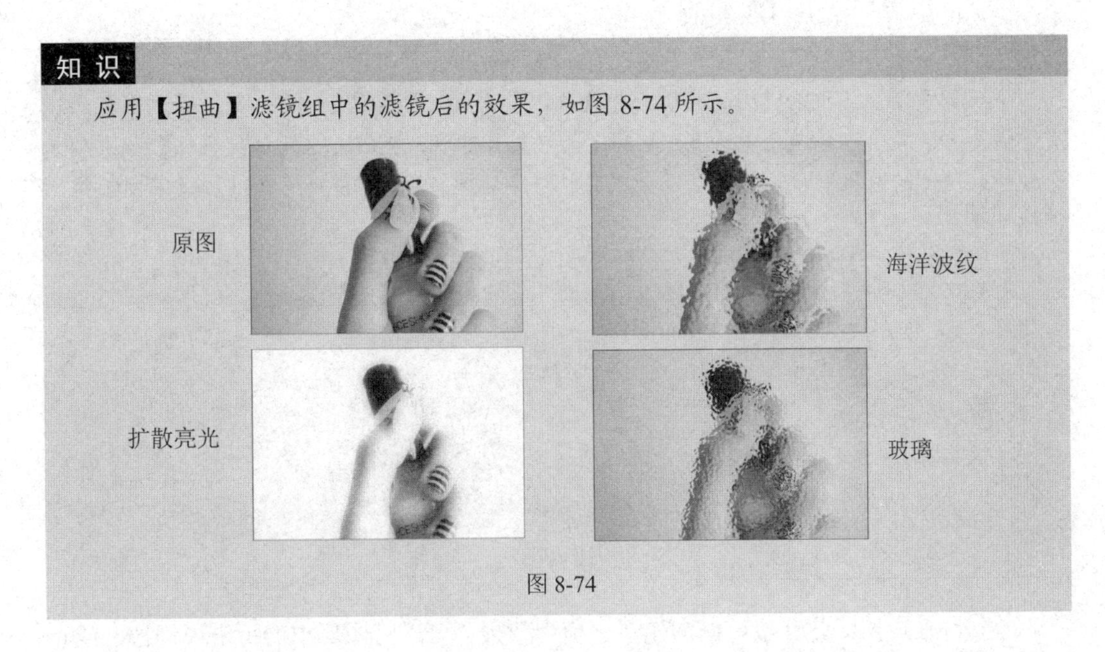

图 8-74

4. 【模糊】滤镜

【模糊】滤镜组包括【径向模糊】、【特殊模糊】、【高斯模糊】3 个滤镜，【模糊】滤镜一般用于平滑边缘过于清晰和对比度过于强烈的区域，通过降低对比度柔化图形边缘。【模糊】滤镜通常用于模糊图形背景，突出前景对象，或创建柔和的阴影效果。

（1）径向模糊：此滤镜可以将图形旋转成圆形，或使图形从中心向外辐射，效果如图 8-75 所示。要沿同心圆环线模糊，应选择【旋转】选项，然后要指定一个旋转角度；要沿径向线模糊，应选择【缩放】选项，模糊的图形线条就会从图形中心点向外逐渐放大，然后需指定介于 1～100 之间的缩放值。通过拖移【中心模糊】框中的图案，可以指定模糊的原点。

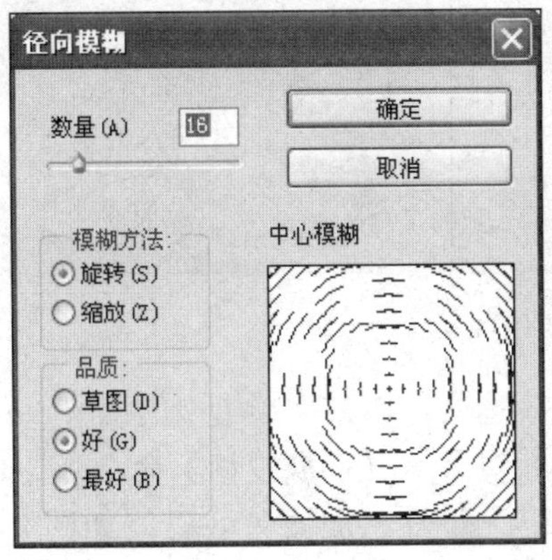

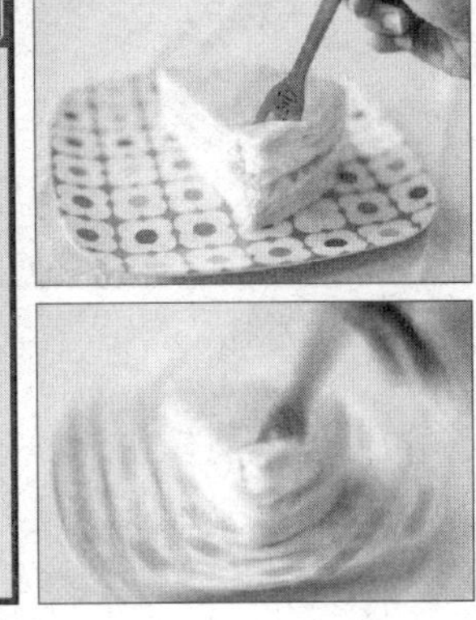

图 8-75

知 识

【径向模糊】滤镜中模糊的品质分为【草图】、【好】和【最好】3 等：【草图】的速度最快，但结果往往会颗粒化；【好】和【最好】都可以产生较为平滑的结果，但如果不是选择一个较大的图像，后两者之间的效果差别并不明显。图 8-76 所示为选择【草图】单选按钮的效果。

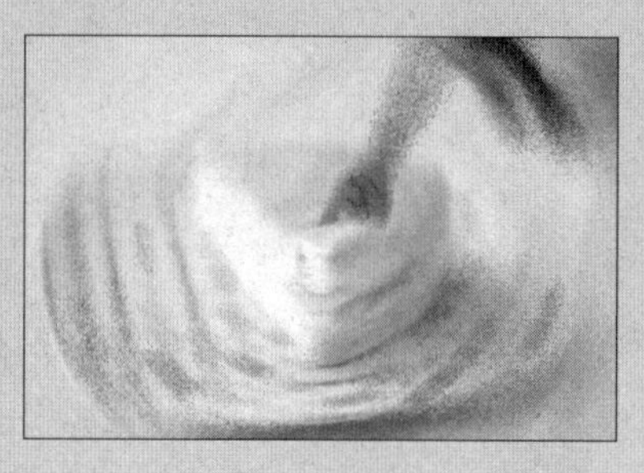

图 8-76

（2）特殊模糊：此滤镜可以创建多种模糊效果，可以将图形中的折皱模糊掉，或将重叠的边缘模糊掉。选中图形，选择【滤镜】→【模糊】→【特殊模糊】命令，打开【特殊模糊】对话框，设置完成后单击【确定】按钮，即可添加滤镜效果，如图 8-77 所示。

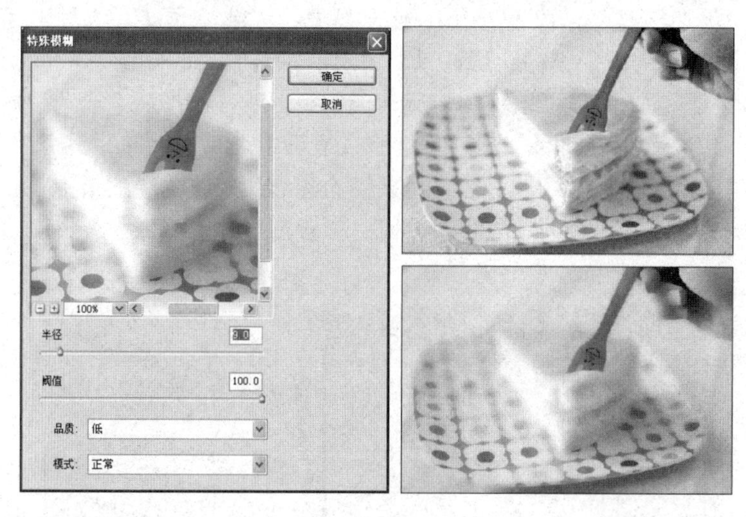

图 8-77

（3）高斯模糊：此滤镜可以快速模糊选区，移去高频出现的细节，并产生一种朦胧的效果。选中图形，选择【滤镜】→【模糊】→【高斯模糊】命令，打开【高斯模糊】对话框，设置完成后单击【确定】按钮，即可添加滤镜效果，如图 8-78 所示。

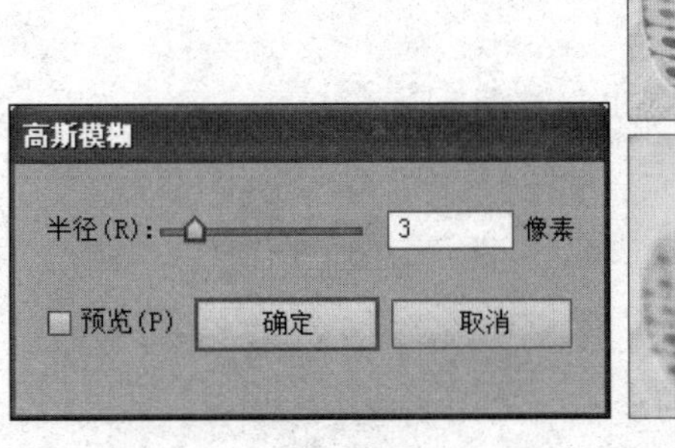

图 8-78

5. 【素描】滤镜

【素描】滤镜组可以模拟现实生活中的素描、速写等美术方法对图形进行处理。

（1）便条纸：创建类似用手工制作的纸张构建的图形。

（2）半调图案：在保持连续的色调范围的同时，模拟半调网屏的效果。

（3）图章：可简化图形，使之呈现用橡皮或木制图章盖印的样子，用于黑白图形时效果最佳。

（4）基底凸现：变换图形，使之呈现浮雕的雕刻状和突出光照下变化各异的表面。图形中的深色区域将被处理为黑色，而较亮区域则被处理为白色。

（5）影印：模拟影印图形的效果。大的暗区趋向于只复制边缘四周，而中间色调可以为纯黑色，也可以为纯白色。

（6）撕边：将图形重新组织为粗糙的撕碎纸片的效果，然后使用黑色和白色为图形上色。对于由文字或对比度高的对象所组成的图形效果更明显。

（7）水彩画纸：利用有污渍的、像画在湿润而有纹的纸上的涂抹方式，使颜色渗出并混合。

（8）炭笔：重绘图形，产生色调分离的、涂抹的效果。主要边缘以粗线条绘制，而中间色调用对角描边进行素描。炭笔被处理为黑色；纸张被处理为白色。

（9）炭精笔：在图形上模拟浓黑和纯白的炭精笔纹理。炭精笔滤镜对暗色区域使用黑色，对亮色区域使用白色。

（10）石膏效果：对图形进行类似石膏的塑模成像，然后使用黑色和白色为结果图形上色。暗区凸起，亮区凹陷。

（11）粉笔和炭笔：重绘图形的高光和中间调，其背景为粗糙粉笔绘制的纯中间调。阴影区域用对角炭笔线条替换。炭笔用黑色绘制，粉笔用白色绘制。

（12）绘图笔：使用纤细的线性油墨线条捕获原始图形的细节，使用黑色代表油墨、白色代表纸张来替换原始图形中的颜色。在处理扫描图形时的效果十分出色。

（13）网状：模拟胶片乳胶的可控收缩和扭曲来创建图形，使之在暗调区域呈结块状，在高光区域呈轻微颗粒化。

（14）铬黄：将图形处理成类似擦亮的铬黄表面。高光在反射表面上是高点，暗调是低点。

知 识

应用【素描】滤镜组中滤镜后的效果，如图 8-79 所示。

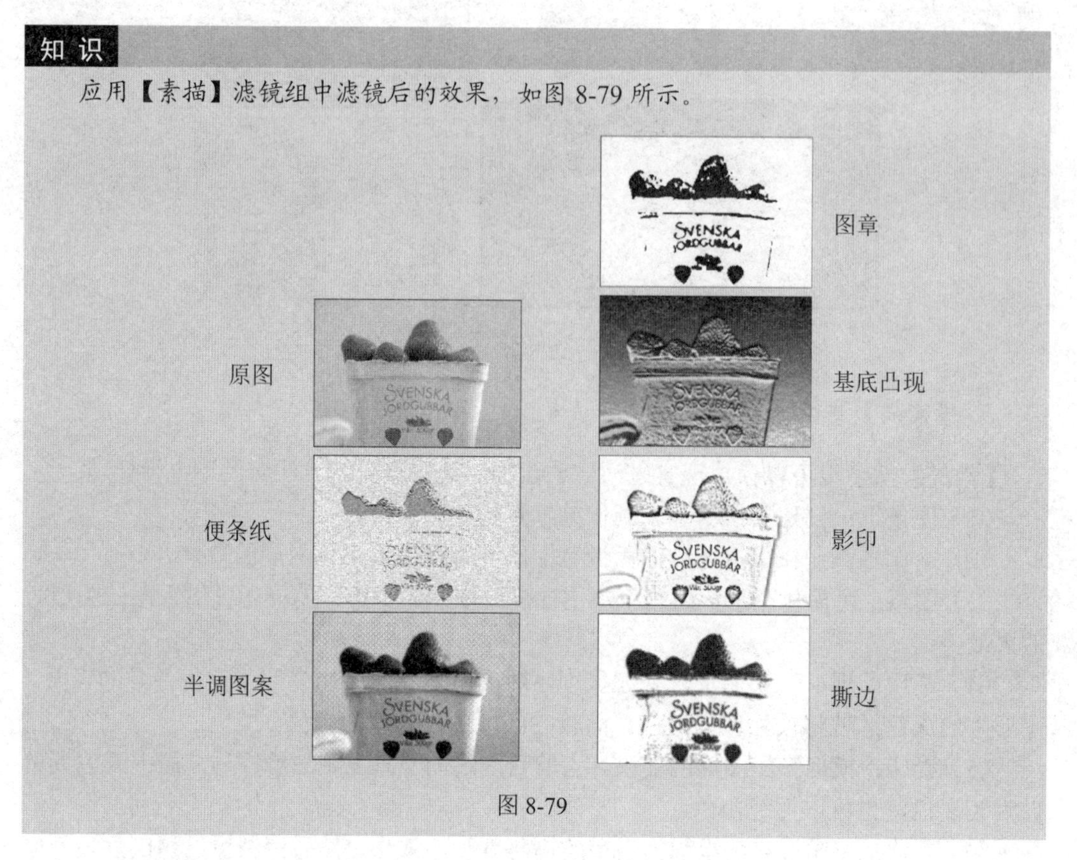

图 8-79

6. 【纹理】滤镜

【纹理】滤镜组可以在图形中加入各种纹理效果，赋予图形一种深度或物质的外观。

（1）拼缀图：使图形产生由若干方形图块组成的效果，图块的颜色由该区域的主色决定，可以随机减小或增大拼贴的深度，以复现高光和暗调。

（2）染色玻璃：使图形产生由许多相邻的单色单元格组成的效果，边框由填充色填充。

（3）纹理化：将所选择或创建的纹理应用于图形。

（4）颗粒：通过模拟不同种类的颗粒为图形添加纹理。

（5）马赛克拼贴：使图形看起来像是由小的碎片或拼贴组成，然后在拼贴之间添加缝隙。

（6）龟裂缝：根据图形的等高线生成精细的纹理，应用此纹理可使图形产生浮雕的效果。

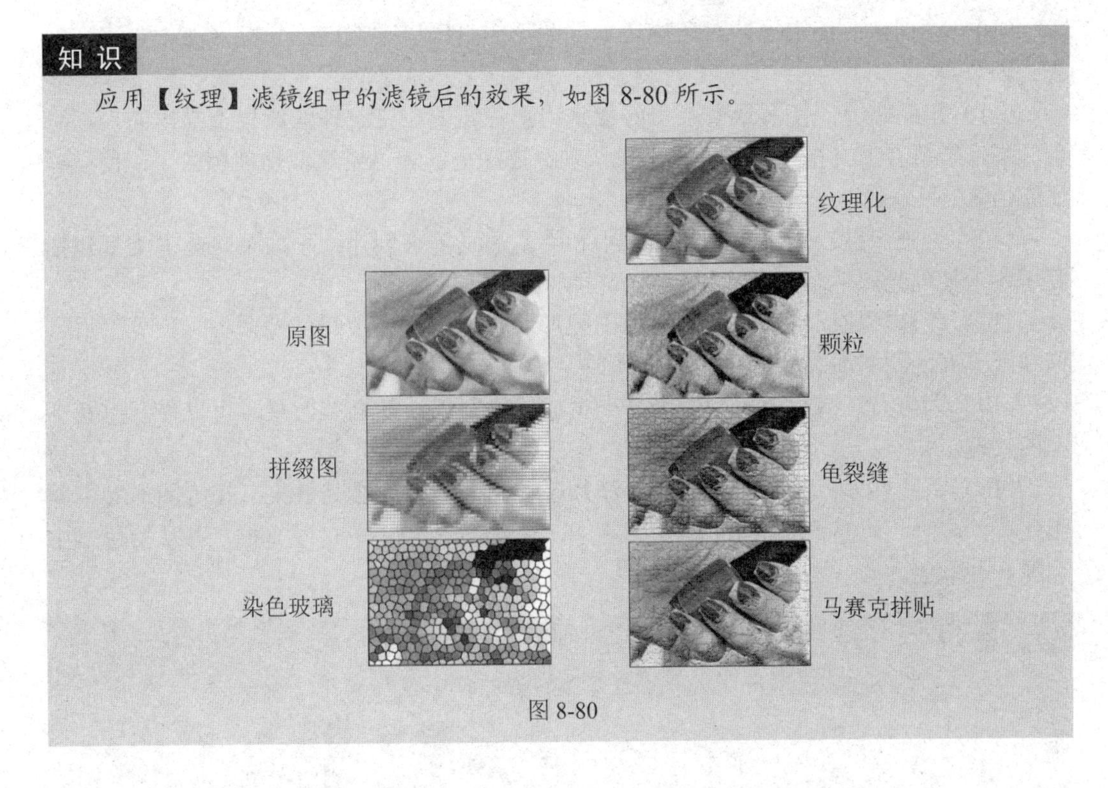

图 8-80

7. 【艺术效果】滤镜

【艺术效果】滤镜组可以为照片添加绘画效果，为精美艺术品或商业项目制作绘画效果或特殊效果。

（1）塑料包装：使图形好像罩了一层光亮塑料，以强调表面细节。

（2）壁画：以一种粗糙的方式，使用短而圆的描边绘制图形。

（3）干画笔：使用干画笔技巧（介于油彩和水彩之间）绘制图形边缘。通过降低其颜色范围来简化图形。

（4）底纹效果：在带纹理的背景上绘制图形，然后将最终图形绘制在该图形上。

（5）彩色铅笔：使用彩色铅笔在纯色背景上绘制图形。保留重要边缘，外观呈粗糙阴影线，纯色背景色透过比较平滑的区域显示出来。

（6）木刻：将图形描绘成好像是由从彩纸上剪下的边缘粗糙的剪纸片组成的。高对比度的图形看起来呈剪影状，而彩色图形看上去是由几层彩纸组成的。

（7）水彩：使用蘸了水和颜色的中号画笔绘制水彩风格的图形。当边缘有显著的色调变化时，此滤镜会使颜色更饱满。

（8）海报边缘：根据设置的海报化选项值减少图形中的颜色数，然后找到图形的边缘，并在边缘上绘制黑色线条。图形中较宽的区域将带有简单的阴影，而细小的深色细节则遍布整个图形。

（9）海绵：创建颜色对比强烈、纹理较重的图形效果，使图形看上去好像是用海绵绘制的。

（10）涂抹棒：使用短的对角描边涂抹图形的暗区以柔化图形。亮区变得更亮，并失去细节。

（11）粗糙蜡笔：使图形看上去好像是用彩色蜡笔在带纹理的背景上描出的。在亮色区域，蜡笔看上去很厚，几乎看不见纹理；在深色区域，蜡笔似乎被擦去了，使纹理显露出来。

（12）绘画涂抹：可以选择各种大小和类型的画笔来创建绘画效果。画笔类型包括简单、未处理光照、暗光、宽锐化、宽模糊和火花。

（13）胶片颗粒：将平滑图案应用于图形的暗调色调和中间色调，将一种更平滑、饱和度更高的图案添加到图形的较亮区域。

（14）调色刀：减少图形中的细节以生成描绘得很淡的画布效果，可以显示出其下面的纹理。

（15）霓虹灯光：为图形中的对象添加各种不同类型的灯光效果。在为图形着色并柔化其外观时，此滤镜非常有用。若要选择一种发光颜色，单击发光框，并从拾色器中选择一种颜色。

知 识

应用【艺术效果】滤镜组中的滤镜后的效果，如图 8-81 所示。

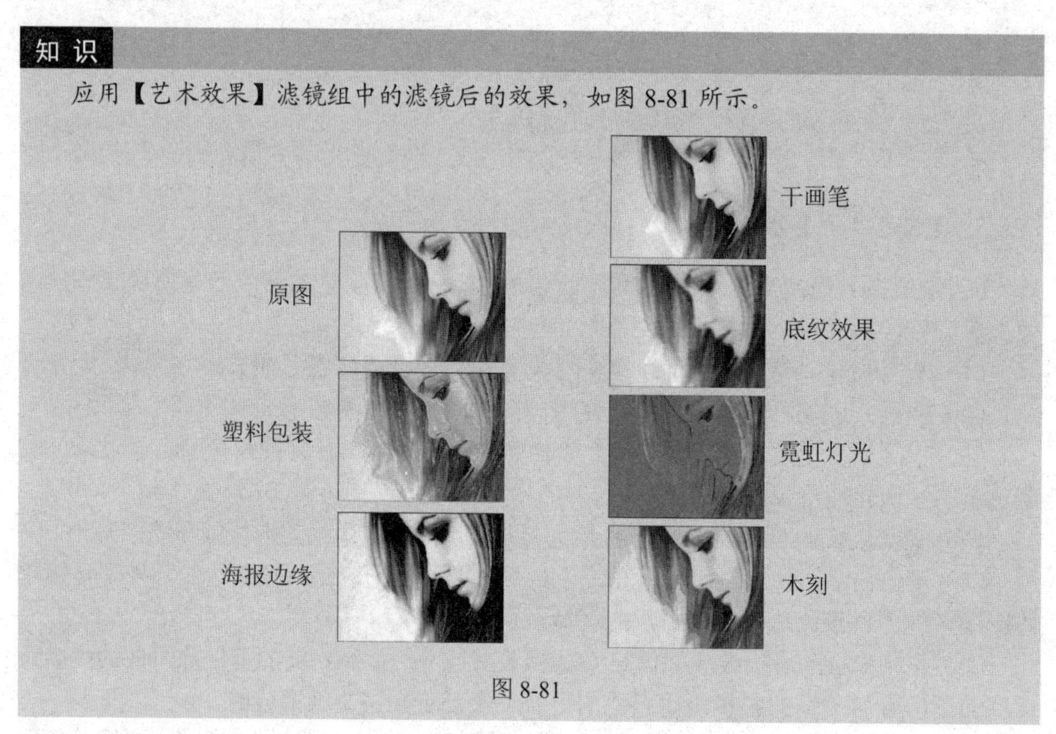

图 8-81

四、使用 3D 效果

在 Illustrator 中，可以将所有的二维形状、文字转换为 3D 形状。在 3D 选项对话框中，可以改变 3D 形状的透视、旋转，并添加光亮和表面属性。另外，也可以随时重新编辑 3D 参数，并可即时观察到产生的变化，如图 8-82 所示。

添加 3D 效果后，该效果会在【外观】面板上显示出来，和其他外观属性一样，用户也可以编辑 3D 效果，如可以在面板叠放顺序中改变它的位置、复制或删除该效果。

另外，还可以将 3D 效果存储为可重复使用的图形样式，以便在以后可以对许多对象应用此效果，如图 8-83 所示。

图 8-82

图 8-83

1. 凸出和斜角

要创建 3D 效果，首先应创建一个封闭路径，该路径可以包括一个描边、一个填充或二者都有。选中对象后执行【效果】→3D→【凸出和斜角】命令，可以打开【3D 凸出和斜角选项】对话框进行设置，如图 8-84 所示。

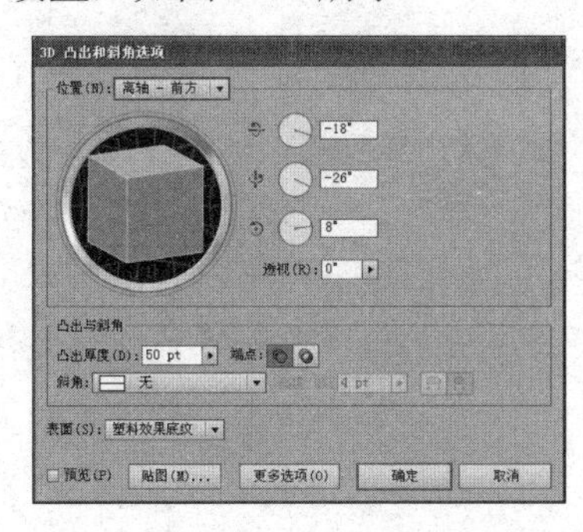

图 8-84

知 识

【3D 凸出和斜角选项】对话框中的各项参数介绍如下。

凸出厚度：可设置 2D 对象需要被挤压的厚度，如图 8-85 所示。

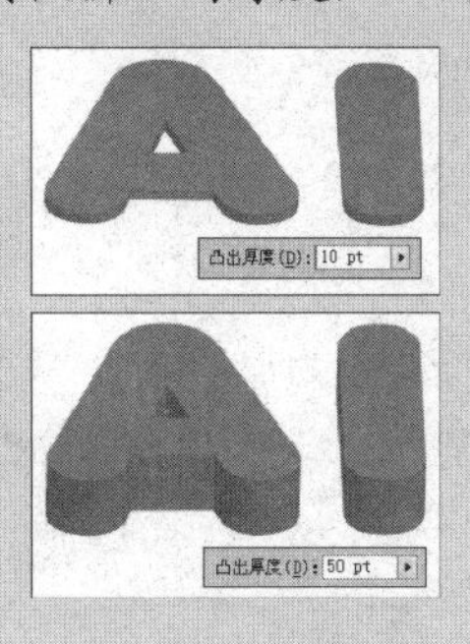

图 8-85

端点：单击【开启端点以建立实心外观】按钮后，可以创建实心的 3D 效果；单击【关闭端点以建立空心外观】按钮后，可创建空心外观，如图 8-86 所示。

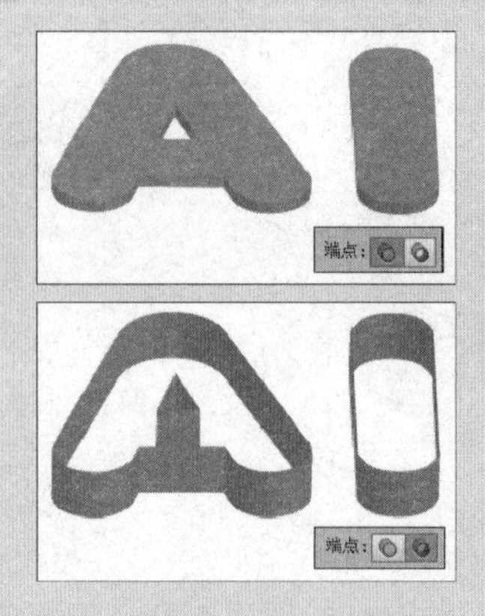

图 8-86

斜角：Illustrator 提供了 10 种不同的斜角样式供用户选择，还可以在后面的参数栏中设置数值，来定义倾斜的高度值，如图 8-87 所示。

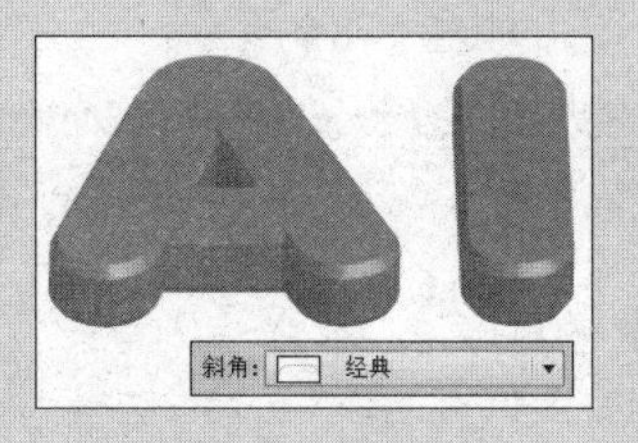

图 8-87

2. 绕转

通过绕 Y 轴旋转对象，可以创建 3D 绕转对象，和填充对象相同，实心描边也可以实现。旋转路径后，执行【效果】→3D→【绕转】命令，在【3D 绕转选项】对话框中的【角度】参数栏中输入 1～360° 的数值可以设置想要将对象旋转的角度，或通过滑块来设置角度。一个被旋转了 360° 的对象看起来是实心的，而一个旋转角度低于 360° 的对象会呈现出被分割开的效果，如图 8-88 所示。

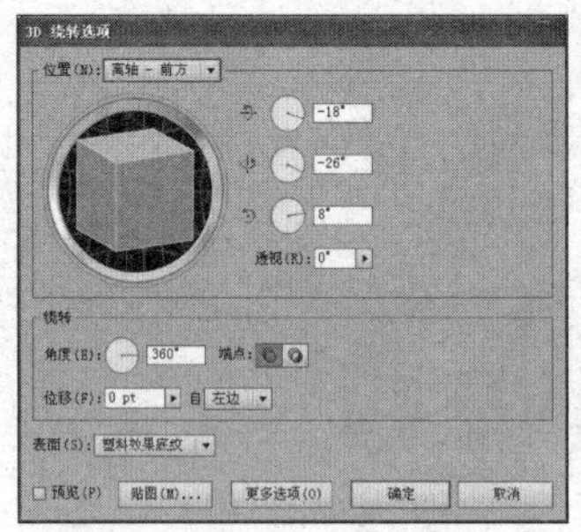

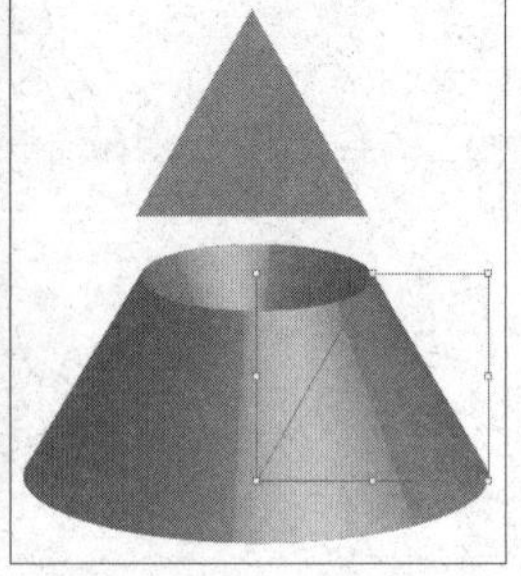

图 8-88

3. 旋转

执行【效果】→3D→【旋转】命令，打开【3D 旋转选项】对话框，可以设置旋转 2D 和 3D 的形状。可以从【位置】选项组中选择预设的旋转角度，或在 X、Y、Z 参数栏中输入-180～180 之间的数值，控制旋转的角度。

如果想手动旋转对象，可以移动鼠标指针到立方体或后面的黑色背景上单击并拖动。如果移动鼠标指针到立方体上一个表面的边缘，则鼠标指针会变为双箭头显示，并且鼠标指针所在位置的边缘变为高亮显示。当变为绿色时，单击鼠标可让立方体围绕 Y 轴旋转；当变为红色时，单击鼠标可让立方体围绕 X 轴旋转；当变为蓝色时，单击鼠标可让立方体围绕 Z 轴旋转。如图 8-89 所示为调整旋转参数后的图形效果。

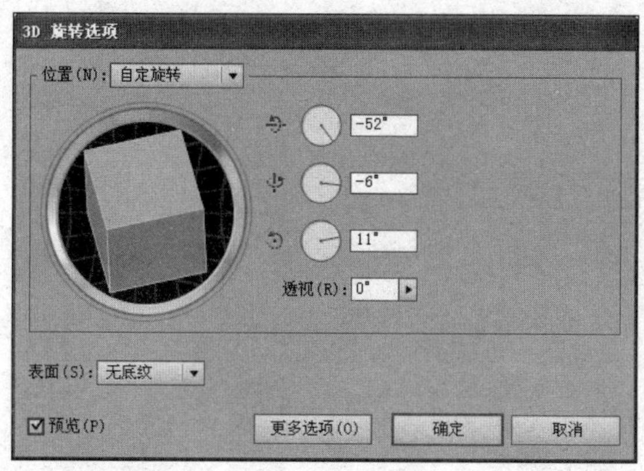

图 8-89

4. 增加透视变化

在【3D 凸出和斜角选项】对话框中，可以通过更改【透视】参数栏的数值，为添加 3D 效果的对象增加透视变化。小一点的数值，模拟相机远景的效果，大一点的数值模拟相机广角的效果。

知 识

在【3D 凸出和斜角选项】对话框中设置不同【透视】值的旋转效果，如图 8-90 所示。

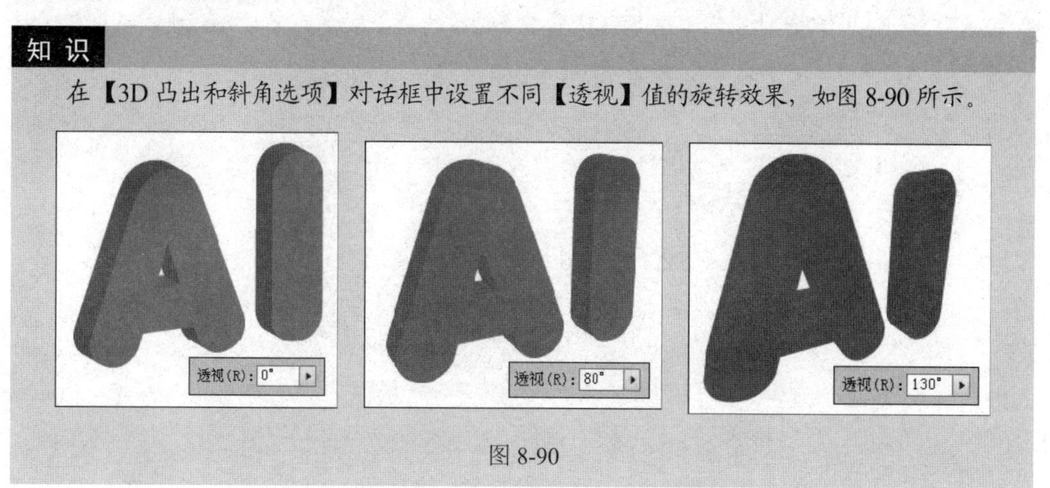

图 8-90

5. 表面纹理

Illustrator 提供了很多选项可以为 3D 对象添加底纹和灯光效果。【3D 凸出和斜角选项】对话框中的【表面】下拉列表框中包含 4 个选项，如图 8-91 所示。

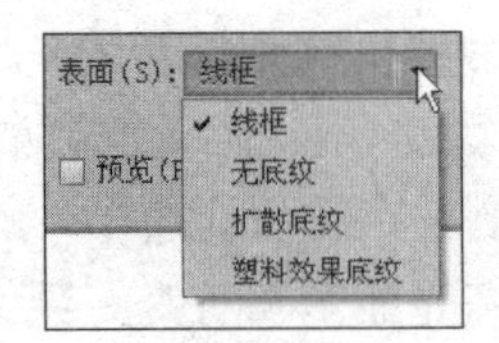

图 8-91

知 识

在【3D 凸出和斜角选项】对话框中的【表面】下拉列表框中选择各选项产生的效果如图 8-92 所示。

线框：选中该选项后，对象将以线框方式的立体效果显示。

无底纹：选中该选项后，将产生无差别化的表面平面效果。

扩散底纹：选中该选项后，产生的视觉效果是有柔和的光线投射到对象表面。

塑料效果底纹：该选项会使添加 3D 效果的对象产生模拟发光、反光的塑料效果。

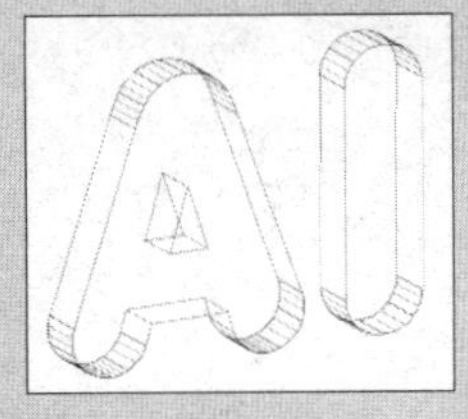
线框效果

无底纹效果

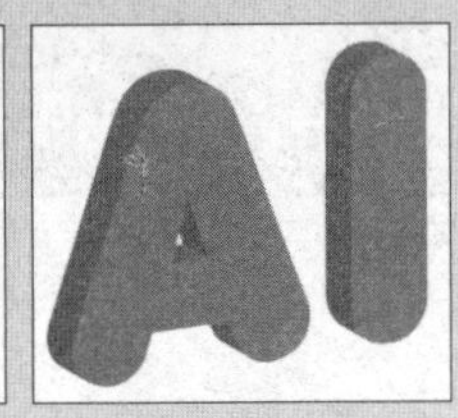
扩散底纹效果

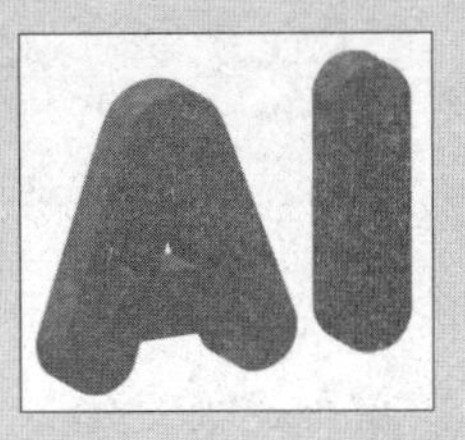
塑料效果底纹效果

图 8-92

当选择【扩散底纹】或是【塑料效果底纹】选项后，可以通过调整照亮对象的光源方向和强度，来进一步完善对象的视觉效果。单击【更多选项】按钮，可以完全展开对话框，然后用户可以改变【光源强度】、【环境光】、【高光强度】等参数设置，创建出无数个变化方案，如图 8-93 所示。

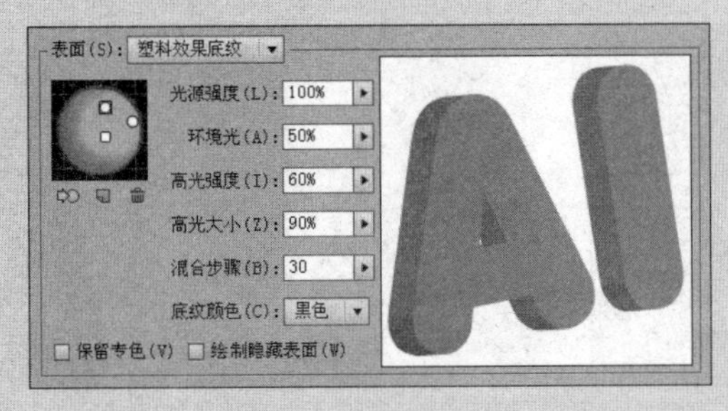

图 8-93

6. 添加贴图

Illustrator 可以将艺术对象映射到 2D 或是 3D 形状的表面。单击【3D 凸出和斜角选项】或是【3D 绕转选项】对话框中的【贴图】按钮，可以打开【贴图】对话框，如图 8-94 所示。

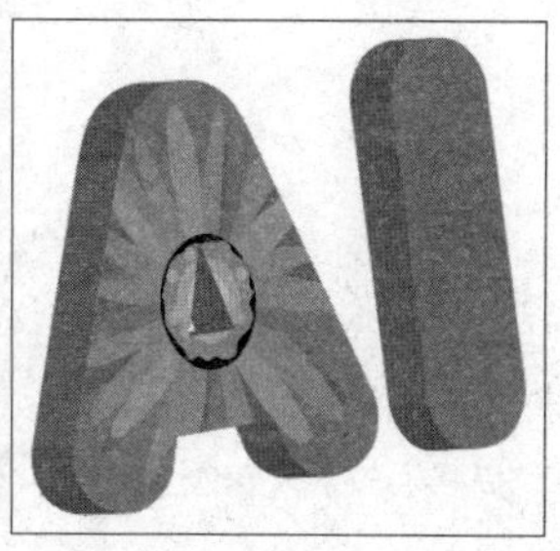

图 8-94

在具体操作时，首先通过单击【表面】右侧的箭头按钮，选择需要添加贴图的面，然后在【符号】下拉列表中选择一个选项，将其应用到所选的面上，通过在预览框中拖动控制柄调整贴图的大小、位置和旋转方向。用户可以自定义一个贴图，将其添加到【符号】面板中，然后通过【贴图】对话框应用到对象的表面。

课后实践——设计制作音乐网站图标

某电子运营商近期推出一款供音乐爱好者制作和编辑音乐的软件，现需要为该软件设计软件图标。

要求：图标要简洁、时尚、识别性强。参考效果图如图 8-95 所示。

图 8-95

项目九　设计与制作户外广告——打印与 PDF 文件制作

知识目标

1. 掌握打印设置。
2. 掌握输出设备的类别。
3. 掌握基本的印刷术语。
4. 了解文件后期的制作。

能力目标

1. 文件输出的应用。
2. 可以自己输出和打印文件。

制作任务

任务背景

户外广告可以较好地利用消费者在户外活动的机会进行宣传，即使匆匆赶路的消费者也可能因对广告的随意一瞥而留下一定的印象，并通过多次反复而对某些商品留下较深印象。这些广告与市容浑然一体的效果，往往能使消费者非常自然地接受。

暑期来临之际，某设计软件培训公司为扩大招生人数，委托某公司为其制作一款户外宣传广告，在学校教学楼进行张贴。

任务要求

画面清新、空间感强，运用位图和矢量图的结合，打造出能够展现 AI 软件独特魅力的空间感图像。

任务分析

该广告要突出的是一款设计类绘图软件 Illustrator，也就是 AI，作为一款矢量绘图软件，其功能非常强大。在画面的安排上，以立体化的文字为主体图案，通过构建一个虚幻的场景，来展示如何利用软件进行各种奇思妙想的设计和创作。

任务参考效果图

操作步骤

1. 新建文件并制作背景图像

（1）执行【文件】→【新建】命令，创建一个新文件，如图 9-1 所示。

（2）使用【矩形工具】创建与页面大小相同的矩形，设置其与页面中心对齐，并在【渐变】调板中设置渐变颜色，如图 9-2 所示。

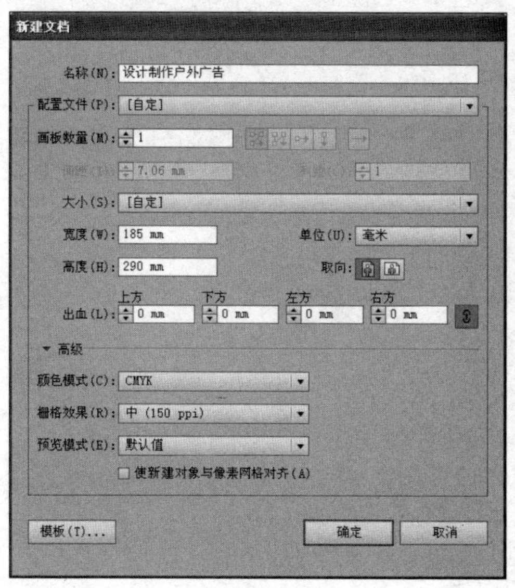

图 9-1

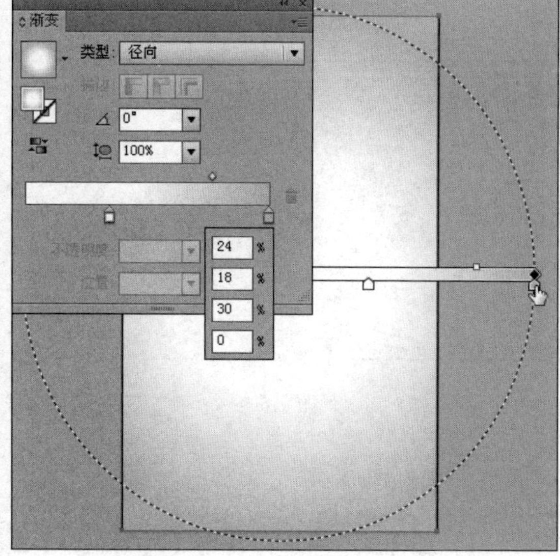

图 9-2

（3）复制上一步创建的矩形，如图 9-3 所示，继续在【渐变】调板中调整渐变颜色。

（4）执行【文件】→【打开】命令，打开附带光盘中的“模块 10\云彩 01.psd、云彩 02.psd”文件，并将其拖至当前正在编辑的文档中，如图 9-4 所示，调整图像的大小及位置。

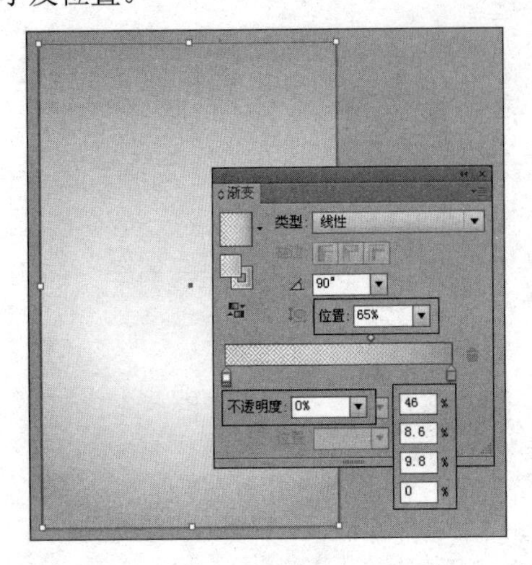

图 9-3

图 9-4

（5）继续打开本章素材“树.psd”文件，将其拖至当前正在编辑的文档中，如图 9-5 所示，调整图像的大小及位置。

（6）复制树图像，使用【镜像工具】垂直镜像图像，并调整其位置，如图 9-6 所示。

图 9-5

图 9-6

2. 创建 3D 文字

（1）如图 9-7 所示，使用【文字工具】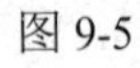创建字母。

（2）选中字母“A”然后执行【效果】→3D→【凸出和斜角】命令，如图 9-8 所示，在弹出的对话框中进行设置，然后单击【确定】按钮，创建 3D 文字。

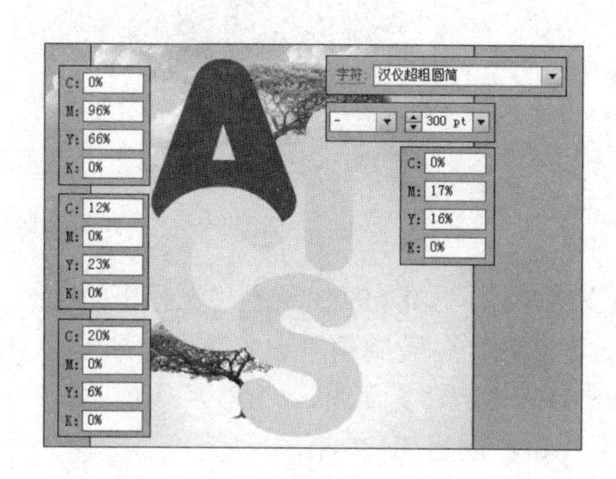

图 9-7

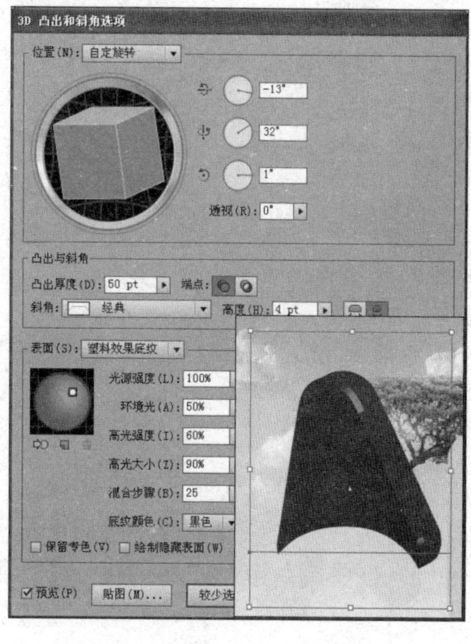

图 9-8

（3）使用前面介绍的方法，分别将剩下的文字转换为 3D 文字，效果如图 9-9 所示。

（4）使用【椭圆工具】绘制黑色椭圆，执行【效果】→【模糊】→【高斯模糊】命令，如图 9-10 所示，在弹出的对话框中进行设置，然后单击【确定】按钮，添加高斯模糊特效。

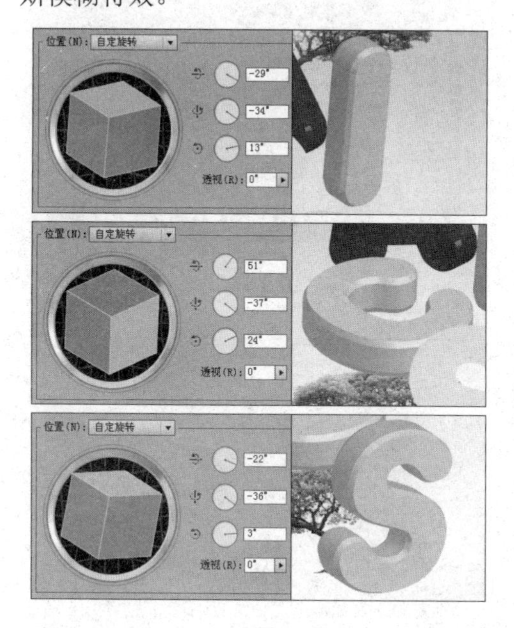

图 9-9

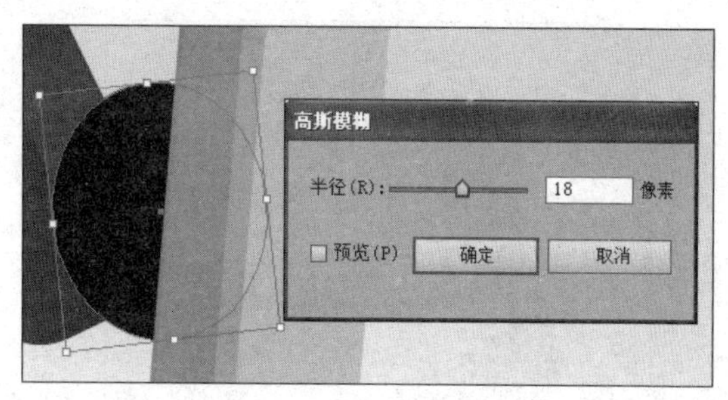

图 9-10

（5）继续上一步的操作，如图 9-11 所示，在【透明度】调板中调整图形的混合

模式。

（6）复制并移动上一步创建的图形，创建阴影效果，如图 9-12 所示。

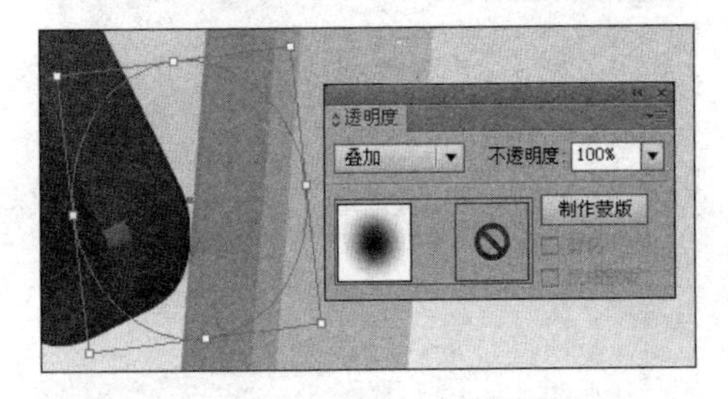

图 9-11

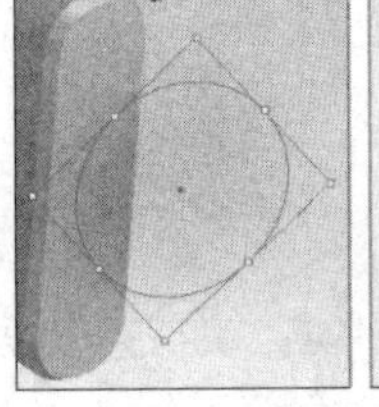

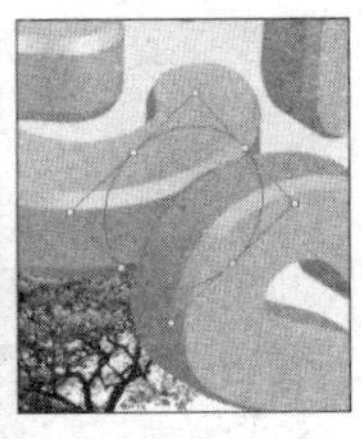
图 9-12

3. 创建 3D 图形

（1）选中【圆角矩形工具】然后在视图中单击，如图 9-13 所示，在弹出的【圆角矩形】对话框中设置参数，然后单击【确定】按钮，创建圆角矩形，并将图形压扁。

（2）选中圆角矩形，然后执行【效果】→3D→【绕转】命令，如图 9-14 所示，在弹出的对话框中进行设置，然后单击【确定】按钮，创建 3D 效果图形。

（3）使用前面介绍的方法，继续创建瓶颈部分，如图 9-15 所示。

（4）继续创建圆角矩形并对其进行绕转，如图 9-16 所示。

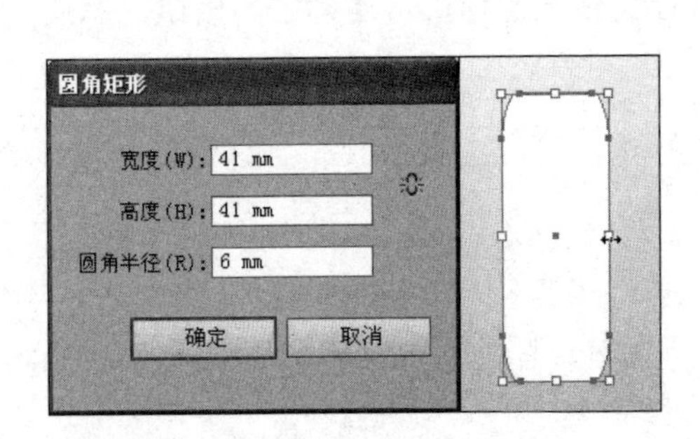

图 9-13

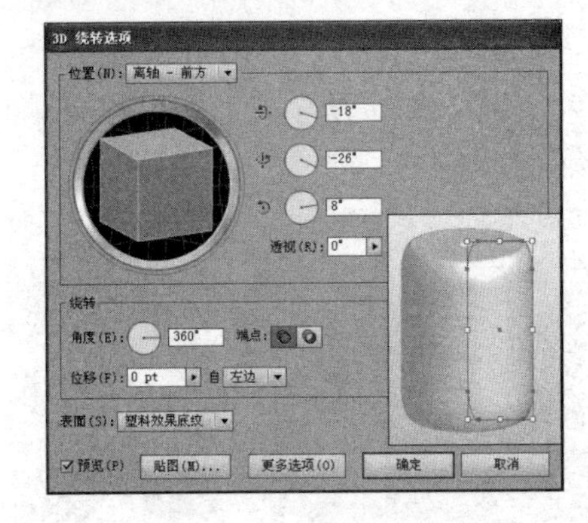

图 9-14

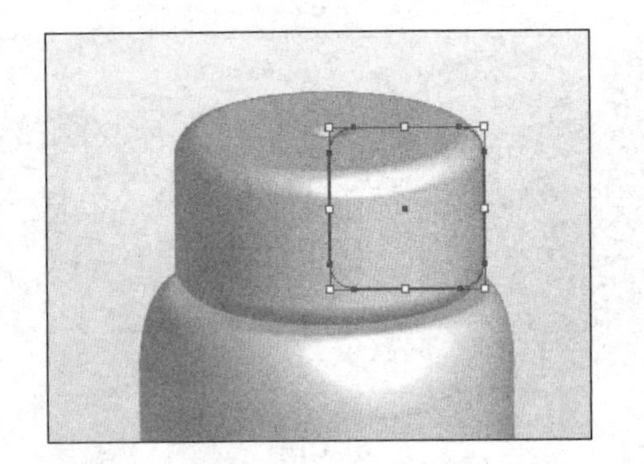
图 9-15

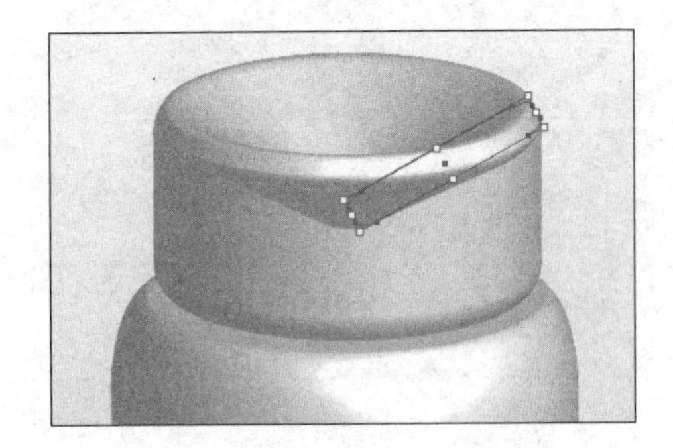
图 9-16

（5）如图 9-17 所示，使用【钢笔工具】绘制不规则图形，然后同时选中不规则图形和上一步创建的图形，右击并在弹出的快捷菜单中选择【创建剪切蒙版】命令，隐藏不规则图形区域以外的图形。

（6）复制上一步创建的图形，更改不规则形状上锚点的位置，创建出瓶口效果，如图 9-18 所示。

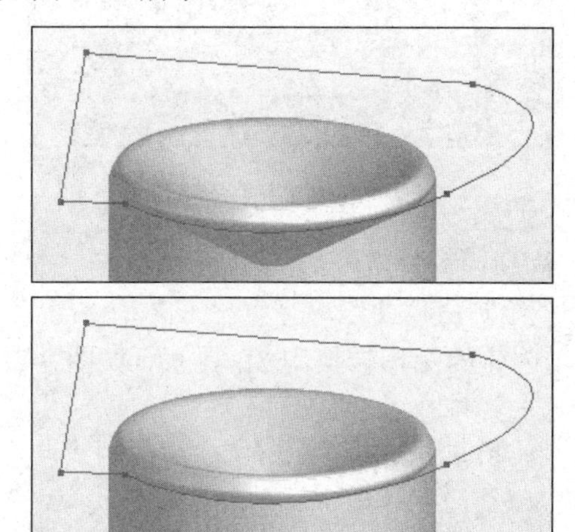

图 9-17

图 9-18

（7）使用【矩形工具】绘制矩形，如图 9-19 所示，使用【钢笔工具】配合【直接选择工具】调整锚点。

（8）选中上一步创建的图形，在【透明度】调板中调整图形的混合模式，如图 9-20 所示。

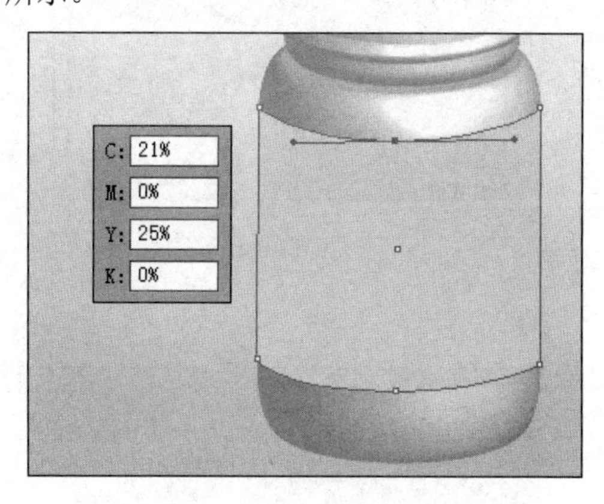

图 9-19

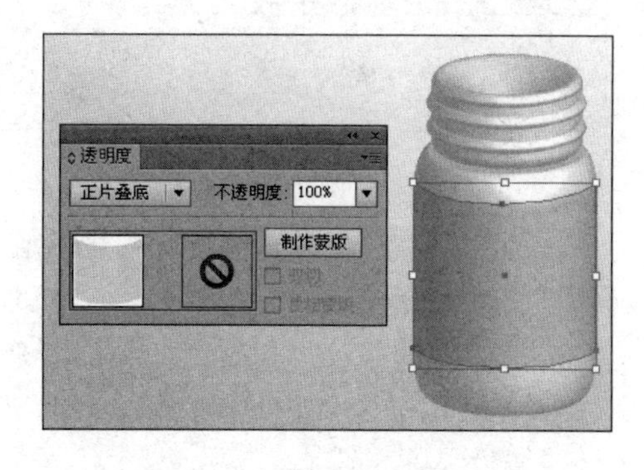

图 9-20

（9）使用【文字工具】创建文字，如图 9-21 所示。

（10）使用【文字工具】在视图中输入文本，如图 9-22 所示。

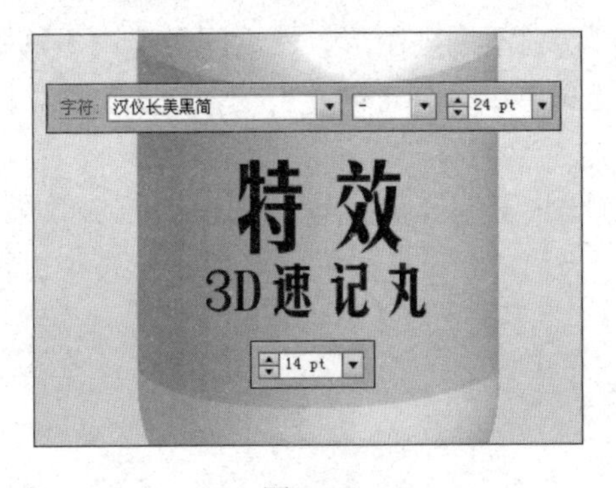

图 9-21

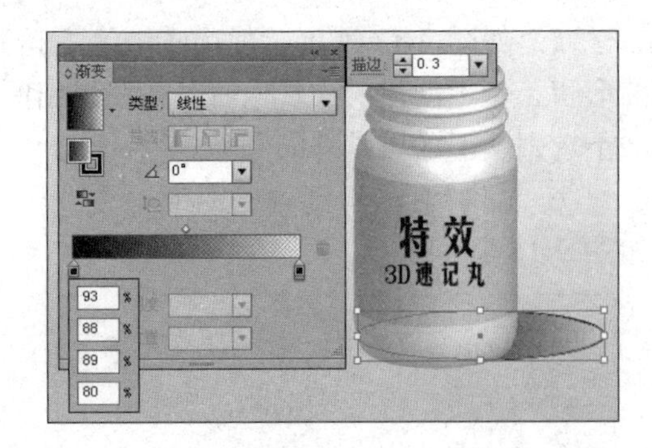

图 9-22

（11）选中上一步创建的图形，并为其添加高斯模糊特效，如图 9-23 所示。

（12）如图 9-24 所示，使用【钢笔工具】绘制白色曲线。

（13）执行【3D 凸出和斜角】命令将上一步创建的图形转换为 3D 图形，如图 9-25 所示。

（14）使用【椭圆工具】绘制白色正圆，如图 9-26 所示。

（15）如图 9-27 所示，为正圆添加 3D 绕转效果。

（16）复制上一步创建的图形，并调整其旋转角度和位置，如图 9-28 所示。

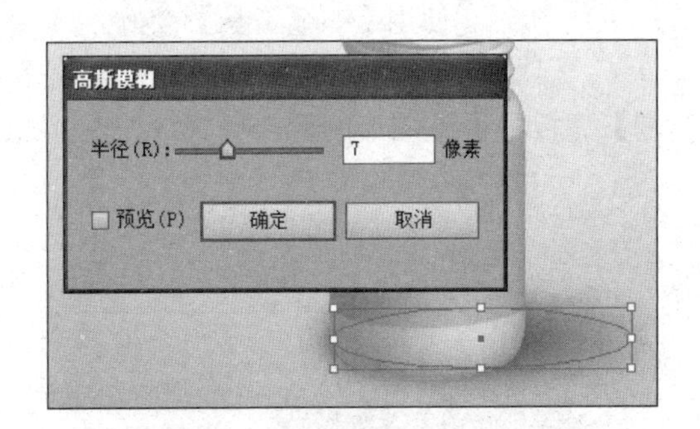

图 9-23

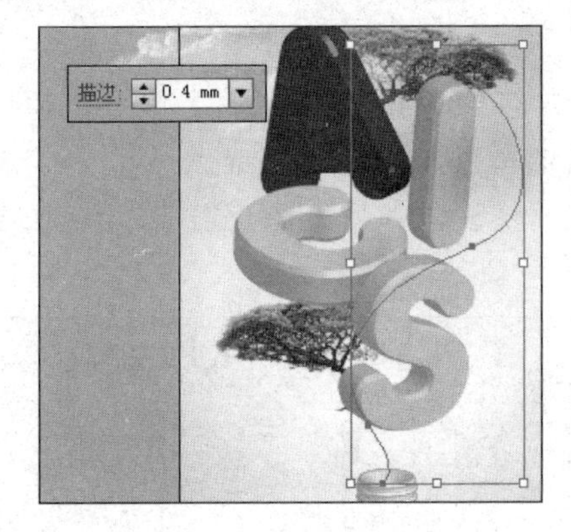

图 9-24

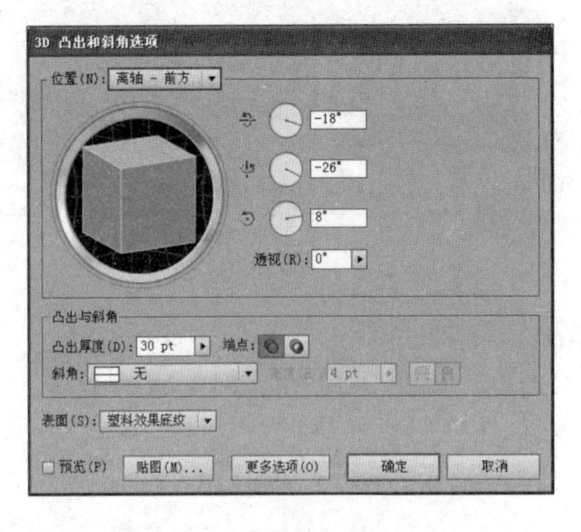

图 9-25

图 9-26

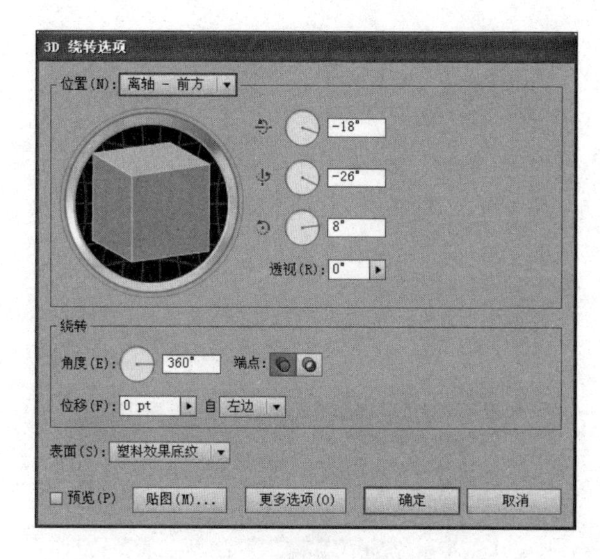

图 9-27

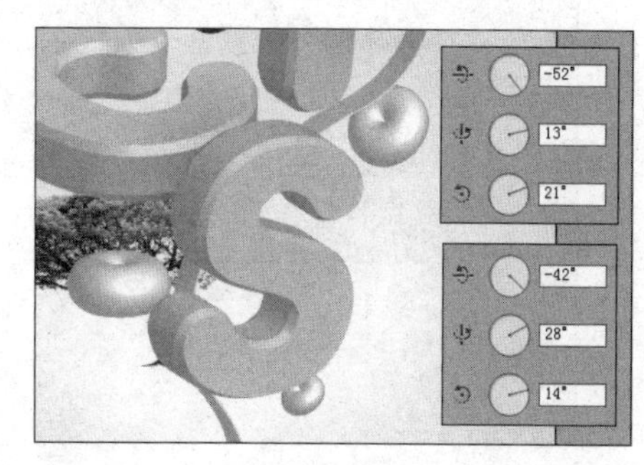

图 9-28

（17）利用半圆路径的绕转创建出正圆立体图形，如图 9-29 所示。

（18）单击【符号】调板底部的【符号库菜单】按钮，在弹出的菜单中选择【3D 符号】按钮，然后在弹出的调板中将立方体符号拖至当前文档，如图 9-30 所示。

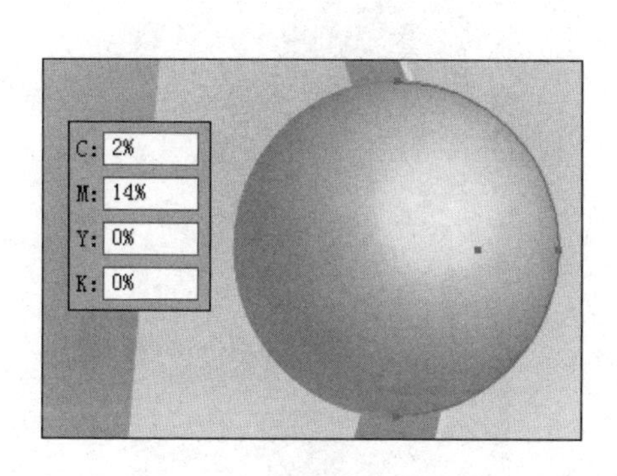

图 9-29

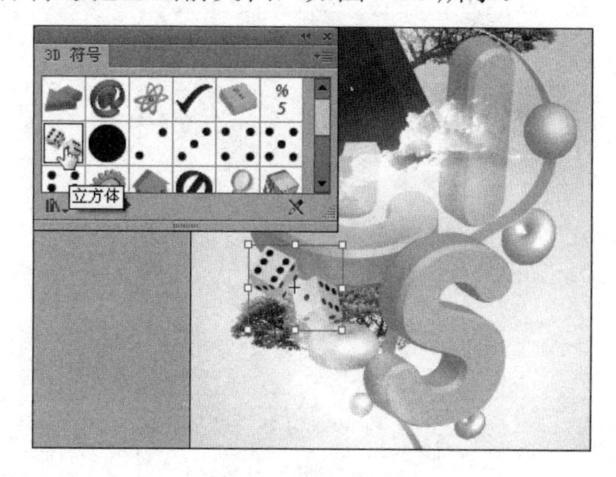

图 9-30

（19）绘制一个直径为 13mm 的正圆，双击【晶格化工具】，如图 9-31 所示，在弹出的对话框中设置画笔，然后使用画笔在正圆上单击，将图形变形。

（20）如图 9-32 所示，为上一步创建的图形添加高斯模糊效果。

（21）使用【光晕工具】创建光晕效果，如图 9-33 所示。

（22）创建与页面大小相同的矩形，创建剪切蒙版，隐藏矩形区域以外的图形，如图 9-34 所示。

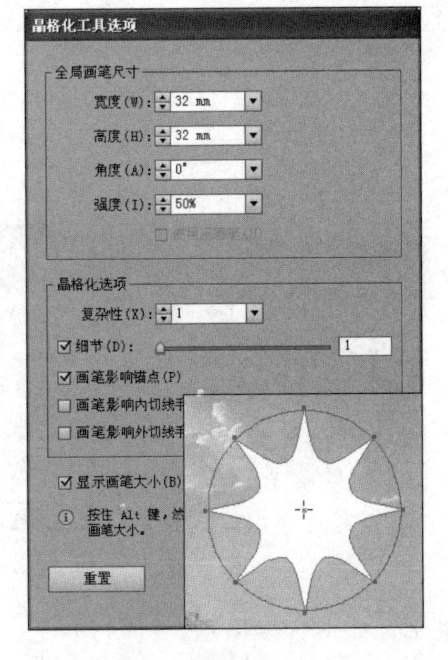

图 9-31

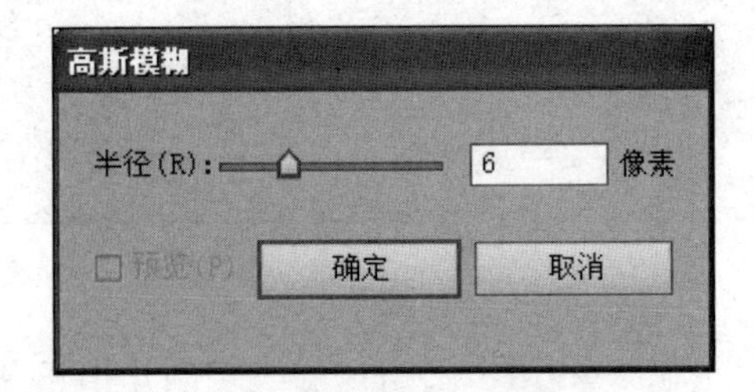

图 9-32

图 9-33

图 9-34

相关知识

完成的设计作品，最终目的就是打印、印刷或发布到网络。在 Illustrator CS6 中，可以方便地进行打印设置，并可以在激光打印机、喷墨打印机中打印高分辨率彩色文档，还可以将页面导出为 PDF 格式的文件。

1. 打印设置

（1）常规。选择【文件】→【打印】命令，或按 Ctrl+P 快捷键，打开【打印】对话框，单击左边列表中的“常规”选项，对话框显示如图 9-35 所示。

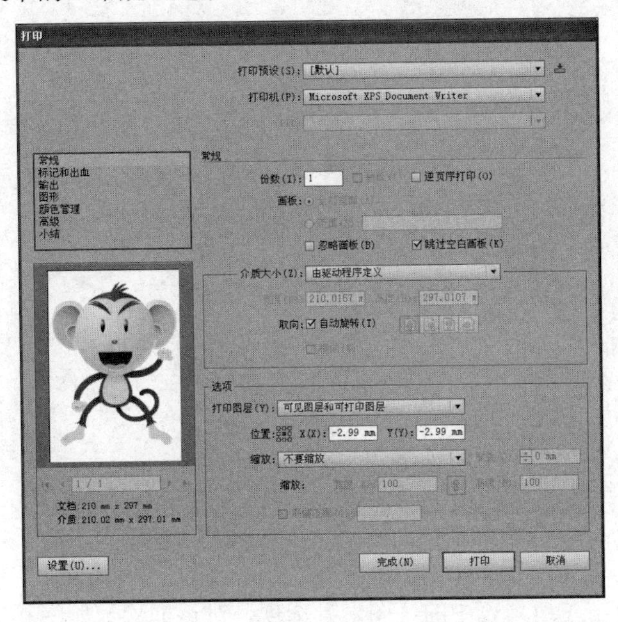

图 9-35

（2）标记和出血。单击左边列表中的【标记和出血】选项，对话框显示如图 9-36 所示。

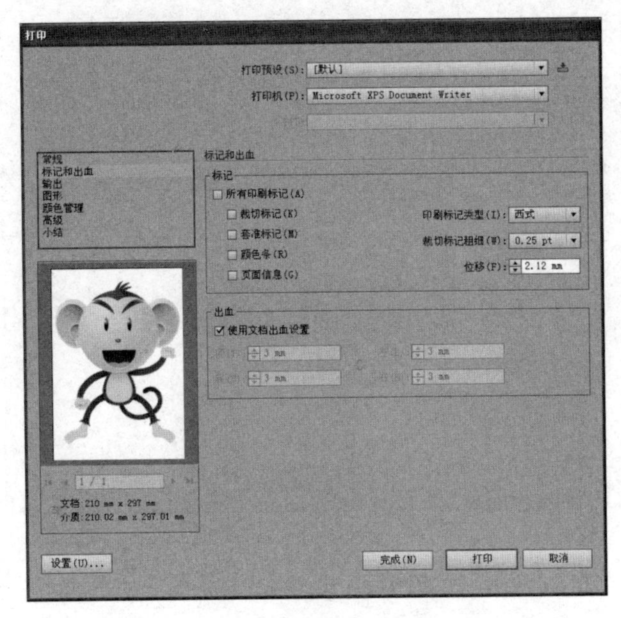

图 9-36

（3）输出。单击左边列表中的【输出】选项，对话框显示如图 9-37 所示。

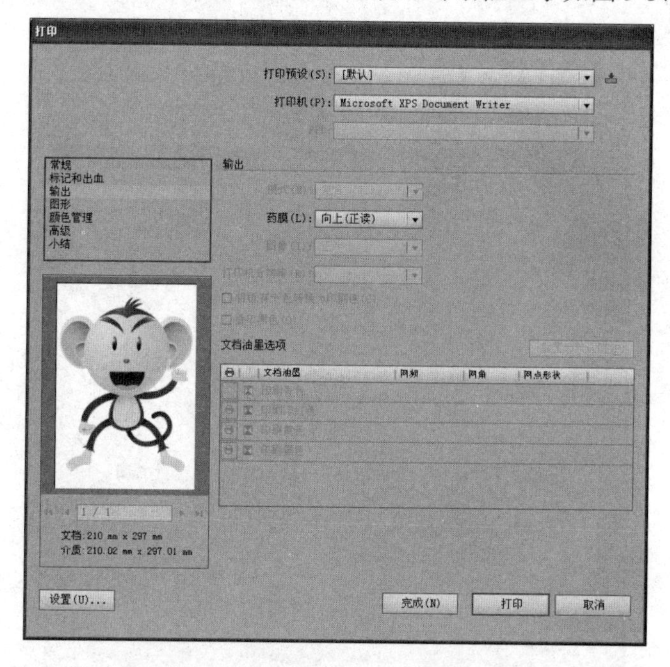

图 9-37

（4）图形。单击左边列表中的【图形】选项，对话框显示如图 9-38 所示。

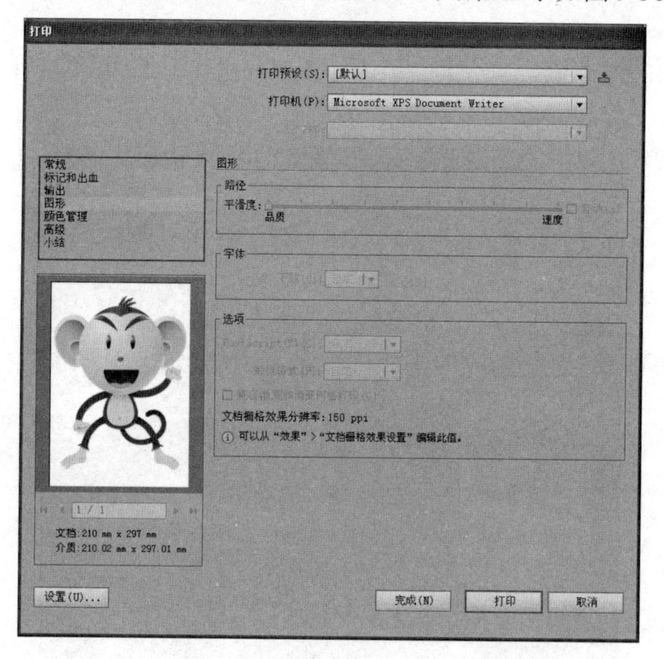

图 9-38

（5）颜色管理。单击左边列表中的【颜色管理】选项，对话框显示如图 9-39 所示。

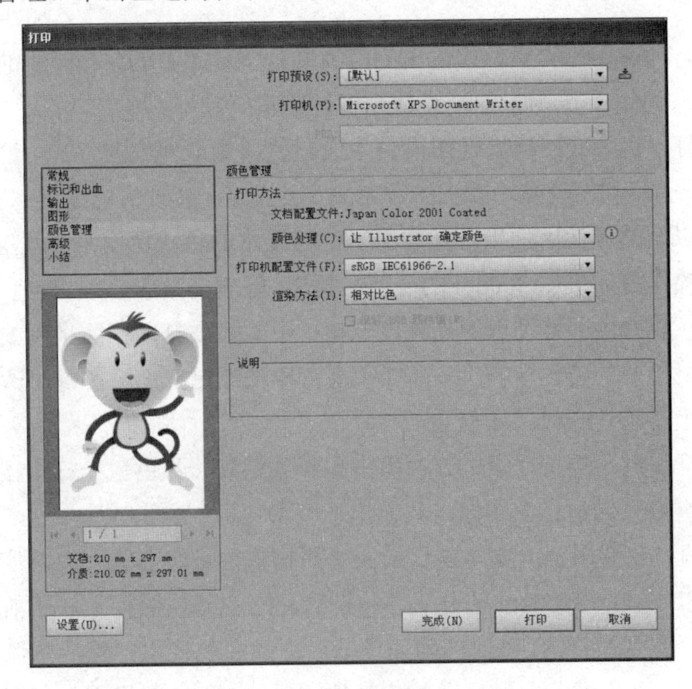

图 9-39

（6）高级。单击左边列表中的【高级】选项，对话框显示如图 9-40 所示。

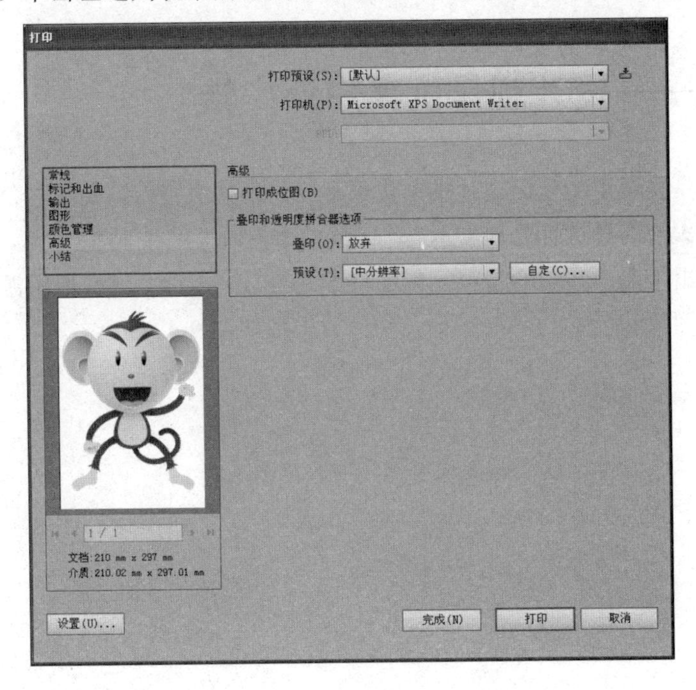

图 9-40

2. 输出设备

在输出时，考虑颜色的质量和输出的清晰度是十分重要的。打印机的分辨率通常是以每英寸多少点（dpi）来衡量的，点数越多，质量就越好。

（1）喷墨打印机。低档喷墨打印机是生成彩色图像最便宜的方式。这些打印机通常采用高频仿色技术，利用墨盒中喷出的墨水来产生颜色。高频仿色过程一般是采用青色、洋红色、黄色以及通常使用的黑色（CMYK）等墨水的色点图案来产生上百万种颜色。虽然许多新的喷墨打印机以 300dpi 的分辨率输出，但大多数的高频仿色和颜色质量都不太精确，因而不能提供屏幕图像的高精度输出。中档喷墨打印机所采用的技术提供了比低档喷墨打印机更好的彩色保真度。高档喷墨打印机通过在产生图像时改变色点的大小来生成质量几乎与照片一样的图像。

（2）激光打印机。激光打印机分为黑白和彩色两种。彩色激光打印技术使用青、洋红、黄、黑色墨粉来创建彩色图像，其输出速度很快。

（3）照排机。主要用于商业印刷厂的图像照排机，是印前输出中心使用的一种高级输出设备，其以 1200～3500dpi 的分辨率将图像记录在纸或胶片上。印前输出中心可以在胶片上提供样张（校样），以便精确地预览最后的彩色输出。然后图像照排机的输出被送至商业印刷厂，由商业印刷厂用胶片产生印版。这些印版可用在印刷机上以产生最终印刷品。

课后实践——设计制作玩具户外广告

某儿童玩具公司走趁圣诞之际推出优惠活动，为扩大宣传，委托本公司设计制作一批户外广告在大型商场进行悬挂展示。

要求：突出圣诞、狂欢的特点，作品格式为 PDF 文件，方便保留源文件中字符、字体、版式、图像和色彩的所有信息。参考效果图如图 9-42 所示。

图 9-42

参 考 文 献

[1] 曹天佑，陆沁，时延辉．Illustrator CS6 平面设计应用案例教程[M]．2 版．北京：清华大学出版社，2015．

[2] 董慧，谷冰，吕小刚．Photoshop+Illustrator（CS6）平面设计案例[M]．镇江：江苏大学出版社，2014．

[3] 阿涛．标志设计案例解析与应用[M]．2 版．北京：人民邮电出版社，2016．

[4] 雷波．Photoshop+InDesign/Illustrator 书籍装帧及包装设计[M]．北京：高等教育出版社，2014．

[5] 李金蓉．突破平面 Illustrator CS6 设计与制作深度剖析[M]．北京：清华大学出版社，2013．

[6] 苏畅，易华重，徐建平．Illustrator CS6 平面设计案例教程[M]．镇江：江苏大学出版社，2014．

[7] 王亚非．平面设计基础[M]．沈阳：辽宁美术出版社，2014．

[8] 张丕军，杨顺花，张婉，等．Illustrator CS6 平面设计全实例[M]．北京：海洋出版社，2013．